新形态智能制造专业创新型人才培养系列教材

SolidWorks 项目化实例教程

叶金虎　王永隽　冯上建　**主编**

湖南大学出版社·长沙

图书在版编目（CIP）数据

SolidWorks 项目化实例教程 / 叶金虎，王永隽，冯上建主编. --长沙：湖南大学出版社，2025.6.

ISBN 978-7-5667-4062-5

Ⅰ. TP391.7

中国国家版本馆 CIP 数据核字第 2025H8J871 号

SolidWorks 项目化实例教程

SolidWorks XIANGMUHUA SHILI JIAOCHENG

主　　编：叶金虎　王永隽　冯上建

责任编辑：葛江月

印　　装：廊坊市国彩印刷有限公司

开　　本：889 mm×1194 mm　1/16　　**印　　张**：13.25　　**字　　数**：391 千字

版　　次：2025 年 6 月第 1 版　　**印　　次**：2025 年 6 月第 1 次印刷

书　　号：ISBN 978-7-5667-4062-5

定　　价：49.00 元

出 版 人：李文邦

出版发行：湖南大学出版社

社　　址：湖南·长沙·岳麓山　　**邮　　编**：410082

电　　话：0731-88822559（营销部），88821343（编辑室），88821006（出版部）

传　　真：0731-88822264（总编室）

网　　址：http：//press.hnu.edu.cn

电子邮箱：jblbook@163.com

PREFACE

前　言

SolidWorks 软件是基于 Windows 开发的三维 CAD 系统，是一个在 Windows 基础上开发的基于特征、参数化、实体建模的易学易用的设计工具，是企业产品开发、计算机辅助设计和制造中应用广泛的三维设计软件之一。

本书遵循淡化命令、构建思路、培养技能、重在应用的原则，以企业设计项目为载体，将相关主要知识融入任务中，并借助项目的具体操作步骤来说明三维设计的主要思路、相关建模方法和技巧。

本书特色如下：

（1）由浅入深，循序渐进。本书面向 SolidWorks 软件初学者，每个项目中任务的难度依次递增，能够帮助读者尽快掌握 SolidWorks 软件的使用技巧。

（2）图文并茂，步骤详尽。本书结合编者多年 SolidWorks 软件教学经验和企业应用实例，将 SolidWorks 软件的使用方法与技巧详细地讲解给读者，并配有相应的图片，使读者一目了然。

（3）任务导向，实用易学。选取与实用性知识高度贴合的任务进行详细阐述，每个任务按照“目标知识点—任务介绍—任务设计—任务实施—任务总结—任务拓展”几个环节展开，体现了完整的教学过程。

本书共分为 6 个项目，内容涉及草图绘制、零件设计、曲线与曲面设计、装配建模、工程图创建、钣金建模等，所有案例均精心挑选，具有较强的实用性和典型性。希望本书能对读者学习 SolidWorks 软件的使用方法有所帮助。

本书是编者多年实际教学工作经验总结，在编写过程中借鉴了相关资料文献，在此表示感谢！由于编者水平所限，书中难免存在疏漏和不足之处，恳请广大读者批评指正。

编　者

编委会

CONTENTS

目录

项目一

草图绘制

任务一　简单草图

导学视频

1. 目标知识点

（1）掌握草图绘制的一般方法。

（2）掌握直线、圆、圆角等草图绘制工具的使用。

（3）熟练使用智能尺寸来标注距离、长度、直径、半径。

2. 任务介绍

完成图 1-1 所示的草图。

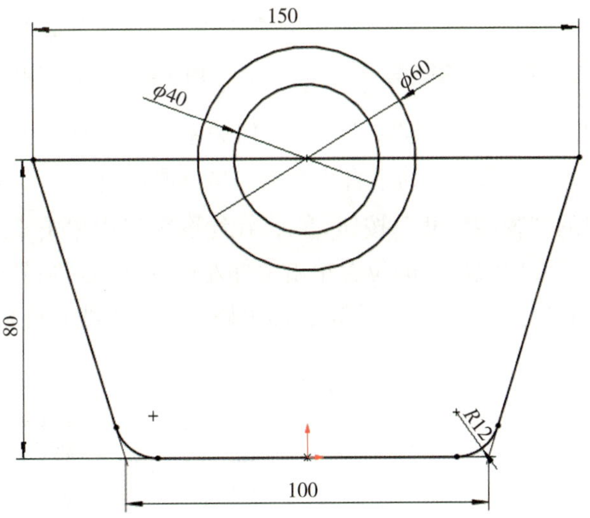

图 1-1　简单草图

3. 任务设计

（1）确定绘制中心：以原点作为中点绘制水平直线。

（2）绘制倒梯形。

（3）在倒梯形的上边中点绘制 2 个同心圆。

（4）绘制圆角。

（5）标注并修改尺寸。

4. 任务实施

（1）单击“新建”按钮，弹出“新建 SolidWorks 文件”对话框，双击“零件”按钮进入零件创建模块。

（2）在左侧设计树中选择前视基准面，在弹出的快捷菜单中选择“正视于”按钮，然后单击命令按钮栏的“草图绘制”，在草图工具栏单击“直线”按钮，在工作窗口任意绘制一条直线，如图1-2所示。

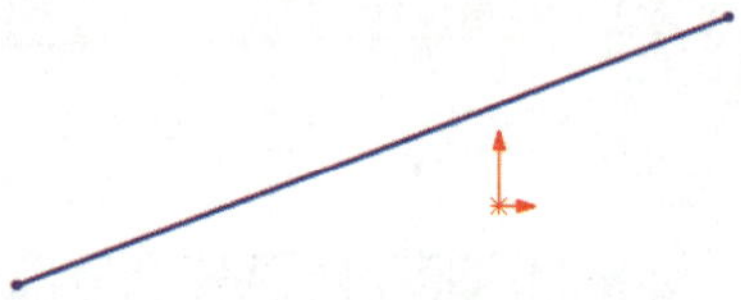

图 1-2　绘制草图直线

（3）在草图工具栏单击“添加几何关系”按钮 添加几何关系，左键单击上图中的直线，系统弹出如图1-3所示的“添加几何关系”对话框，在“添加几何关系”选项中选择“水平”，为直线添加水平约束，结果如图1-4所示。

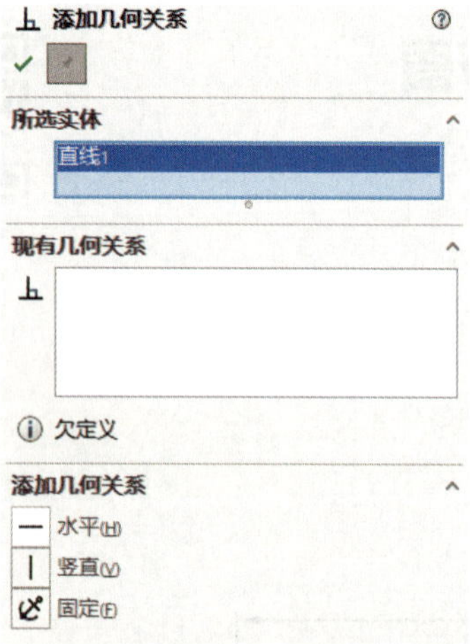

图 1-3　”添加几何关系“属性管理器

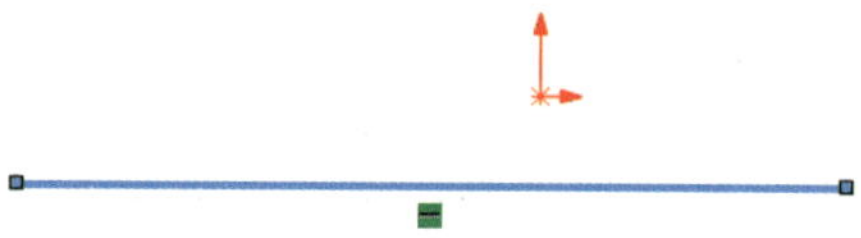

图 1-4　添加水平约束命令

（4）在图1-4中，选中直线和坐标原点，“添加几何关系”对话框下面的选项发生了变化。在“添加几何关系”选项中选择“中点”选项，约束直线中点与坐标原点重合，结果如图1-5所示。

（5）选择草图工具栏中的“智能尺寸”按钮，在绘图窗口中单击直线，系统自动生成当前直线的长度尺寸，移动鼠标，在需要放置尺寸的位置单击鼠标左键确认后可放置尺寸。在系统弹出的尺寸值对话框中输入100，如图1-6所示，然后按回车键，即可修改当前直线长度数值。

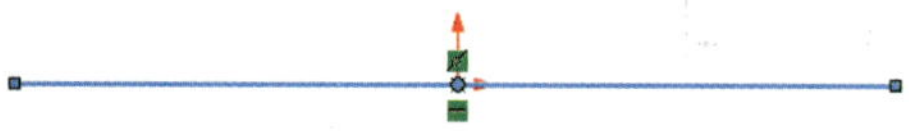

图 1-5　添加中点与原点重合命令

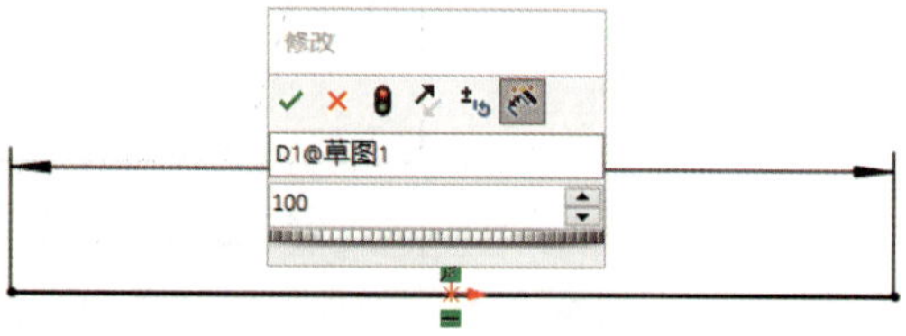

图 1-6　直线尺寸标注

（6）用同样的方法继续绘制另外的3条直线，注意约束上方直线水平。单击“添加几何关系”按钮 添加几何关系，选中左右两条斜线，在“添加几何关系”对话框下面的选项中选择 = 相等(Q)，如图1-7所示，为左右两条斜线添加“相等”约束。结果如图1-8所示。

（7）在草图工具栏单击绘制“圆形”命令中的“两点画圆”命令按钮 圆(R)，单击图1-8中上方水平直线的中点以确定圆心，如图1-9所示，拖动鼠标在合适的位置并单击鼠标左键，放置圆。用同样的方法再绘制另一个圆。

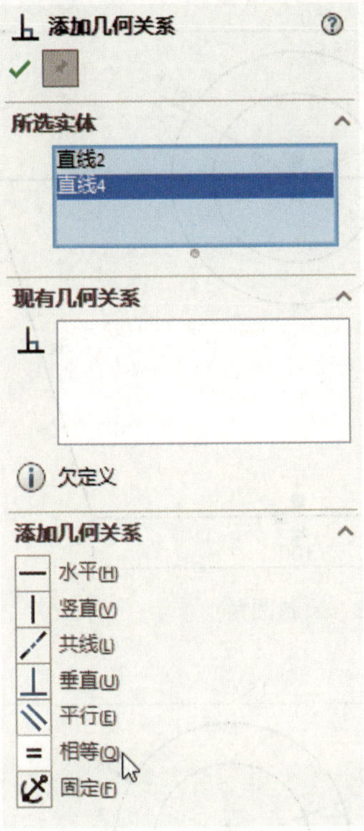

图 1–7　“添加几何关系”属性管理器

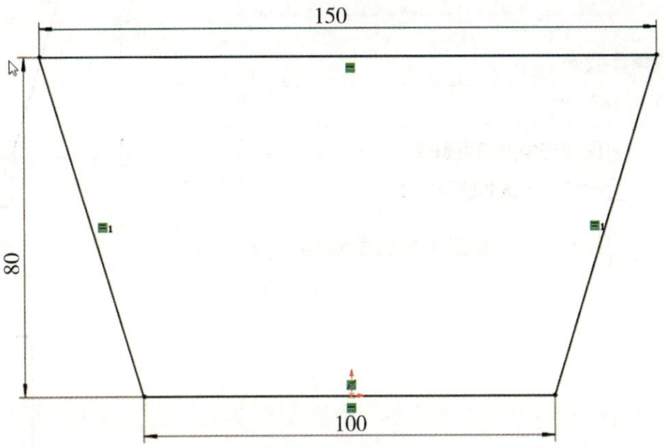

图 1–8　斜线尺寸标注

（8）选择草图工具栏中的“智能尺寸”按钮，在绘图窗口中单击上一步绘制的两个圆，移动鼠标放置尺寸，修改圆的直径大小，分别改为 60、40，如图 1–10 所示。

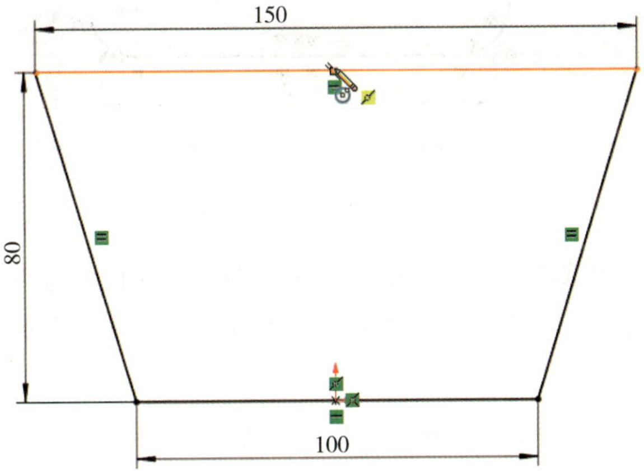

图 1–9　绘制圆

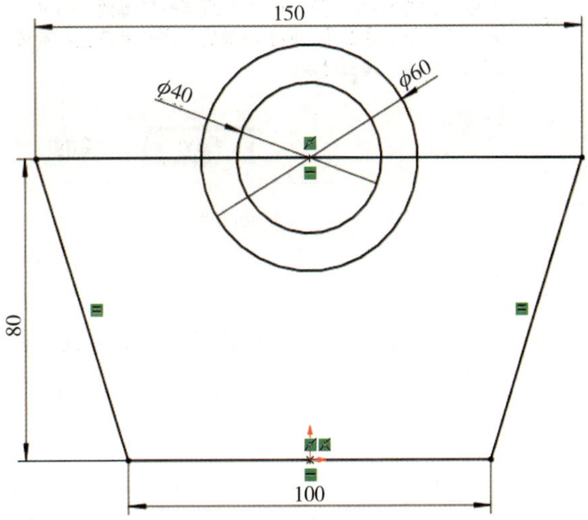

图 1–10　圆尺寸标注

（9）选择草图工具栏中的“绘制圆角”按钮，左侧的“属性管理器”会弹出“绘制圆角”对话框，在“圆角参数”栏中输入 12 mm，如图 1–11。然后在绘图窗口区单击左下角点，如下图 1–12 所示，绘制左侧圆角，系统弹出如图 1–13 的提示框，单击“是”确认，再单击右下角点，绘制另一个圆角，在“绘制圆角”对话框中单击“确定”按钮 ✓ 确认当前的圆角绘制，结果如图 1–14 所示。

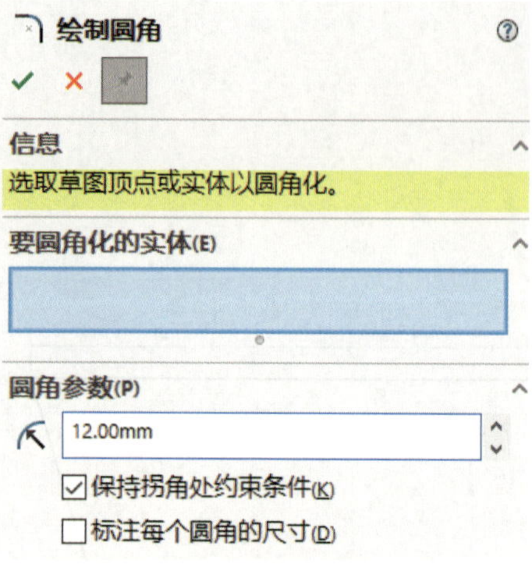

图 1–11 绘制圆角属性管理器

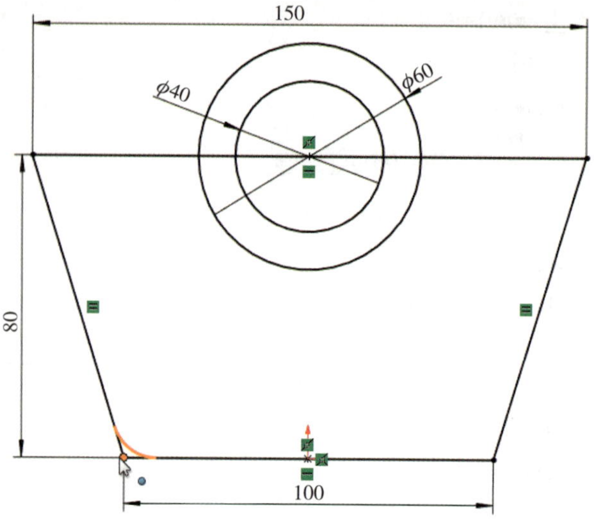

图 1–12　绘制圆角

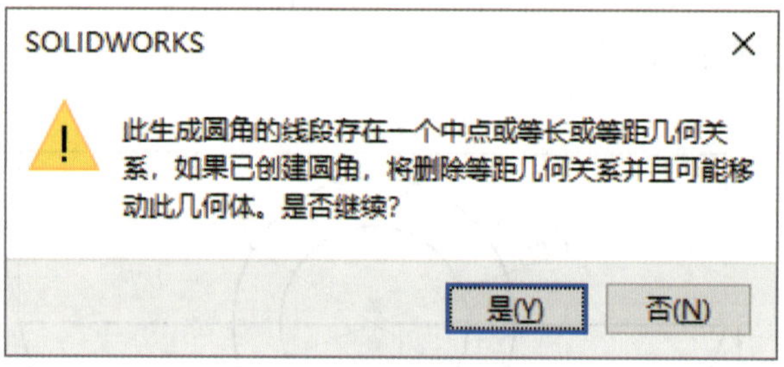

图 1–13　创建圆角提示框

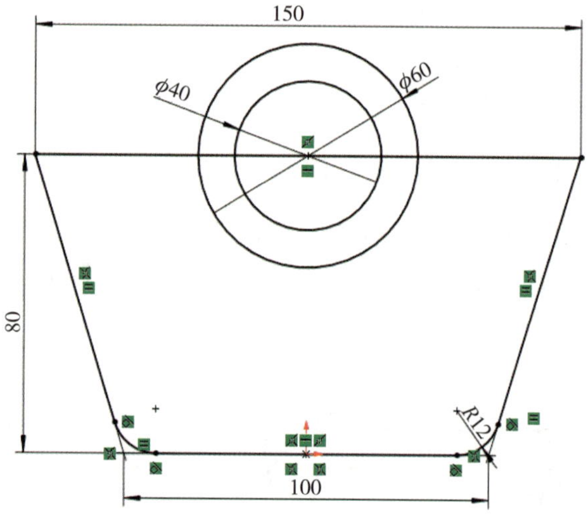

图 1–14　完成后的效果

5. 任务总结

（1）在打开的草图中，草图原点以红色显示。 使用草图原点可帮助用户了解草图的座标。零件中的每个草图都有自己的原点，所以在一个零件中通常有多个草图原点。当草图打开时，不能关闭其原点的显示。

（2）“添加几何关系”对话框中的选项，会根据所选择的对象的不同而发生变化。

（3）“智能尺寸”按钮中鼠标在不同位置放置的尺寸可能不同。

（4）在使用“圆角”命令绘制圆角的时候，对“角”的选择可以是角上的一点，也可以是形成角的两条边。

（5）绘图窗口区右下角位置，可以快捷设置绘图单位，如图 1–15 所示。如果要设置系统的默认单位，可以单击菜单栏“工具”→“选项”或者直接点工具栏按钮的“选项按钮” 选项(P)... ，进而设置默认的绘图单位。

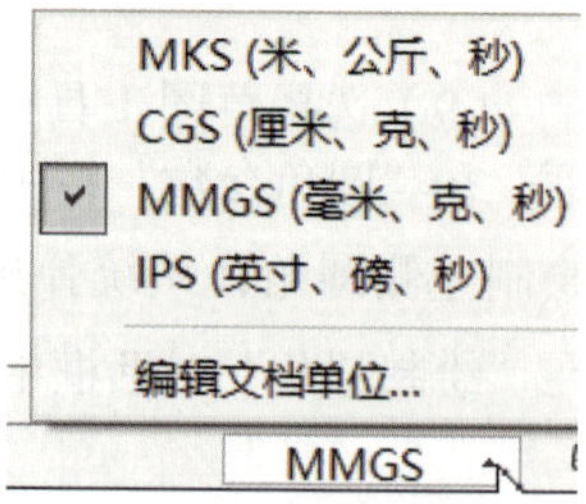

图 1–15　设置绘图单位

（6）草图的构成。

在草图中一般包含以下几类信息。

草图实体：由线条构成的基本形状。草图中的线段、圆弧等元素均可以称为草图实体。

几何关系：表明草图实体或草图实体之间的关系，例如两条直线的“水平”、两条直线的“竖直”、圆心和矩形中心与原点“重合”。

尺寸：标注草图实体大小或位置的数值，如矩形长 120、宽 80，圆直径 55。

（7）常用的两种进入草图绘制状态的操作方法。

①先指定草图所在平面方式进入草图绘制状态的操作方法。

➢ 在“特征管理器设计树”中选择要绘制草图的基准面，即前视基准面、右视基准面或上视基准面中的一个面。

➢ 单击“视图定向”工具栏中的“正视于”按钮，使基准面旋转到正视于绘图者方向。

➢ 单击“草图”工具栏中的“草图绘制”按钮，或者单击“草图”工具栏上要绘制的草图实体，进入草图绘制状态。

在新建零件的初始草图绘制时，基准面以正视于绘图者方向显示，在绘制中，基准面并不都以正视于绘图者方向显示，需要在“标准视图”工具栏中使用合适的命令按钮选择合适的基准面方向。

②先选择草图绘制实体方式进入草图绘制状态的操作方法。

➢ 选择“插入”→“草图绘制”菜单命令，或者单击“草图”工具栏中的“草图绘制”按钮，或者直接单击选择“草图”工具栏上要绘制的草图实体命令按钮，此时可以单击“视图定向”工具栏中的“等轴测”按钮，以等轴测方向显示基准面，便于观察，确定选择哪个基准面作为草图平面。

➢ 单击选择绘图区域中三个基准面之一作为合适的绘制图形的平面，进入草图绘制状态。

6. 任务拓展

在 SolidWorks 中绘制如图 1–16 所示的草图。

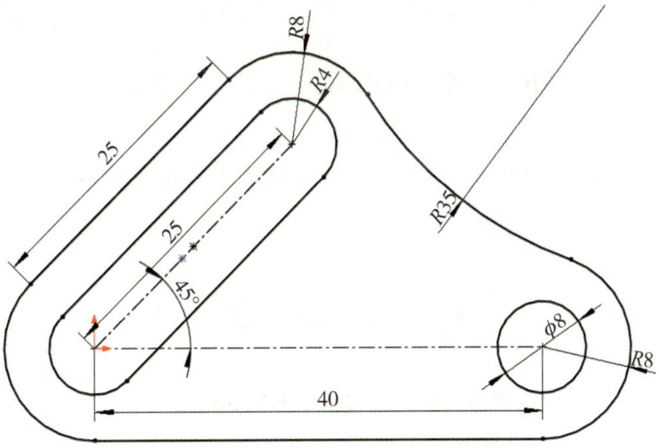

图 1–16　项目一任务一拓展练习

任务二　复杂草图 1

导学视频

1. 目标知识点

（1）掌握绘制复杂草图的步骤和方法。

（2）掌握圆弧、槽口等草图绘制工具的使用。

（3）熟练使用智能尺寸来标注圆心距、圆弧直径、半径的方法。

（4）熟练掌握使用“添加几何关系”来约束“相切”等几何关系。

2. 任务介绍

完成图 1–17 所示的草图。

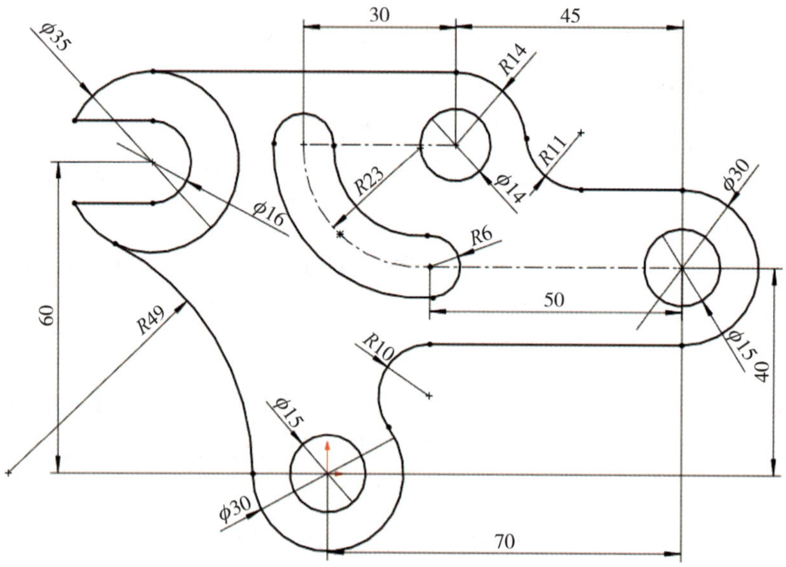

图 1–17　复杂草图 1

3. 任务设计

（1）确定定位基准，即以原点作为下方 $\phi15$ 的圆的圆心，同时绘制其他圆。

（2）绘制外围线框。

（3）标注尺寸，添加几何关系，修剪多余尺寸编辑完善。

4. 任务实施

（1）单击“新建”按钮，弹出“新建 SolidWorks 文件”对话框，双击“零件”按钮进入零件创建模块。

（2）在左侧设计树中选择前视基准面，在弹出的快捷菜单中选择“草图绘制”按钮，如图 1–18 所示，进入草图绘制模块。

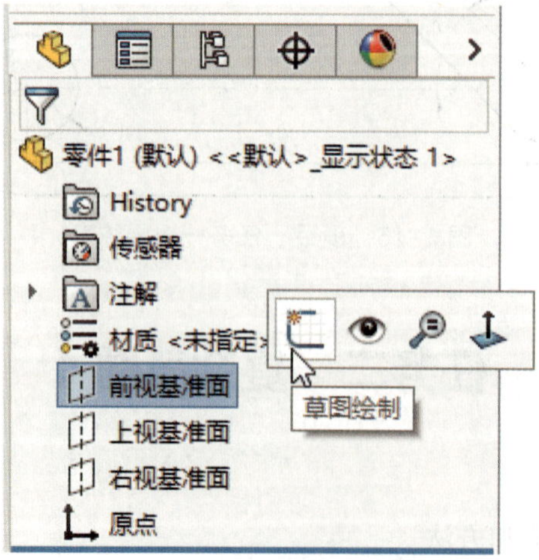

图 1–18　选择基准面

（3）在草图工具栏单击绘制“圆形”命令中的“两点画圆”命令按钮 圆(R)，单击上图中的上方水平直线的中点以确定圆心，如图 1–19（a）所示；拖动鼠标在合适的位置单击鼠标左键，绘制 2 个圆，如图 1–19（b）所示。单击尺寸标注按钮，单击图 1–19（b）中的大图，在合适位置单位左键，在弹击的“修改”对话框中输入 30 并敲回车键，如图 1–19（c），用同样的方法完成另一个圆的标注，如图 1–19（d）所示。

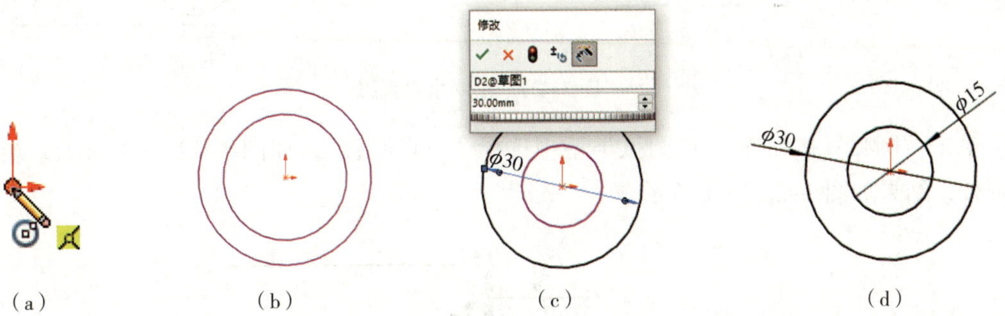

图 1–19　以原点为中心绘制圆

注意：上图中的圆在标注之前的圆是蓝色的，标注之后变成了黑色。这是因为 SolidWorks 中，系统默认蓝色表示约束不足，黑色表示完全约束。

（4）用同样的方法，绘制另外 4 个圆。选择草图工具栏中的“智能尺寸”按钮，依次单击两个圆的圆心，移动鼠标放置尺寸，并输入圆心距的数值，按照如图 1–20 所示进行尺寸标注。

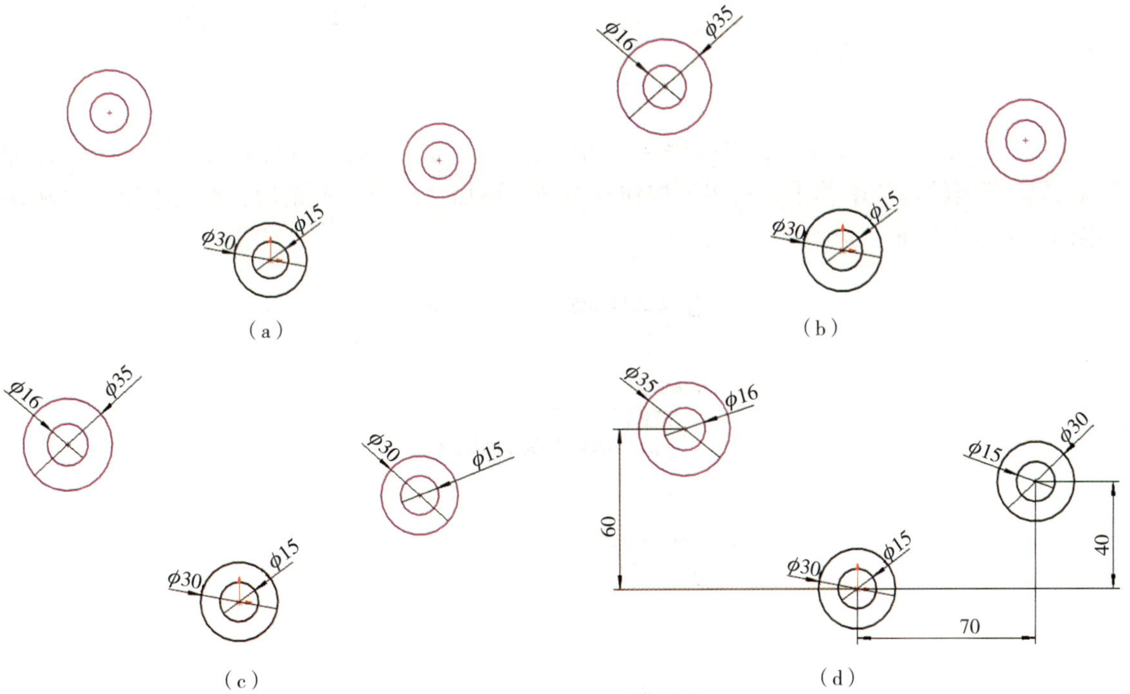

图 1–20　绘制另外 4 个圆

注意：标注上图中两点圆心距的时候，鼠标放置位置不同，可能出现水平尺寸、垂直尺寸或者平行尺寸。

（5）在草图工具栏单击“直线”按钮，分别捕捉左上角 $\phi35$、$\phi30$ 的圆的象限点来绘制一条水平直线，如图 1–21（a）（b）所示。

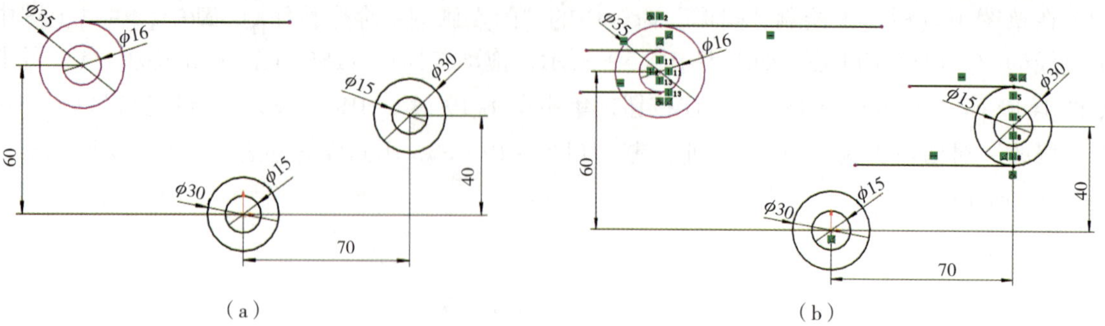

图 1-21 绘制水平直线

（6）单击“圆弧”按钮，在圆弧类型中选择“三点圆弧”，如图 1-22（a）所示，绘制如图所示的 3 段圆弧，结果如图 1-22（b）所示。

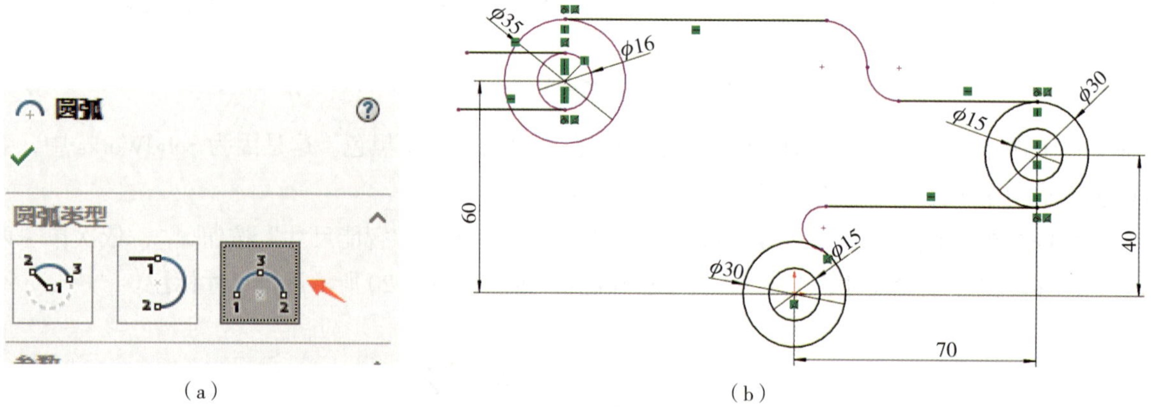

图 1-22 绘制圆弧

单击“添加几何关系”按钮 添加几何关系，依次选择直线与圆弧，如图 1-23 所示，在“添加几何关系”对话框下面的选项中单击“相切”按钮 相切(A)，添加“线切”关系后，图中会显示“相切”标记，如图 1-24 中箭头所示。

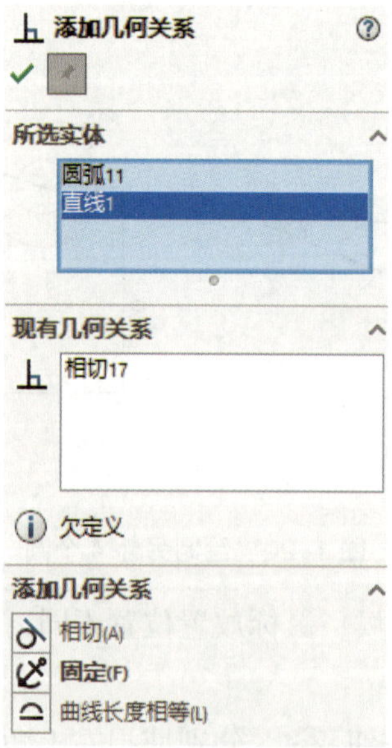

图 1-23 “添加几何关系”属性管理器

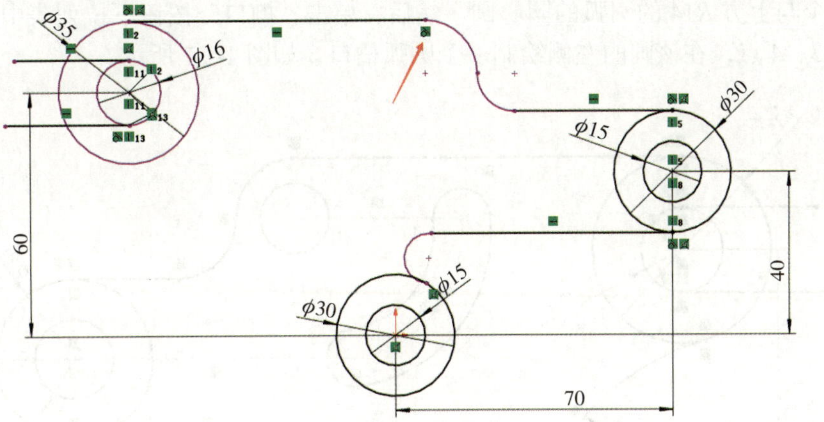

图 1–24　添加相切约束

继续为其他位置添加“相切”约束，结果如图 1–25 所示。

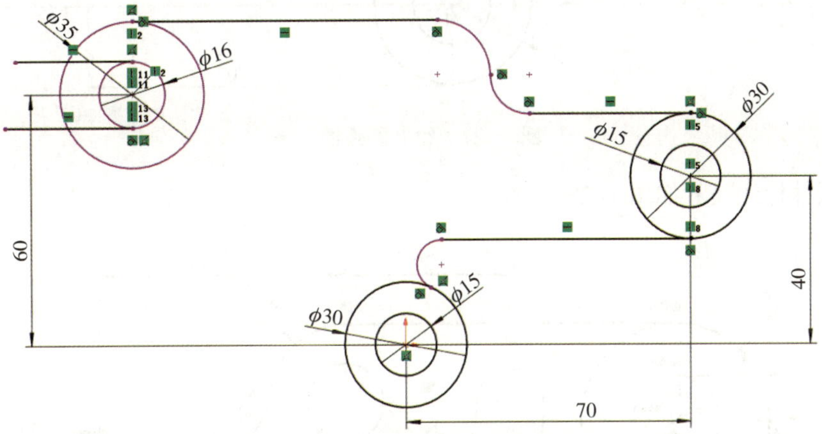

图 1–25　添加相切约束结果

单击“三点圆弧”命令 ，绘制 $R49$ 的切弧，让其同左侧 $\phi35$、下方 $\phi30$ 的圆相切，如图 1–26 所示。

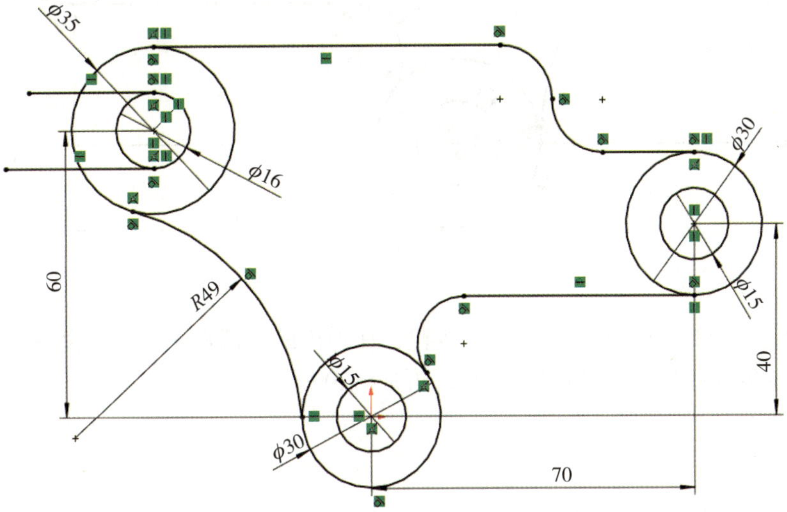

图 1–26　绘制 R49 切弧

（7）绘制一个与上方 *R*14 的圆弧的同心圆。然后，单击“槽口”按钮下拉列表中的 三点圆弧槽口，依次单击 1、2、3、4 点，在该圆的左侧绘制一个圆弧槽口，如图 1–27 所示。

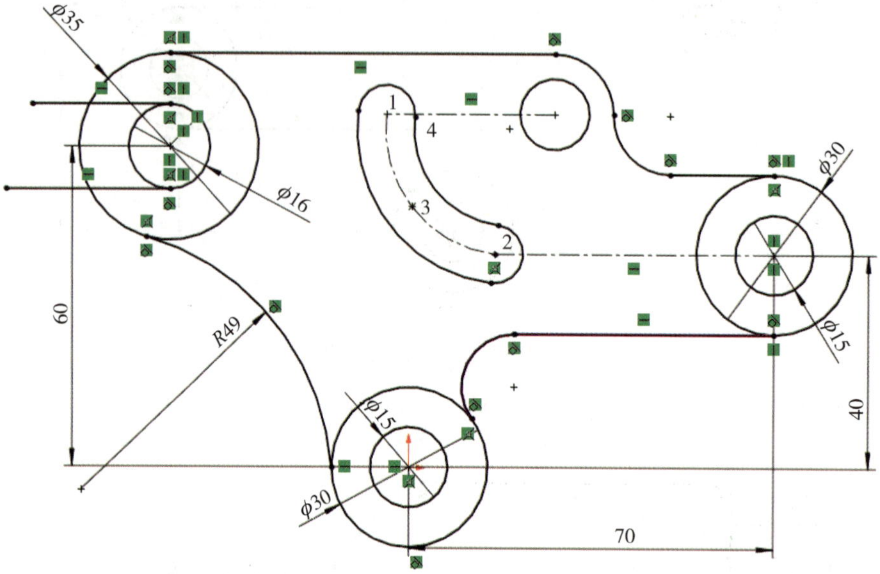

图 1–27　绘制圆弧槽口

添加几何关系并标注尺寸如图 1–28 所示：

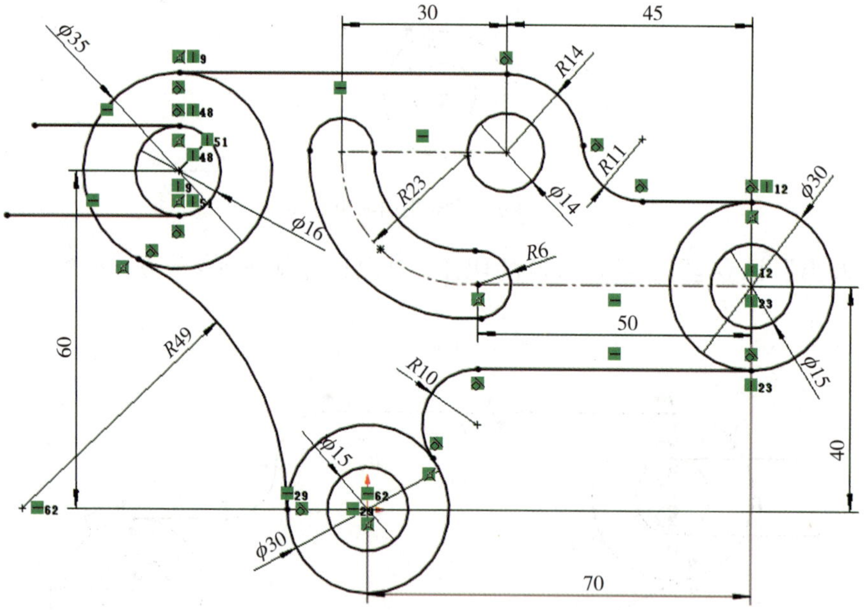

图 1–28　尺寸标注

（8）修剪多余线条。单击草图工具栏的 按钮，在弹出的对话框中选择“剪裁到最近端” ，依次单击不需要的线条进行修剪，得到最终草图如图 1–29 所示。

（9）保存文件并退出。

5. 任务总结

（1）SolidWorks 软件中的尺寸包括两大类，即驱动尺寸和从动尺寸。

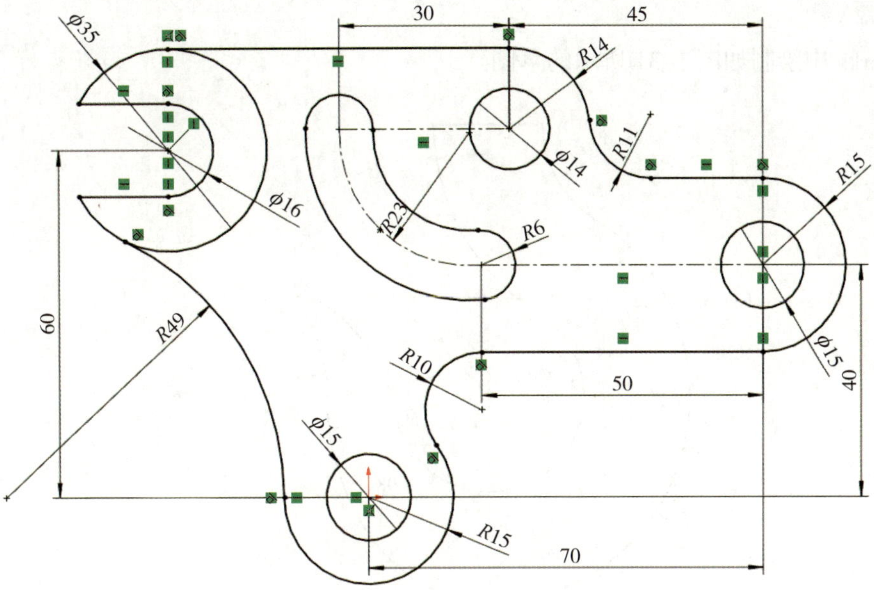

图 1–29　剪裁完成后的效果

驱动尺寸是指能够改变几何体形状或大小的尺寸，改变尺寸的数值将引起几何体的变化。从动尺寸是指尺寸的数值是由几何体来确定的，不能用来改变几何体的大小。

（2）圆弧或者圆的半径或者直径尺寸可以进行切换。在直径尺寸上单击鼠标右键，选择“显示选项”→“显示成半径”，可以将直径切换成半径显示，如图 1–30（a）；在半径尺寸上单击鼠标右键，选择“显示选项”→“显示成直径”，可以将半径切换成直径显示，如图 1–30（b）。例如，右键单击左上角 ϕ35 圆的直径标注，选择“显示选项”→“显示成半径”，可将其以半径方式显示。

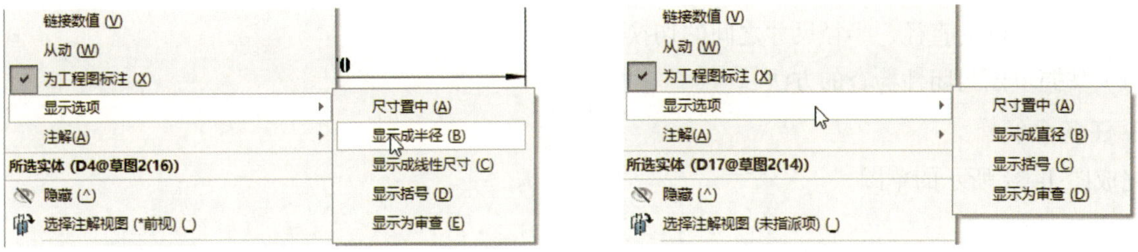

（a）　　　　　　　　（b）

图 1–30　半径或者直径尺寸切换

（3）选择“镜向实体”按钮可以镜像平面上预先存在的二维（2D）草图实体，然后选择镜向所需要实体。

（4）初学用户要注意观察状态栏中有关草图的信息。比如，了解草图绘制状态中过定义、欠定义或完全定义分别代表的意义。

（5）使用“椭圆”工具生成完整椭圆。使用“部分椭圆”工具生成椭圆弧。

（6）草图绘制完毕后，需要对草图进一步进行编辑以符合设计的需要，本节介绍常用的草图编辑工具，如绘制圆角、绘制倒角、草图剪裁、草图延伸、镜向移动、线性阵列草图、圆周阵列草图、等距实体、转换实体引用等。

（7）等距实体命令是按指定的距离等距偏移一个或者多个草图实体、所选模型边线或模型面，可对样条曲线、圆弧、模型边线组、环等之类的草图实体执行该命令。

6. 任务拓展

在 SolidWorks 中绘制如图 1-31 所示的草图。

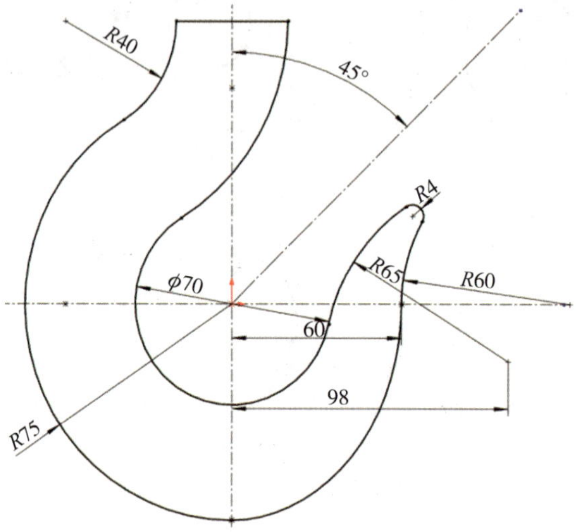

图 1-31 项目一任务二拓展练习

任务三 复杂草图 2

导学视频

1. 目标知识点

（1）线性阵列、圆周阵列的灵活运用。

（2）显示与隐藏工具栏的使用。

（3）圆弧、圆的直径、半径尺寸之间的切换方法。

（4）掌握草图封闭性检查的方法。

2. 任务介绍

完成图 1-32 所示的草图。

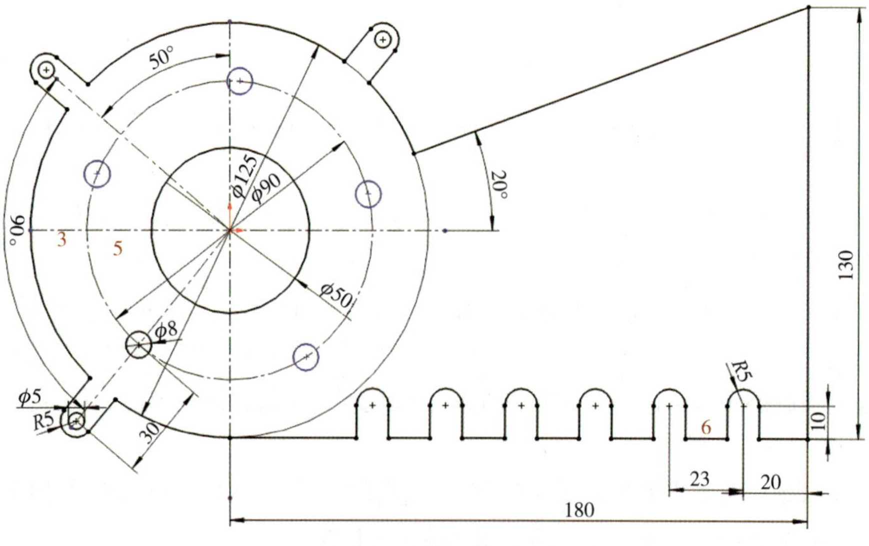

图 1-32 复杂草图 2

注：3、5、6 分别是阵列的数量。（可以设置显示或不显示该数字）为方便初学者观察，设置了显示状态。

3. 任务设计

（1）先确定本项任务的基准点，即以原点作为圆心的 $\phi 50$ 的圆。

（2）绘制其他小圆并依次进行阵列。

（3）绘制右侧图形并修剪并完善。

4. 任务实施

（1）单击“新建”按钮，弹出“新建 SolidWorks 文件”对话框，双击“零件”按钮进入零件创建模块。

（2）在左侧设计树中选择前视基准面，在弹出的快捷菜单中选择“正视于”按钮，然后在草图工具栏单击“草图绘制”按钮，单击“中心线”按钮 中心线(N)，绘制中心线，注意约束其直线几何关系分别为“水平”“竖直”，结果如图 1–33 所示。

继续绘制 2 条倾斜的中心线，如图 1–34 所示。

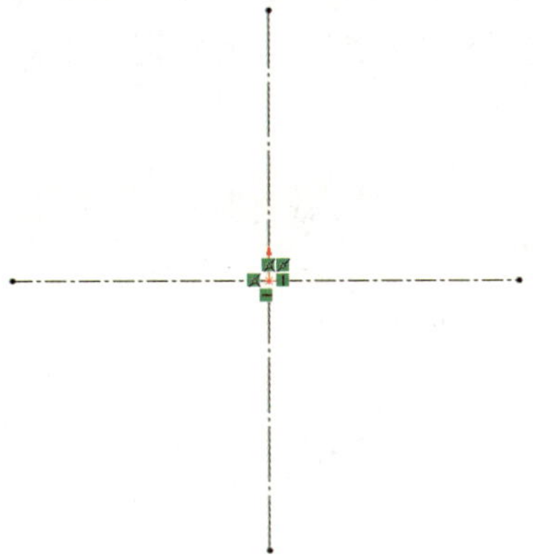

图 1–33　绘制“水平”和“竖直”中心线

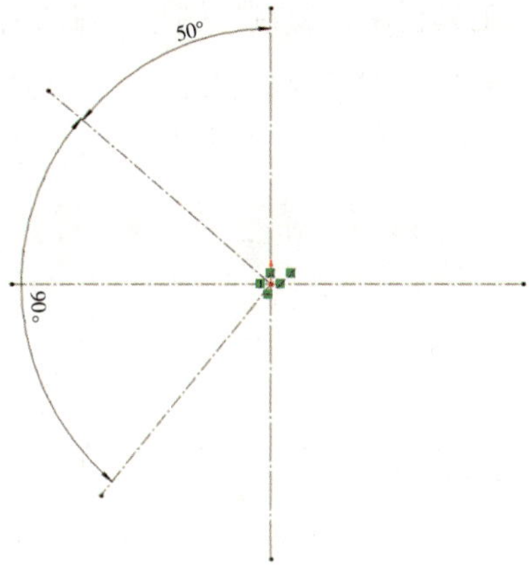

图 1–34　绘制倾斜的中心线

（3）在草图工具栏单击绘制“圆形”命令中的两点画圆命令按钮 圆(R)，依次单击图中的坐标原点确定圆心，再拖动鼠标确定圆的位置，分别绘制 3 个圆，如图 1–35（a）所示。右键单击中间的圆，选择“构造几何线”按钮，如图 1–35（b）所示，将中间的圆由实线转化为构造线，结果如图 1–35（c）所示，同时，按照图 1–35（d）标注 3 个圆的直径。

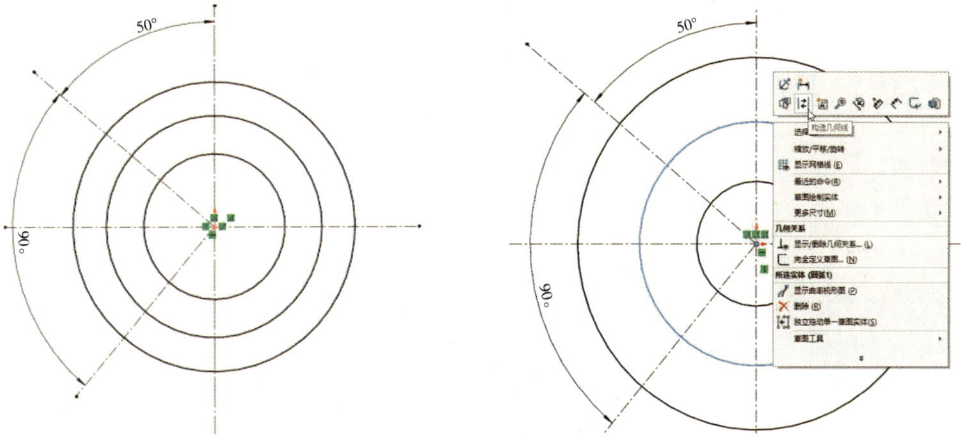

（a）　　（b）

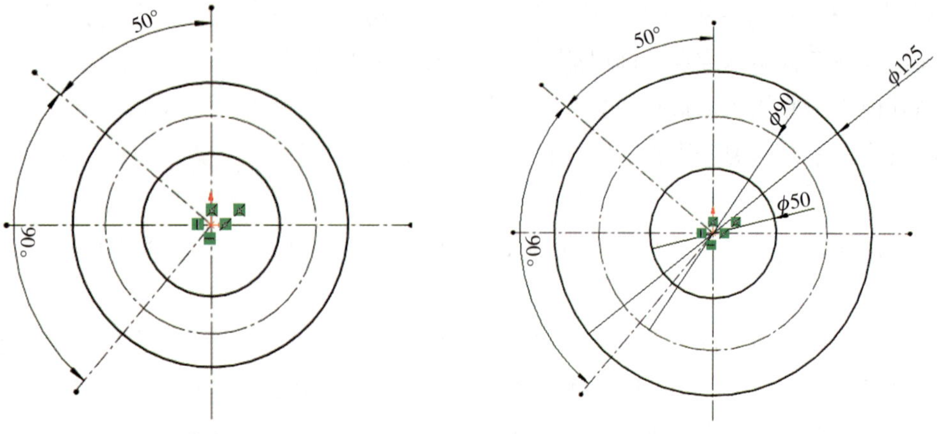

（c）　　　　　　　　　　　　（d）

图 1–35　绘制圆

（4）在草图工具栏单击绘制“圆形”命令中的两点画圆命令按钮 圆(R)，按下键盘上的 F3，打开“捕捉”快捷工具条，按下“交点”捕捉标记，如图 1–36（a）所示，捕捉斜线和圆的交点作为圆心，绘制圆，如图 1–36（b）所示。

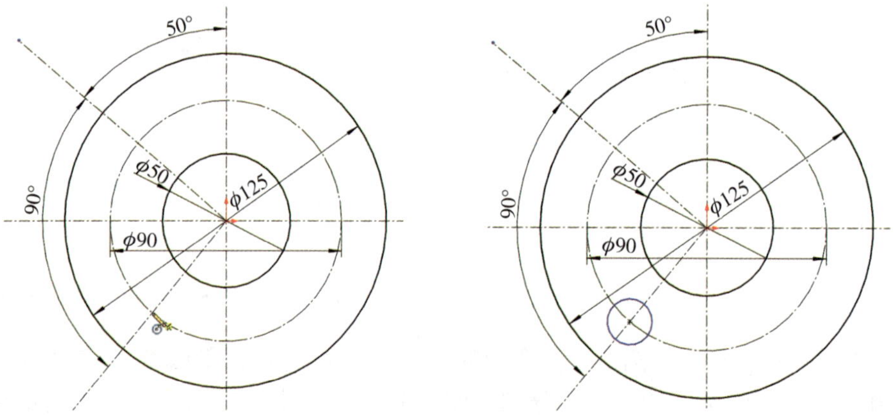

（a）　　　　　　　　　　　　（b）

图 1–36　绘制以斜线和圆的交点为圆心的圆

继续绘制其他 2 个圆，分别标注并修改尺寸，如图 1–37 所示。

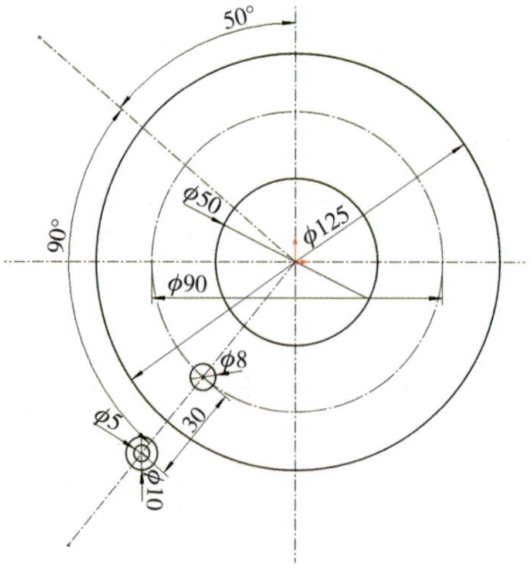

图 1–37　标注和修改尺寸

（5）过 ϕ125 的圆上一点，依次绘制 2 条直线与图 1-37 中 ϕ10 的圆相切如图 1-38（a）所示，并约束其分别与斜线 1 平行，如图 1-38（b）所示。

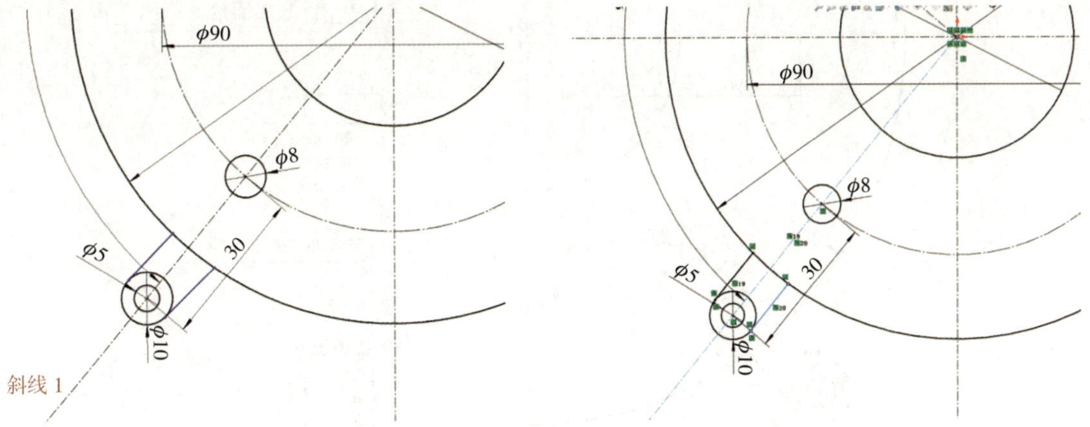

图 1-38　绘制两条斜线

注意：如果看不到几何关系标记，需要点击"显示 / 隐藏栏目" 中的"观阅草图几何关系"按钮，如图 1-39 所示。

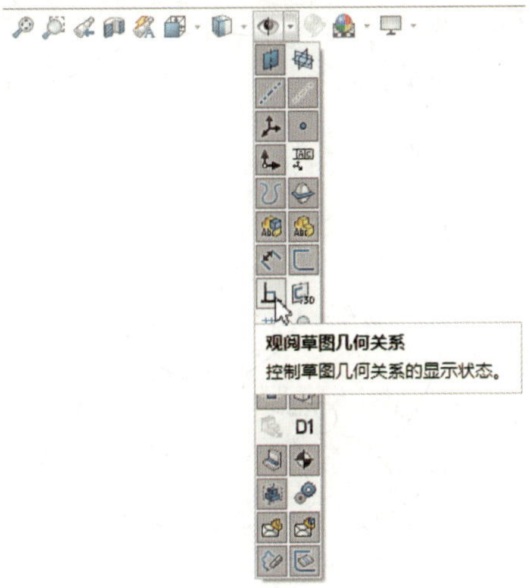

图 1-39　观阅草图几何关系

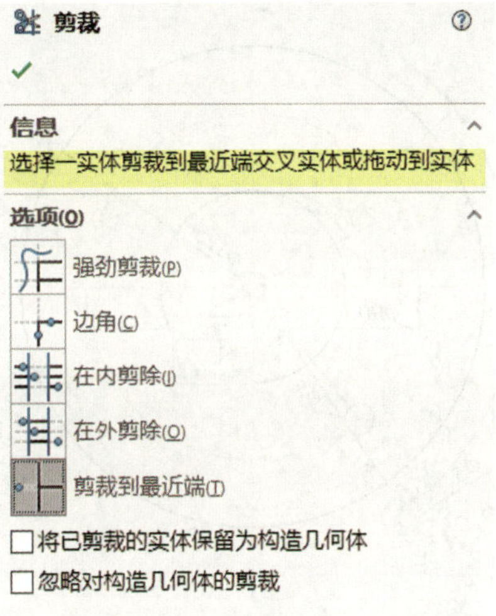

图 1-40　"剪裁"属性管理器

单击"裁剪实体"，在弹出的"剪裁"对话框中选择"剪裁到最近端"，如图 1-40，修剪图 1-38 中多余圆弧，结果如图 1-41 所示。

（6）单击草图工具栏中的"圆周草图阵列"按钮，弹出"圆周阵列"对话框，如图 1-42 所示。选择原点"点 -1"作为阵列中心点，在"阵列角度"栏中输入：180 度，在"阵列数量"栏中输入：3，在"要阵列的实体栏"中，依次选择图 1-43 中左下角 4 个箭头所指向的对象：2 条直线，1 段圆弧，1 个圆，单击"圆周阵列"对话框的✔确认阵列结果，修剪多余圆弧，如图 1-44 所示。

（7）单击草图工具栏中的"圆周草图阵列"按钮，弹出"圆周阵列"对话框，选择原点作为阵列中心点，在"阵列角度"栏中输入：360 度，在"阵列数量"栏中输入：5，在"要阵列的实体栏"中，依次选择图 1-44 中 ϕ8 的圆，即等间距阵列 5 个圆。单击"圆周阵列"对话框的"确定"按钮✔进行确认，完成本任务左侧部分绘制，如图 1-45 所示。

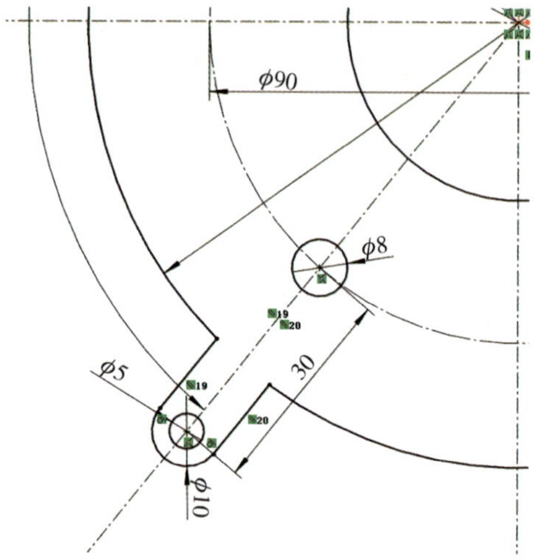

图 1-41　剪裁后的效果

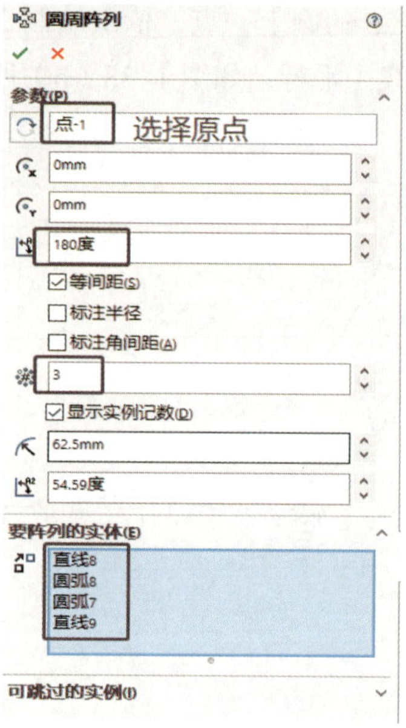

图 1-42　“圆周阵列”属性管理器

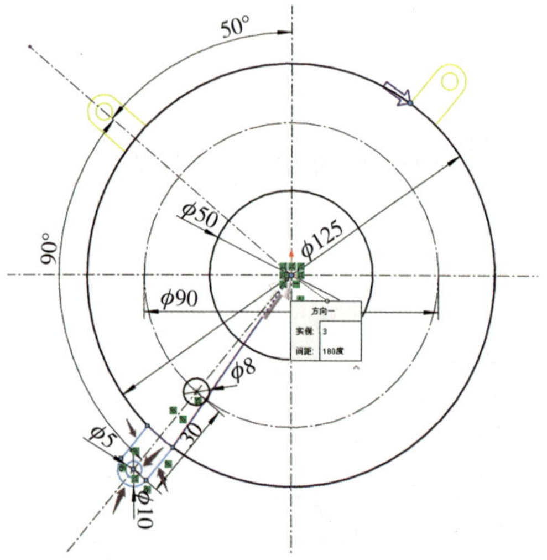

图 1-43　圆周阵列

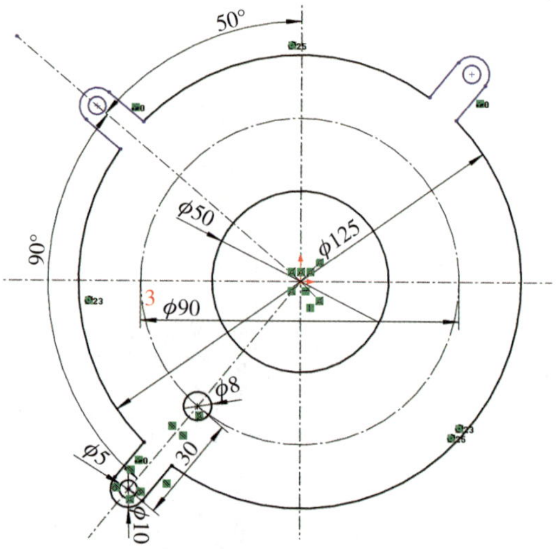

图 1-44　圆周阵列后效果

注：3 是阵列的数量。(可以设置显示或不显示该数字) 为方便初学者观察，设置了显示状态。

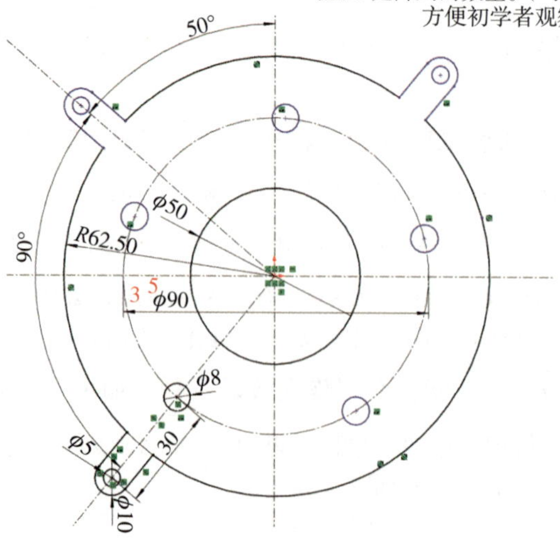

图 1-45　圆形圆周阵列

注：3、5 分别是阵列的数量。(可以设置显示或不显示该数字) 为方便初学者观察，设置了显示状态。

（8）继续绘制右侧部分。单击“直线”按钮，绘制右侧的 3 段直线，标注尺寸并修剪多余线条，如图 1–46 所示。图 1–46 中的 3、5 分别是阵列的数量。

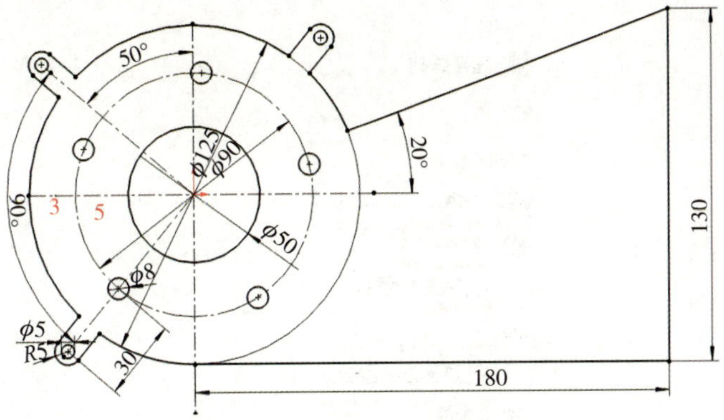

图 1–46　绘制右侧草图效果

注：3、5 分别是阵列的数量。（可以设置显示或不显示该数字）为方便初学者观察，设置了显示状态。

（9）继续绘制如图 1–47（a）所示的 3 段直线，并以上方水平直线中点为圆心，绘制圆，如图 1–47（b）所示。

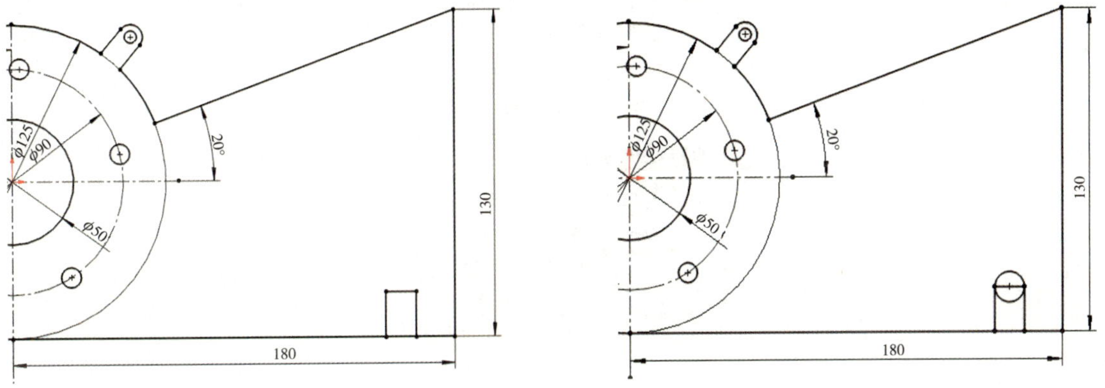

（a）　（b）

图 1–47　绘制圆

标注并修改尺寸，如图 1–48 所示。

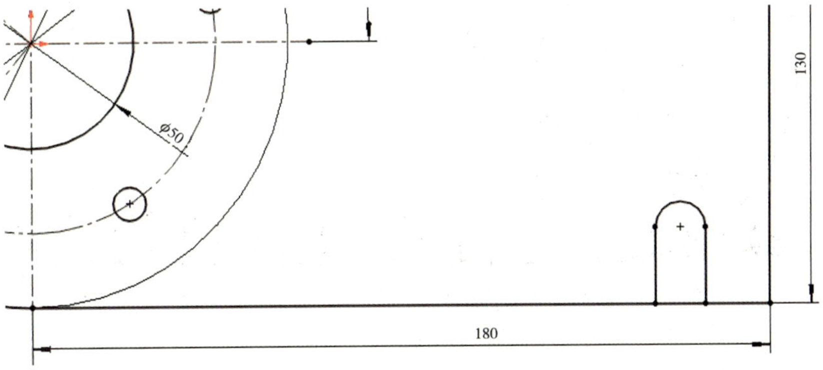

图 1–48　裁剪后效果

（10）单击草图工具栏的“线性草图阵列”按钮 线性草图阵列，在弹出的“线性阵列”对话框中，如图 1–49 所示，依次在“阵列间距”栏中输入：23 mm，在“阵列数量”栏中输入：6，在“要阵列的实例”栏中，依次选择图 1–48 中绘制得到的圆弧和直线，单击“线性阵列”对话框的“确定”按钮✔，结果如图 1–50 所示。

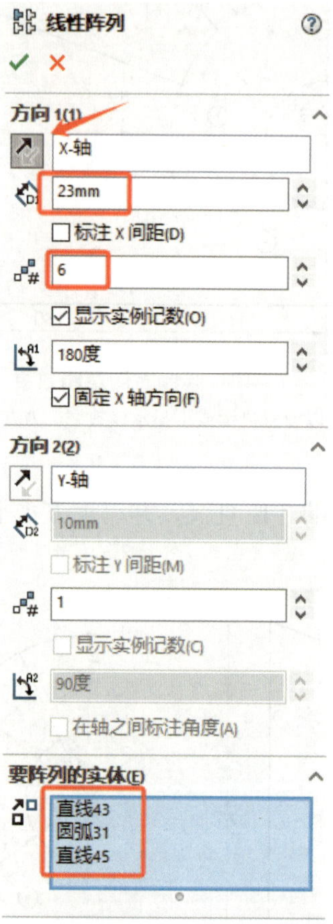

图 1–49 “线性阵列”属性管理器

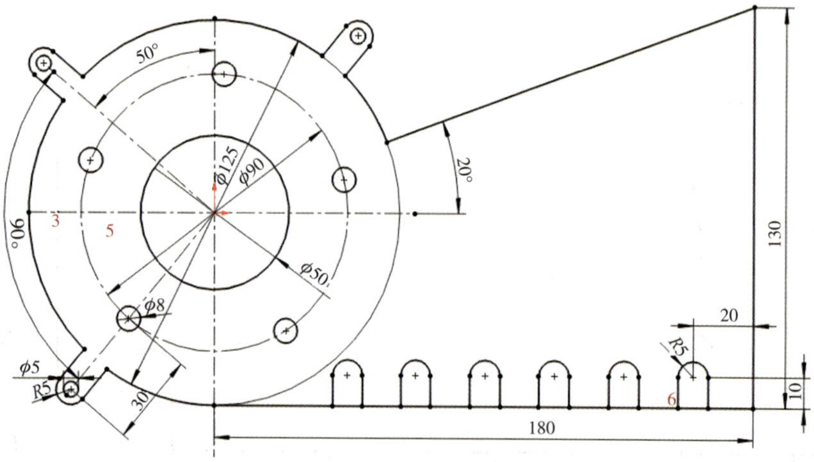

图 1–50 圆弧和直线线性阵列结果

注：图中的 3、5、6 分别是阵列的数量。(可以设置显示或不显示该数字）为方便初学者观察，设置了显示状态。

（11）修剪多余线条，完成后的最终效果图如图 1–51 所示。

（12）退出草图模式，保存文件。

5. 任务总结

（1）线性阵列中除了水平、垂直阵列以外，还可以设置“阵列角度”，实现任意角度斜向阵列。

（2）“显示 / 隐藏项目”按钮的使用如图 1-52 所示。

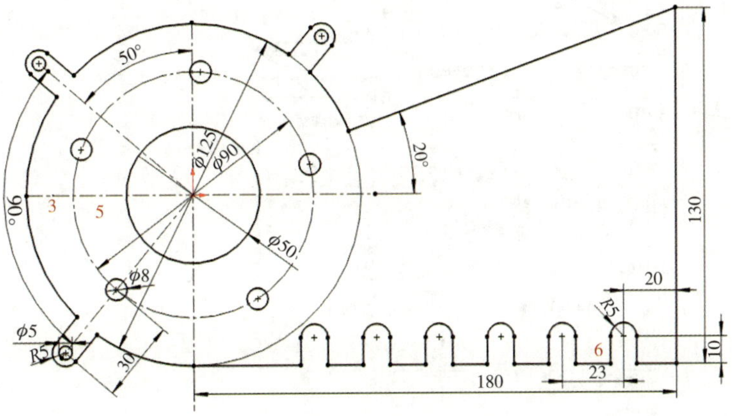

图 1-51　最终效果图

图 1-52　显示 / 隐藏项目

注：3、5、6 分别是阵列的数量。（可以设置显示或不显示该数字）为方便初学者观察，设置了显示状态。

（3）尺寸过定义或者几何关系过定义的时候，草图中的对象会以黄色显示，提醒用户检查过多的尺寸或者几何关系。

（4）绘制完草图后，可以单击草图工具栏按钮的“上色草图轮廓”按钮，系统将对封闭区域进行着色显示。用户可以使用上色草图轮廓设置来以上色实体的形式查看闭合草图轮廓和子轮廓。用户可以对上色草图轮廓执行拖放、调整大小和应用关系操作。当用户选择上色草图轮廓设置时，将仅对闭合草图形状上色，这让用户能够更容易地识别形状是否完全闭合。

轮廓是闭合形状，如图 1-53 所示。

（a）　　（b）　　（c）

图 1-53　闭合形状

子轮廓是当用户将轮廓组合在一起时形成的轮廓，如图 1-54 所示。图 1-54（a）中有两个轮廓，外部是长方形轮廓，内部是圆形轮廓，图 1-54（b）中长方形和圆形之间的区域轮廓即为子轮廓。

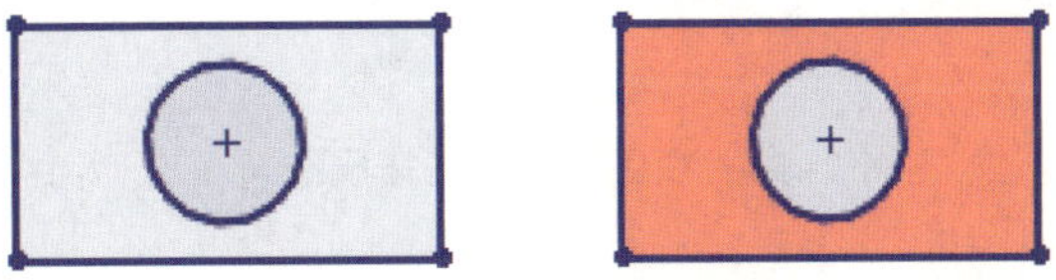

（a）　　（b）

图 1-54　轮廓组合与子轮廓

（5）草图的尺寸标注样式是系统默认的。要设置系统的属性，可选择“工具”→“选项”菜单命令，系统弹出“系统选项”对话框。该对话框由“系统选项”和“文档属性”两个选项卡组成，强调了系统选项和文档属性之间的不同。如果需要对字体进行修改，可以参考图 1–55 所示的步骤进行设置。用户可以根据使用习惯或国家标准对 SolidWorks 进行必要的设置。例如，在“系统选项”对话框的“文档属性”选项卡中将尺寸的标准设置为 GB 后，就会全部按照中华人民共和国国家标准来标注尺寸。

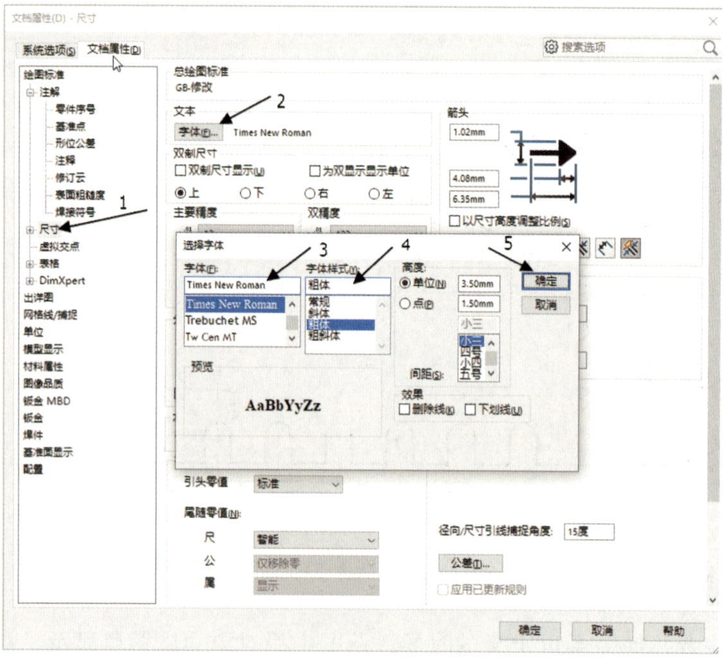

图 1–55　系统选项

6. 任务拓展

在 SolidWorks 中绘制如图 1–56、图 1–57 所示的草图。

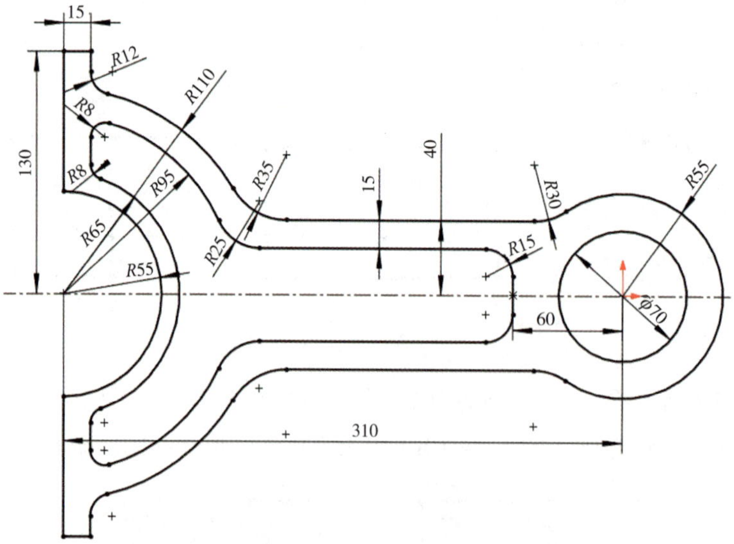

图 1–56　项目一任务三拓展练习 1

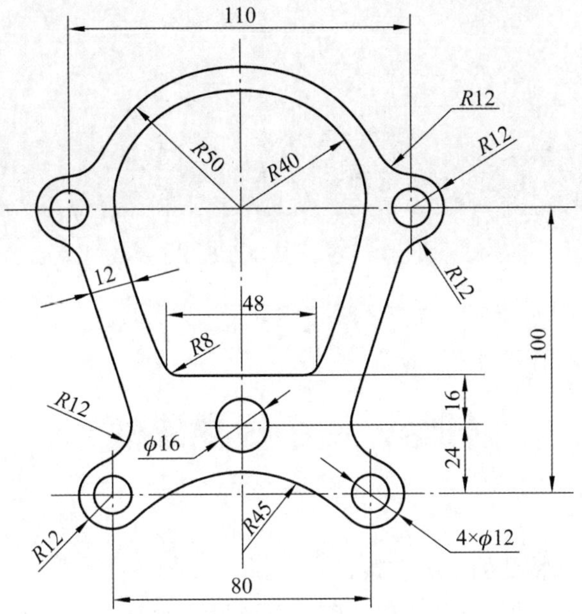

图 1-57　项目一任务三拓展练习 2

项目二

零件设计

任务一　小板凳建模

导学视频

1. 目标知识点

（1）熟悉创建三维（3D）特征的一般步骤。

（2）掌握拉伸凸台 / 基体创建特征的一般步骤，以及封闭截面轮廓检查方法。

（4）熟悉特征管理器（设计树）的使用。

（5）掌握特征编辑的用法。

2. 任务介绍

完成图 2-1 所示的零件图。

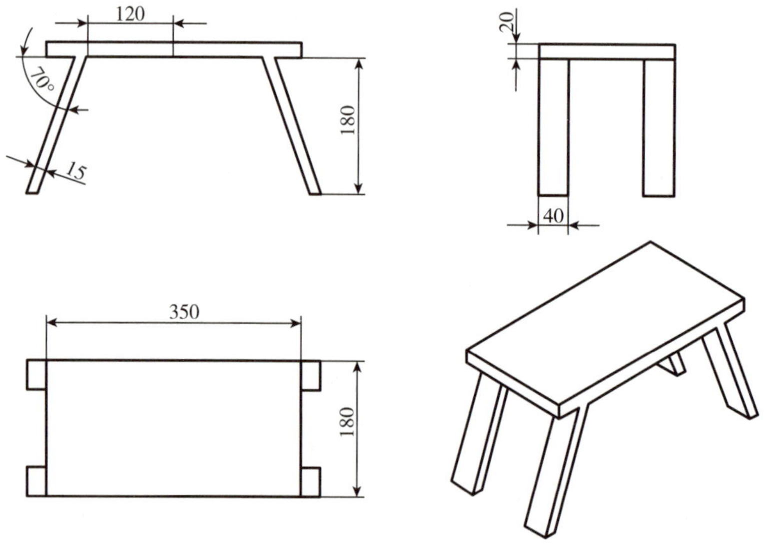

图 2-1　小板凳

3. 任务设计

（1）用拉伸凸台特征命令创建出小板凳的上板。

（2）创建一侧的板凳脚。

（3）镜像另一侧的板凳脚。

4. 任务实施

（1）单击“新建”按钮，弹出“新建 SolidWorks 文件”对话框，双击“零件”按钮进入零件创建模块。

（2）在左侧设计树中选择上视基准面，在弹出的快捷菜单中选择“草图绘制”按钮，单击草图工具栏的“中心矩形”按钮 中心矩形，以原点为中心绘制一个矩形，如图 2-2 所示，绘制完成后单击“退出草图”按钮，退出草图环境。。

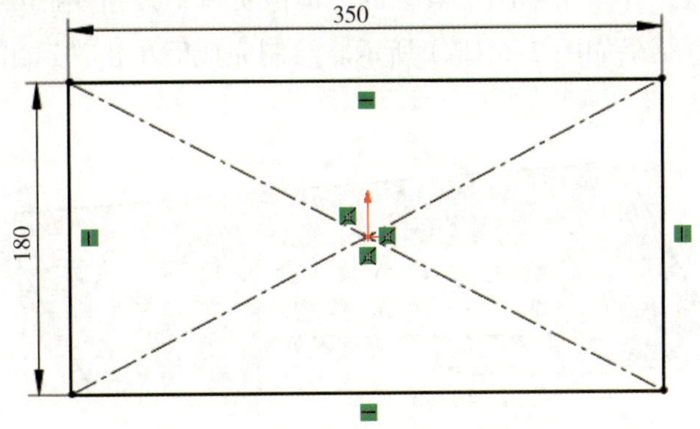

图 2-2　矩形草图

（3）在设计树中单击选中上一步绘制的草图，单击特征工具栏的“拉伸凸台 / 基体”按钮 拉伸凸台/基体，系统弹出“凸台 – 拉伸”对话框，如图 2-3（a）所示，将以上图绘制的矩形作为拉伸截面轮廓，将“拉伸深度”设为 20 mm，单击“方向 1”下的“反向”按钮，可以切换拉升方向，使拉升方向向上，如图 2-3（b）所示。单击“确认”按钮✓，确认第 1 个凸台的创建，如图 2-4 所示。

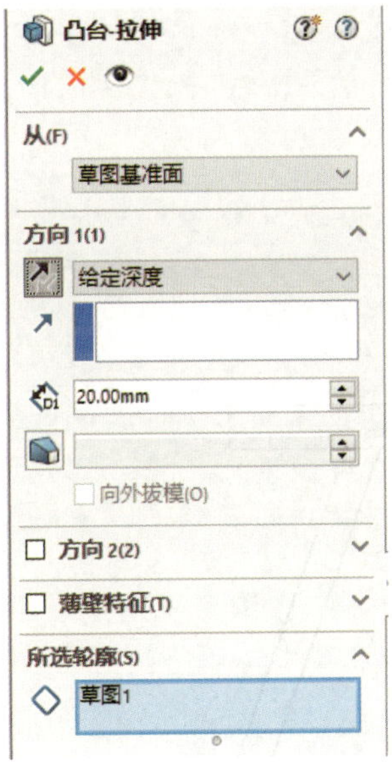

（a）

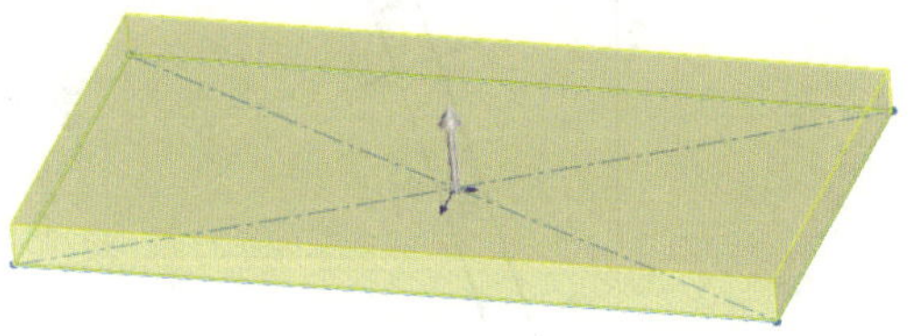

（b）

图 2-3　“凸台 – 拉伸”属性管理器

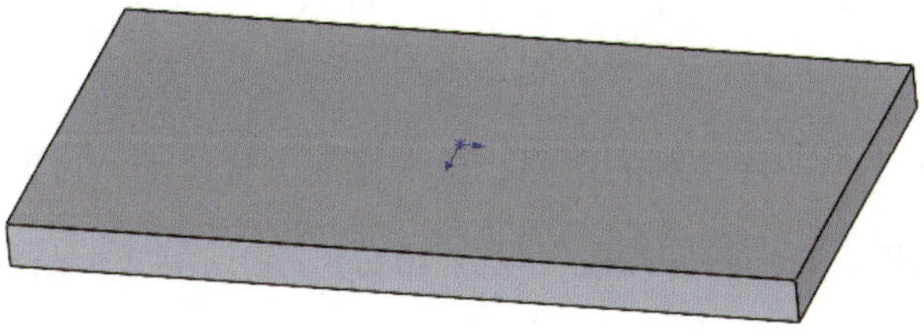

图 2-4　完成凸台的拉伸

（4）在工作窗口区右键单击上图创建特征的前面，如图 2–5 所示，选择“草图绘制”按钮，系统将创建一个新的草图，草图工具栏被重新激活。同时，工作窗口会自动旋转至上视基准面与屏幕平行的状态。单击“平行四边形”按钮 平行四边形，绘制如图 2–6（a）所示的平行四边形。

然后再绘制一条中心线，并单击草图工具栏的“镜像实体”按钮 镜向实体，将图 2–6（a）创建的平行四边形镜像到右边，结果如图 2–6（b）所示。绘制完成后单击“退出草图”按钮，退出草图环境。

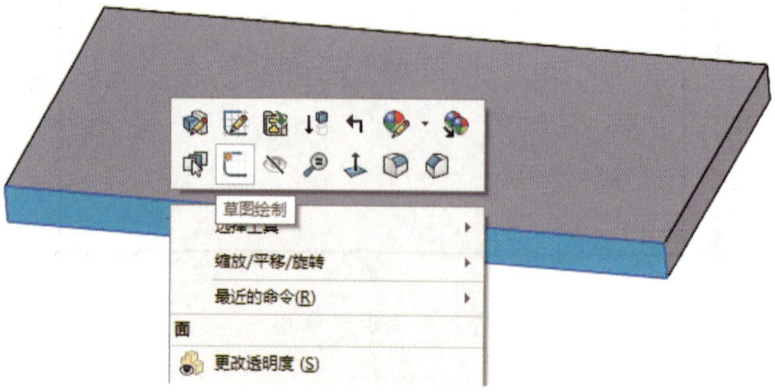

图 2–5　选择草图绘制平面

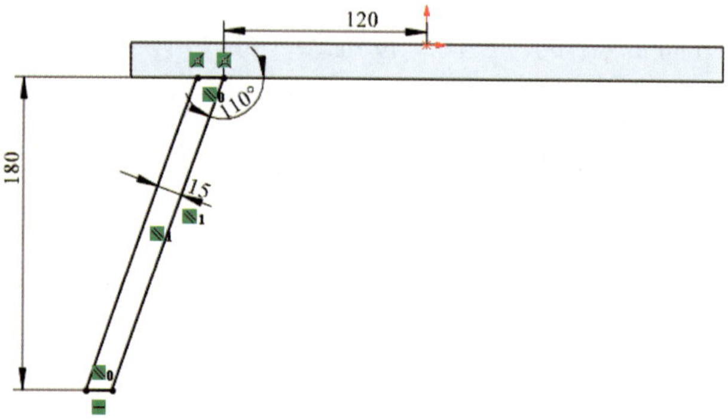

（a）

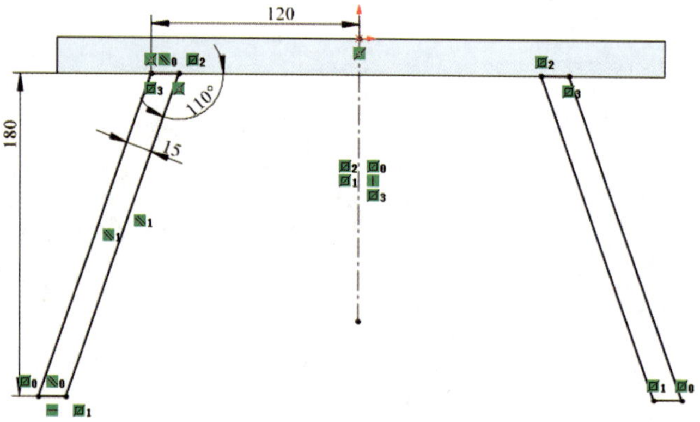

（b）

图 2–6　绘制凳脚草图

（5）在设计树中单击选中上一步绘制的草图，单击特征工具栏的“拉伸凸台 / 基体”按钮 拉伸凸台/基体，系统弹出“凸台 – 拉伸”对话框，将“拉伸深度”设为 40 mm，确认第 2 个凸台创建，如图 2–7 所示。

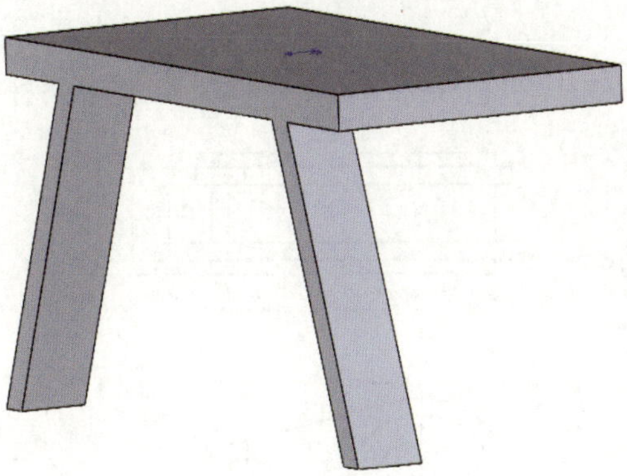

图 2-7　完成凳脚拉伸

（6）单击“镜像特征”按钮 镜向，在弹出的如图 2-8 所示对话框中，选择上一步创建的“前视基准平面”作为镜像基准面，选择“凸台 - 拉伸 2”作为要镜像的特征，得到如图 2-9 所示的效果图。

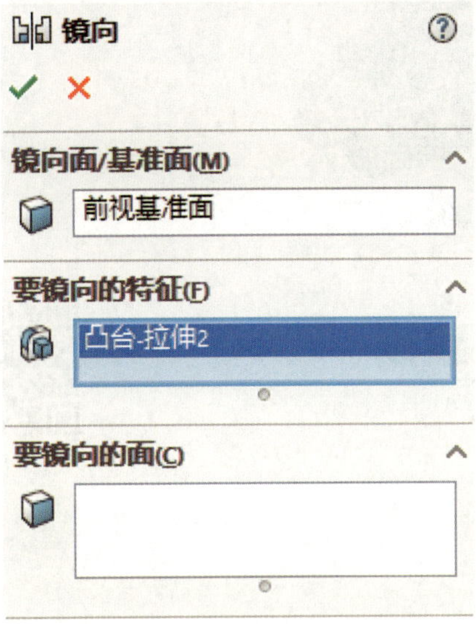

图 2-8　“镜向”属性管理器

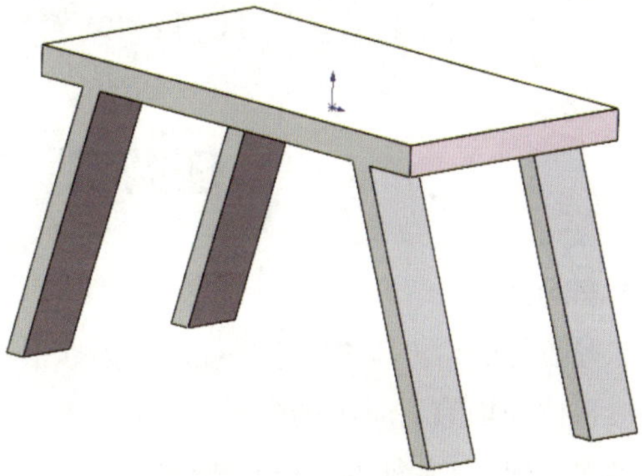

图 2-9　小板凳效果图

（7）保存文件并退出。

5. 任务总结

（1）一般来讲，拉伸凸台 / 基体的草图截面要求是封闭轮廓。因此，退出草图之前，要注意检查草图轮廓是否封闭。可以单击草图工具栏按钮的“上色草图轮廓”按钮，帮助用户快速检查。

（2）3D 建模的一般步骤如下：在 FeatureManager 设计树中选择一基准面，然后单击草图绘制工具栏上的草图实体工具或单击“草绘”进入草绘模式。在新零件中，基准面以正视于方向显示；生成草图，为草图实体标注尺寸，然后退出草图；单击特征工具栏上的“拉伸凸台 / 基体”按钮或“旋转凸台 / 基体”按钮。

（3）草图模式下要“退出草图”的快捷键：Ctrl+Q，正视于的快捷键：Ctrl+8。很多情况下，按 Enter 键与点击“确定”按钮✓具有同样的作用。初学者注意掌握常用的快捷键，左右手配合使用以提高建模效率。

6. 任务拓展

在 SolidWorks 中绘制如图 2-10 所示的零件。

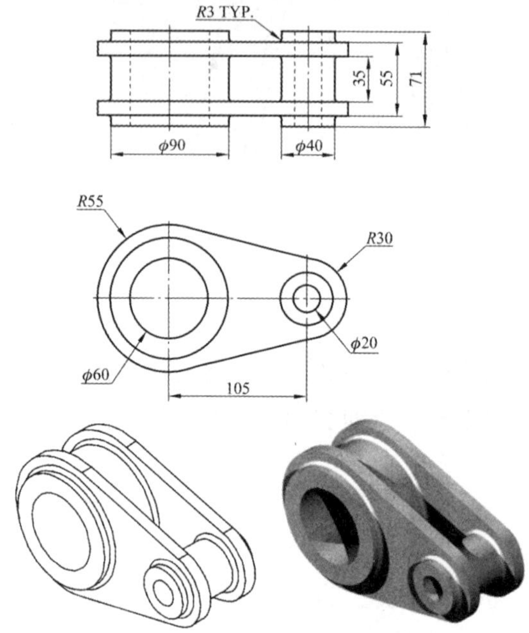

图 2-10　项目二任务一拓展练习

任务二　定位块建模

导学视频

1. 目标知识点

（1）掌握拉伸凸台 / 基体创建特征的一般步骤。

（2）熟悉拉伸切除的应用场合。

（3）熟悉创建 3D 特征的一般步骤。

（4）掌握编辑草图、编辑特征对草图或特征进行修改的一般方法。

（5）熟悉特征管理器（Feature Management）的灵活使用，以及设计树中各个图标的意义。

2. 任务介绍

完成图 2-11 所示的零件图。

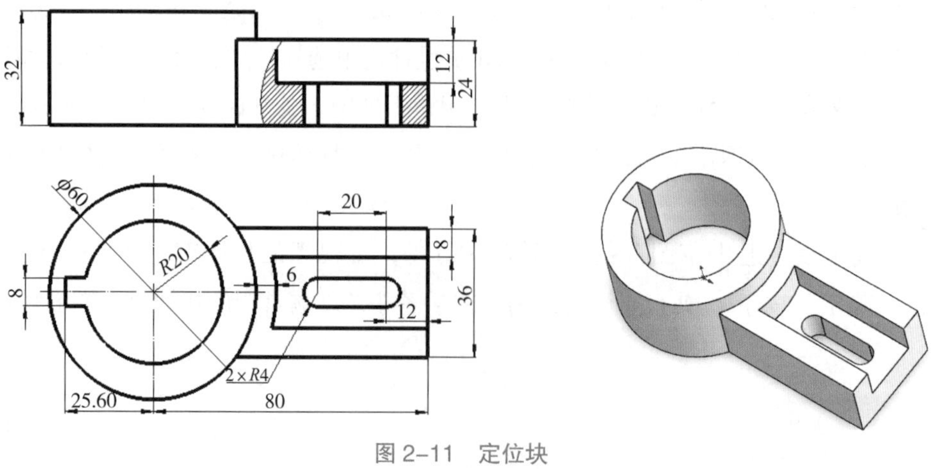

图 2-11　定位块

3. 任务设计

（1）先创建圆柱凸台，作为第一个3D模型特征基准。

（2）在圆柱凸台的基础上创建右侧的第2个凸台特征。

（3）创建拉伸切除特征。

4. 任务实施

（1）单击“新建”按钮，弹出“新建 SolidWorks 文件”对话框，双击“零件”按钮进入零件创建模块。

（2）在左侧设计树中选择上视基准面，在弹出的快捷菜单中选择“草图绘制”按钮，单击草图工具栏的“中心线”按钮 中心线(N)，绘制一条水平中心线，然后单击绘制“圆形”命令中的两点画圆命令按钮 圆(R)，绘制2个圆，如图2-12所示。

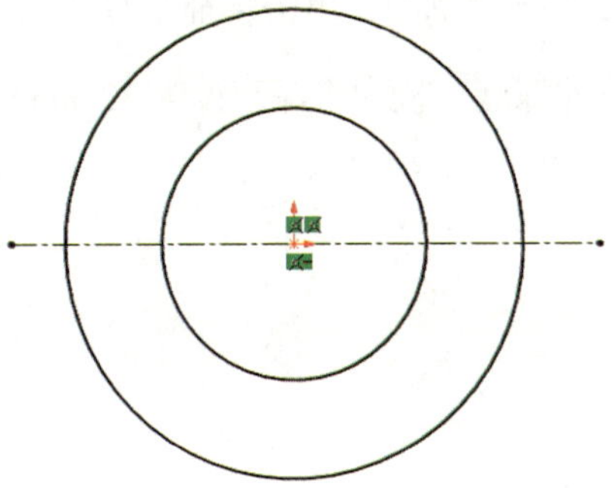

图 2-12 绘制同心圆

单击“直线”按钮，绘制左侧的3段直线，并标注尺寸，如图2-13（a）。

单击“添加几何关系”按钮 添加几何关系，选中点1、点2、水平中心线，在“添加几何关系”对话框下面的选项中选择“对称”按钮 对称(S)，如图2-13（b）所示，为点1、点2添加“对称”约束，如图2-13（c）所示。

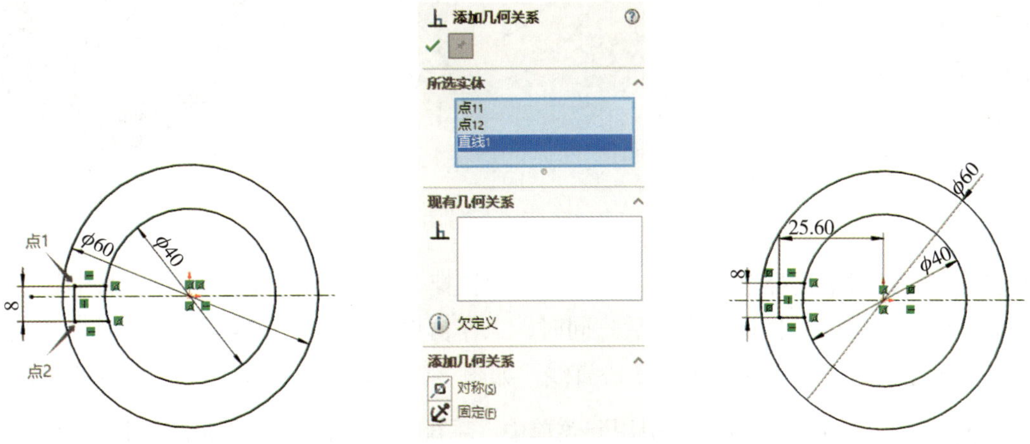

图 2-13 绘制左侧直线

修剪多余线条，结果如图2-14所示。绘制完成后单击“退出草图”按钮，退出草图环境。

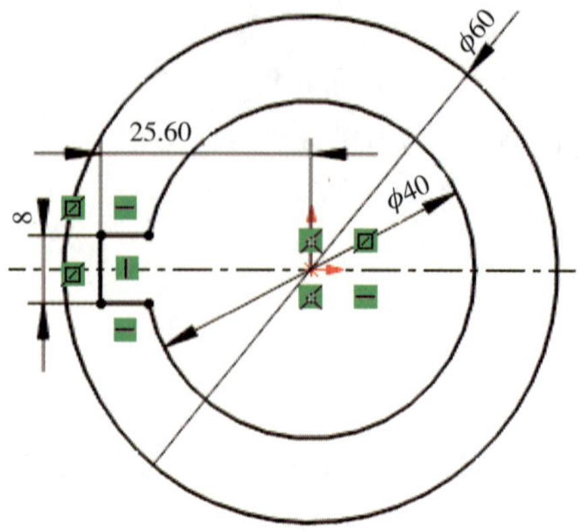

图 2-14　修剪后效果图

（3）在设计树中单击选中上一步绘制的草图，单击特征工具栏的“拉伸凸台 / 基体”按钮，系统弹出“凸台 – 拉伸”对话框，在“拉伸深度”栏中将深度设为 32 mm，确认第 1 个凸台创建。如图 2-15。

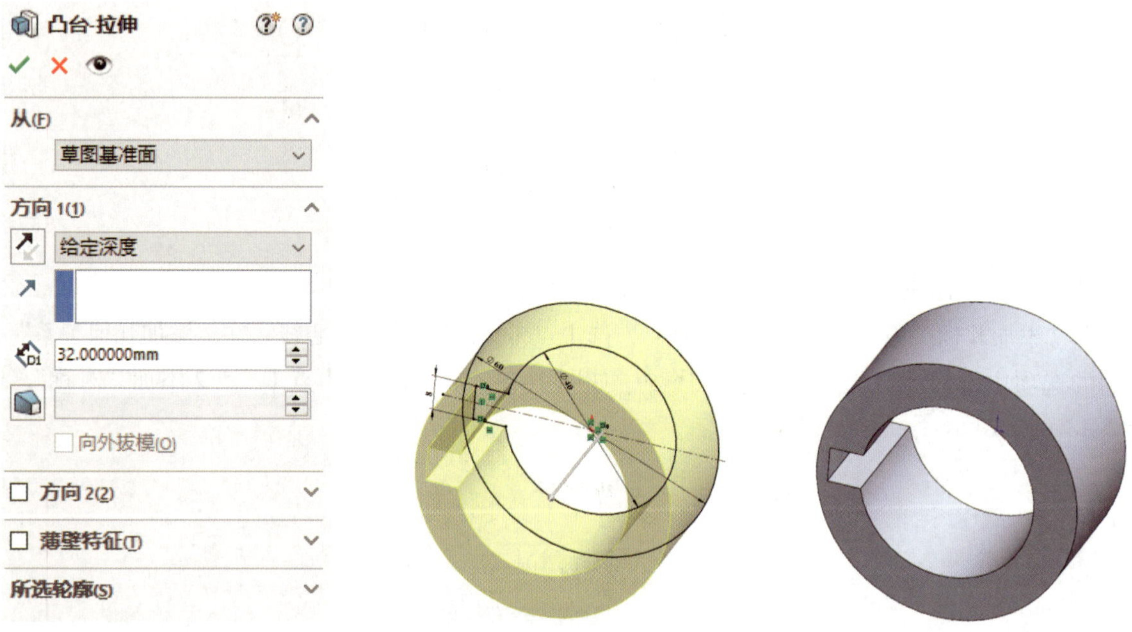

（a）　（b）　（c）

图 2-15　完成圆柱的拉伸

（4）在左侧设计树中选择上视基准面，在弹出的快捷菜单中选择“草图绘制”按钮，系统将创建一个新的草图，草图工具栏被重新激活。同时，工作窗口会自动旋转至上视基准面与屏幕平行的状态。单击“直线”按钮，绘制右侧的 3 段直线，如图 2-16（a）所示。单击草图工具栏的“转换实体引用”按钮，在弹出的“转换实体引用”菜单中，系统提示选择“要转换的实体”，如图 2-16（b）。在工作窗口选择如图 2-16（c）所示的外圆轮廓线，单击“转换实体引用”菜单中的“确定”按钮✓，上一步创建的外圆柱的轮廓将被转换成草图曲线，如图 2-16（d）所示。

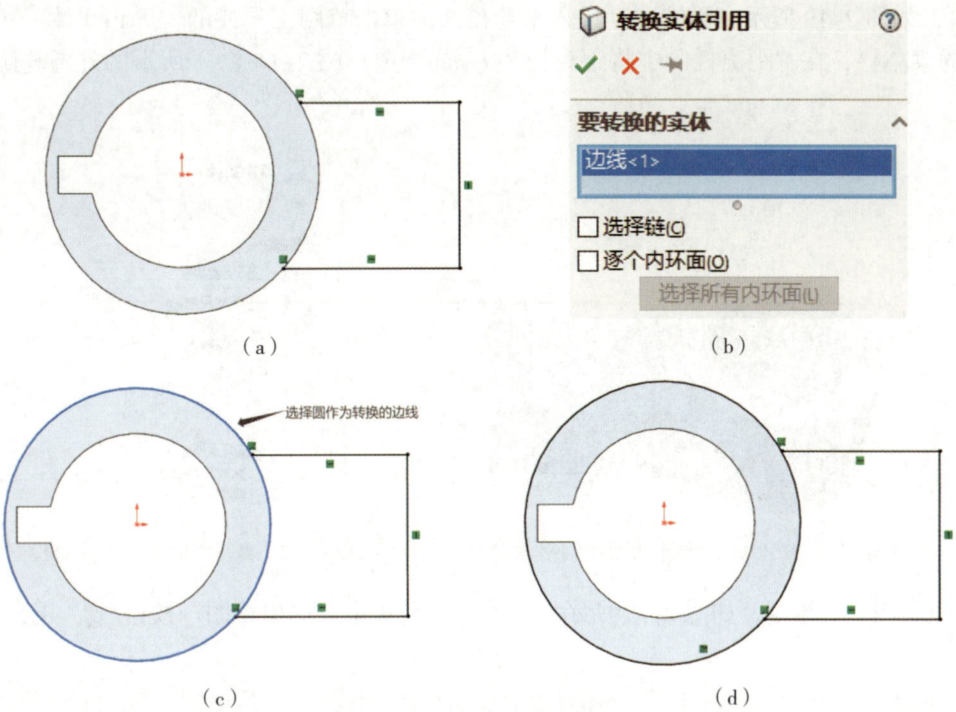

（a）　（b）　（c）　（d）

图 2–16　绘制外圆柱轮廓

标注尺寸并修剪多余线条，如图 2–17 所示。绘制完成后单击“退出草图”按钮，退出草图环境。

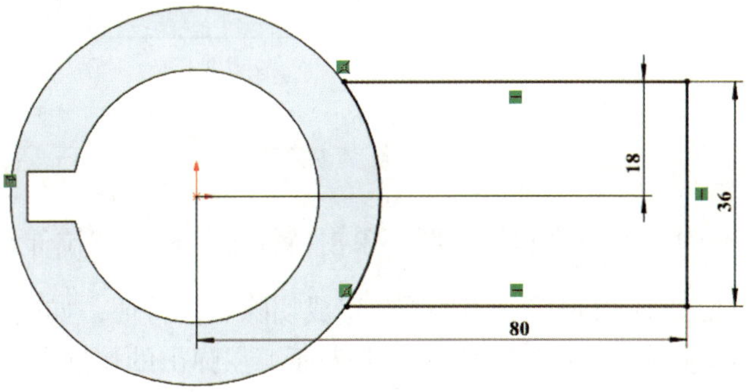

图 2–17　修剪多余线条并标注

（5）在设计树中单击选中上一步绘制的草图，单击特征工具栏的“拉伸凸台 / 基体”按钮拉伸凸台/基体，系统弹出“凸台 – 拉伸”对话框，将“拉伸深度”设为 24 mm，完成第 2 个凸台创建，如图 2–18。

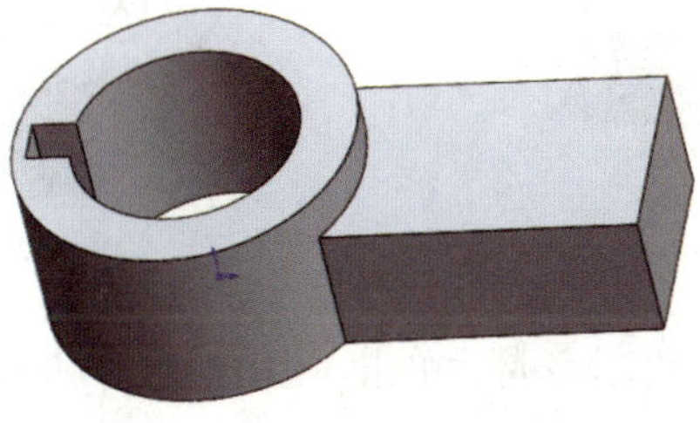

图 2–18　完成外圆柱轮廓拉伸

（6）在工作窗口区左键选择上一步创建的第 2 个凸台上表面，在弹出的快捷菜单中选择“草图绘制”按钮，如图 2–19 所示，系统自动进入草绘模式。单击草图工具栏的“等距实体”按钮，得到如图 2–20 的菜单栏，在“距离栏”中将距离设为 6 mm，选择图 2–16（c）所示的外圆轮廓线，得到偏置圆弧。

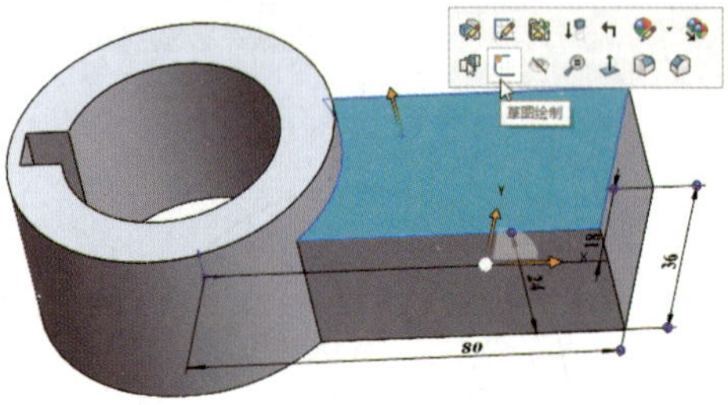

图 2–19　选择草图绘制平面

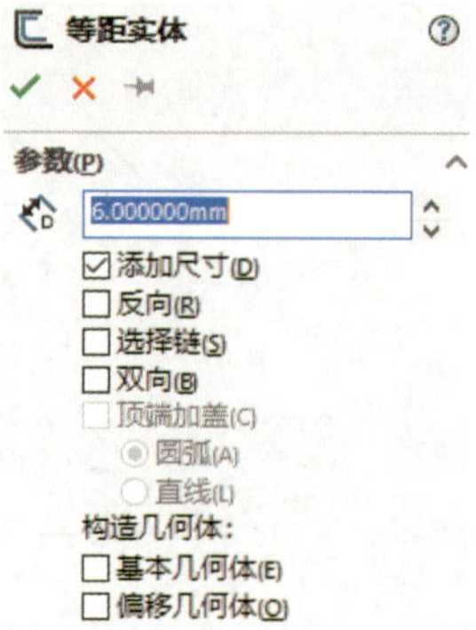

图 2–20　“等距实体”属性管理器

继续完成草图 3 的绘制，如图 2–21 所示，绘制完成后单击“退出草图”按钮，退出草图环境。

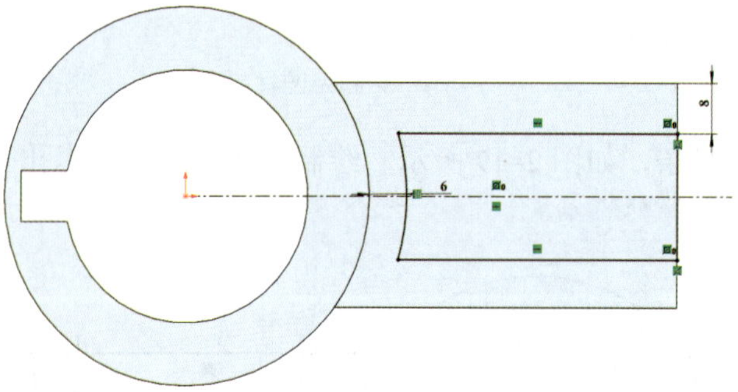

图 2–21　绘制草图

（7）在设计树中单击选中上一步绘制的草图，单击特征工具栏的“拉伸切除”按钮，在“拉伸深度”一栏中输入：12 mm，单击“确定”按钮✔，生成切除实体特征，如图 2–22 所示。

（8）在工作窗口区左键选择上一步切除的凹台上表面，在弹出的快捷菜单中选择“草图绘制”按钮，如图 2–23 所示，系统自动进入草绘模式。

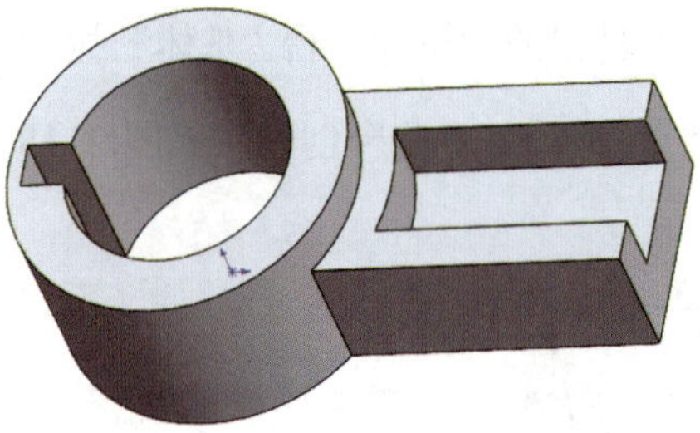

图 2–22　完成凸台拉伸切除

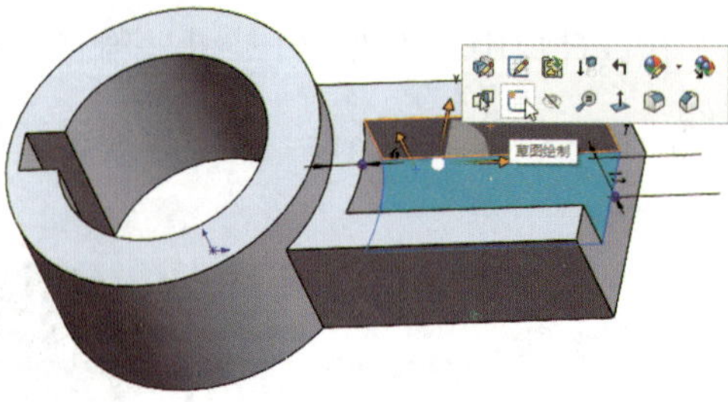

图 2–23　选择凹台草图绘制平面

完成草图绘制如图 2–24 所示。绘制完成后单击“退出草图”按钮，退出草图环境。

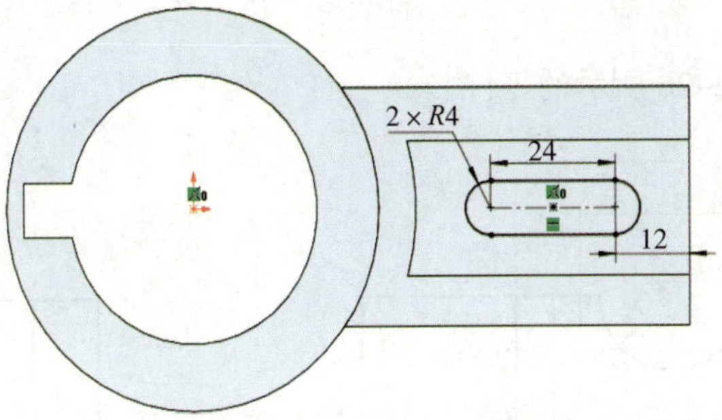

图 2-24　绘制槽口草图

（9）在设计树中单击选中上一步绘制的草图，单击特征工具栏的“拉伸切除”按钮，在“方向1”下拉列表中选择“完全贯穿”，如图 2-25 所示，单击“确定”按钮✓，生成切除实体特征。

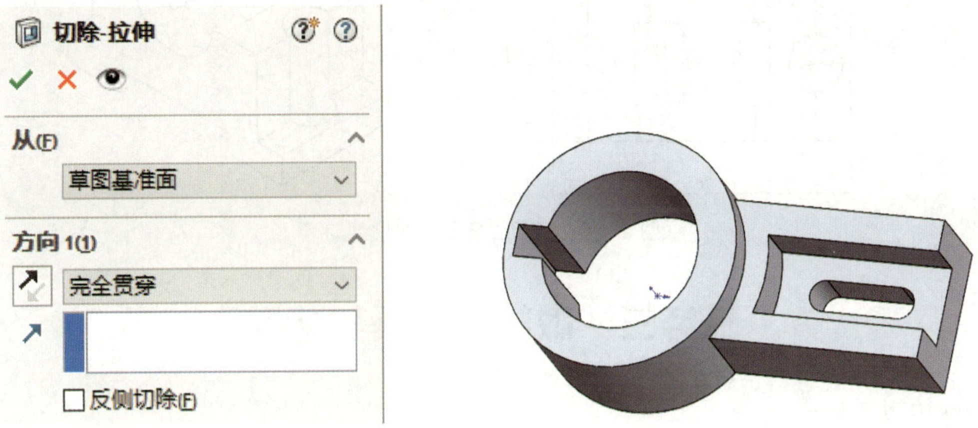

（a）　　　（b）

图 2-25　定位块效果图

（10）保存文件并退出。

5. 任务总结

（1）注意：退出草图之前，要注意检查草图轮廓是否封闭。可以单击草图工具栏按钮的“上色草图轮廓”按钮，帮助用户快速检查。

（2）转换实体引用命令的使用。

（3）等距实体命令的使用。

（4）拉伸实体的菜单介绍。

（5）三维建模的一般步骤如下：在 FeatureManager 设计树中选择一基准面，然后单击草图绘制工具栏上的草图实体工具或单击“草绘”进入草绘模式。

在新零件中，基准面以正视于方向显示；生成草图，为草图实体标注尺寸，然后退出草图；单击特征工具栏上的“拉伸凸台 / 基体”按钮或“旋转凸台 / 基体”按钮。

（6）草图模式下要“退出草图”的快捷键：Ctrl+Q，“正视于”命令的快捷键：Ctrl+8。很多情况下，按 Enter 键与单击“确定”按钮✓具有同样的作用。初学者注意掌握常用的快捷键，左右手配合使用以提高建模效率。

6. 任务拓展

在 SolidWorks 中绘制如图 2-26 所示的零件。

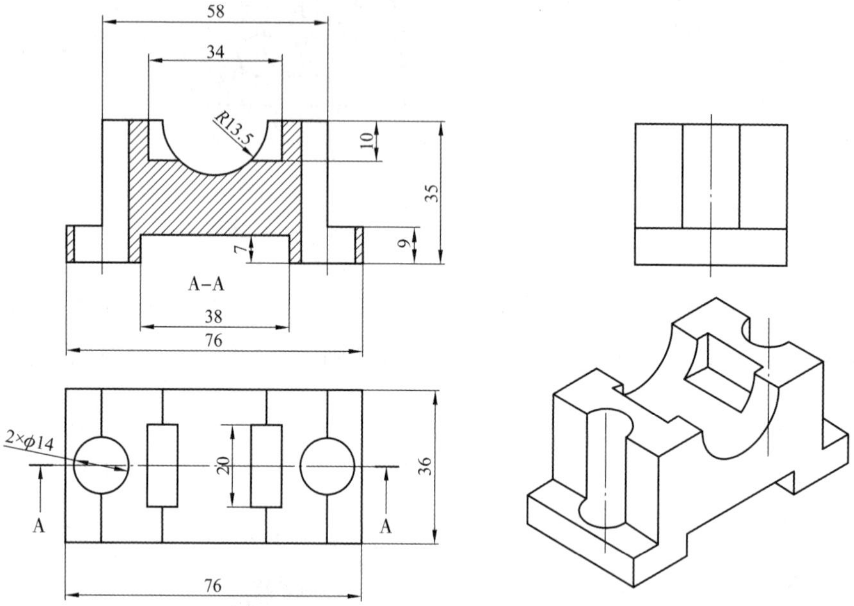

图 2-26　项目二任务二拓展练习

任务三　散热风扇骨架建模

1. 目标知识点

（1）掌握多个特征创建的一般方法。

（2）掌握拉伸凸台 / 基体 – 薄壁特征的使用。

（3）熟悉基准平面的创建方法。

（4）掌握镜像特征的方法和步骤。

导学视频

2. 任务介绍

完成图 2-27 所示的零件图。

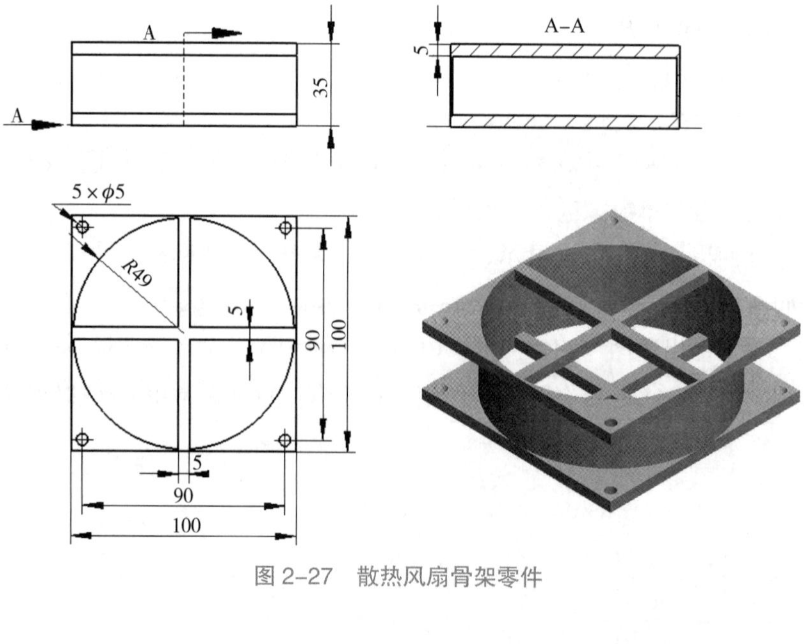

图 2-27　散热风扇骨架零件

3. 任务设计

（1）先拉伸凸台 / 基体创建实体，然后拉伸切除创建中间圆孔。

（2）在正面圆孔内利用薄壁拉伸特征创建肋板。

（3）镜像创建另一侧的肋板。

（4）创建孔特征。

4. 任务实施

（1）单击“新建”按钮，弹出“新建 SolidWorks 文件”对话框，双击“零件”按钮进入零件创建模块。

（2）在左侧设计树中选择上视基准面，在弹出的快捷菜单中选择“正视于”按钮，然后单击命令按钮栏的“草图绘制”按钮，在草图工具栏单击“中心矩形”按钮，如图 2–28 所示。

（3）以原点为中心，绘制一个 100 mm × 100 mm 的矩形，如图 2–29 所示，完成后退出草图。

（4）单击“特征”栏下的“拉伸凸台 / 基体”按钮，选择上一步绘制的草图轮廓，弹出“凸台 – 拉伸”属性管理器界面，在“深度”栏输入 5 mm，单击“确定”按钮，创建第一个实体。如图 2–30 所示。

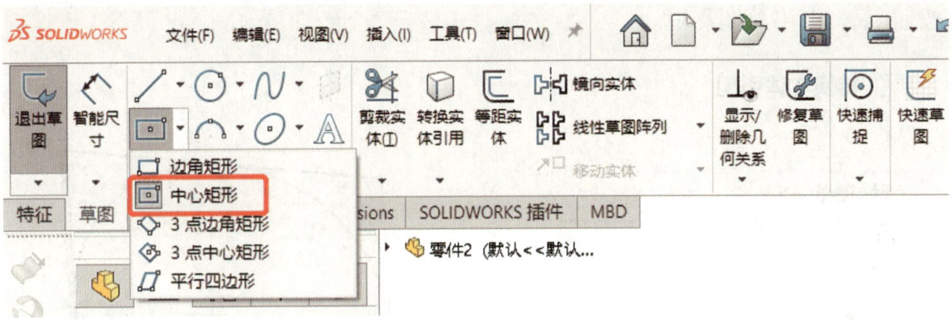

图 2–28　“中心矩形”命令

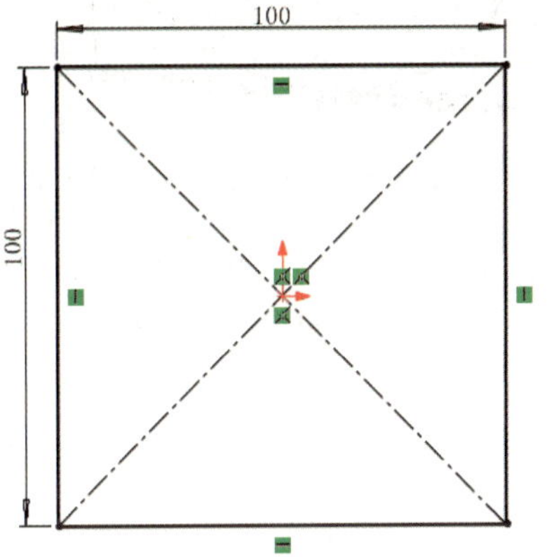

图 2–29　绘制矩形

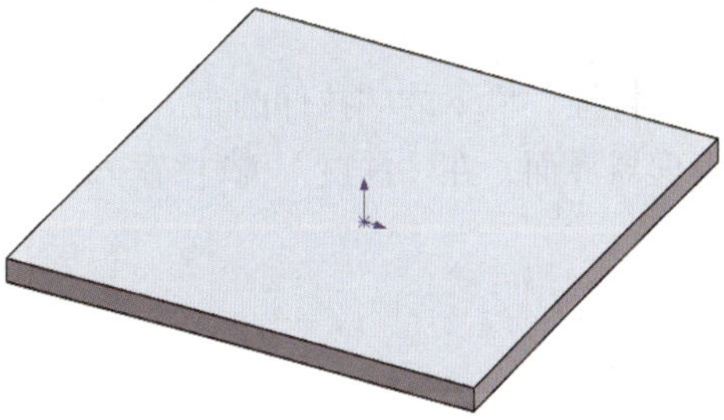

图 2–30　创建第一个实体

（5）选择上一步创建的实体的背面，在弹出的快捷菜单中选择“正视于”按钮，然后单击命令按钮栏的“草图绘制”，在草图工具栏单击“圆”。以原点为圆心，绘制一个圆。在命令按钮栏中单击“显示 / 删除几何关系”→“添加几何关系”，选择圆和实体的边线，选择“相切”按钮，如图 2–31 所示，绘制完成后单击“退出草图”按钮，退出草图环境。

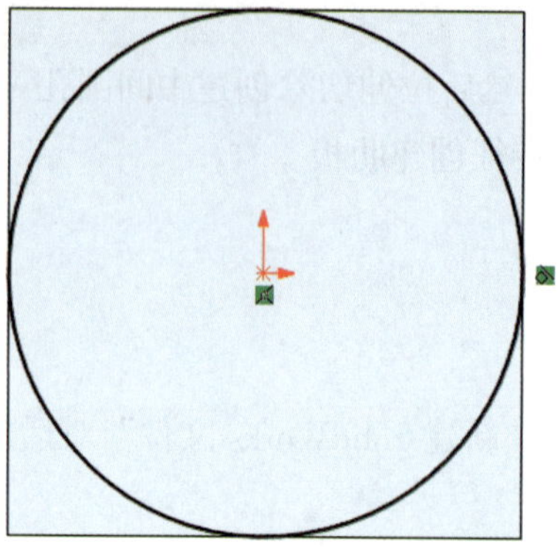

图 2-31　约束圆与实体边线相切

（6）单击“特征”栏下的“拉伸凸台 / 基体”按钮，选择上一步绘制的草图轮廓，弹出“凸台 - 拉伸”属性管理器界面，在“深度”栏输入 25 mm，单击“确定”按钮，创建第二个实体。

（7）选择上一步创建的圆柱实体的上面，在弹出的快捷菜单中选择“正视于”按钮，然后单击命令按钮栏的“草图绘制”按钮，进入草图环境。单击草图工具栏的“转换实体引用”按钮，依次选择方形实体的四条边，如图 2-32 所示。转换实体引用后得到的结果如图 2-33 所示。绘制完成后单击“退出草图”按钮，退出草图环境。

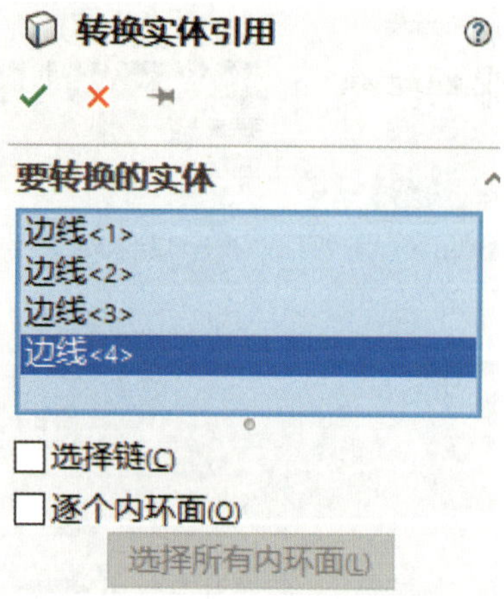

图 2-32　转换实体引用

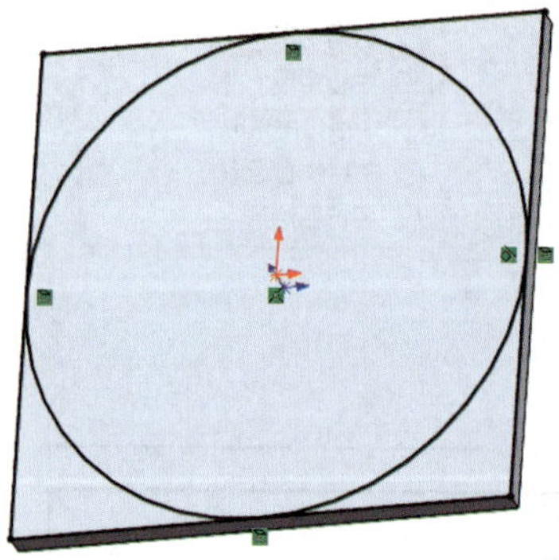

图 2-33　转换实体引用后的结果

（9）单击“特征”栏下的“拉伸凸台 / 基体”按钮，选择上一步绘制的草图轮廓，弹出“凸台 - 拉伸”属性管理器界面，在“深度”栏输入 5 mm，单击“确定”按钮，创建第三个实体。结果如图 2-34 所示。

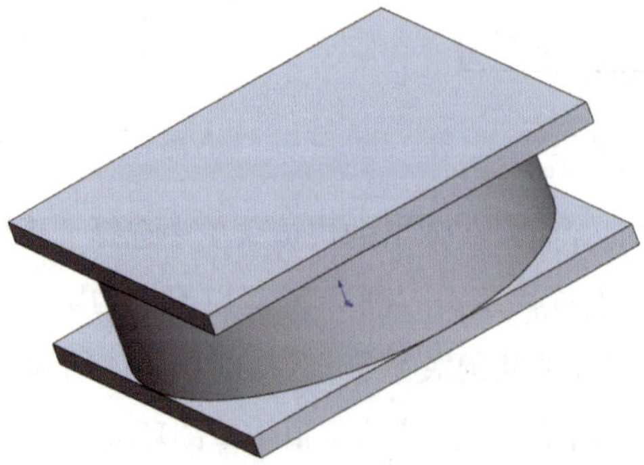

图 2-34　第三个实体

注意：三个实体的拉伸方向要一致，可以通过更改拉伸方向进行调整。

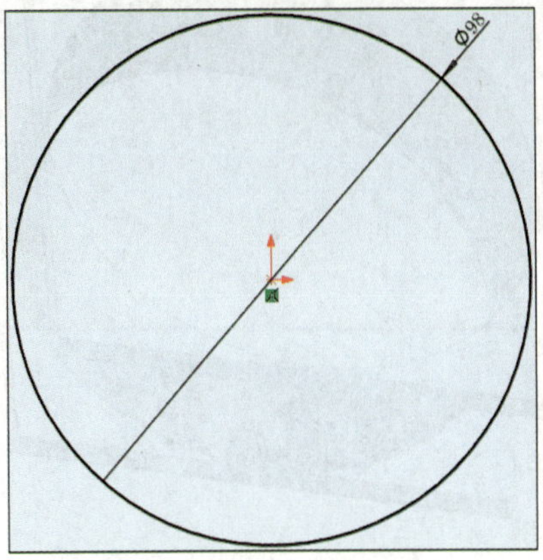

图 2–35　绘制一个 φ98 mm 圆

（10）选择图 2–34 所示实体的上表面，在弹出的快捷菜单中选择“正视于”按钮，然后单击命令按钮栏的“草图绘制”按钮进入草图环境，在草图工具栏单击“圆”。以原点为圆心，绘制一个 φ98 mm 圆。如图 2–35 所示，绘制完成后单击“退出草图”按钮，退出草图环境。

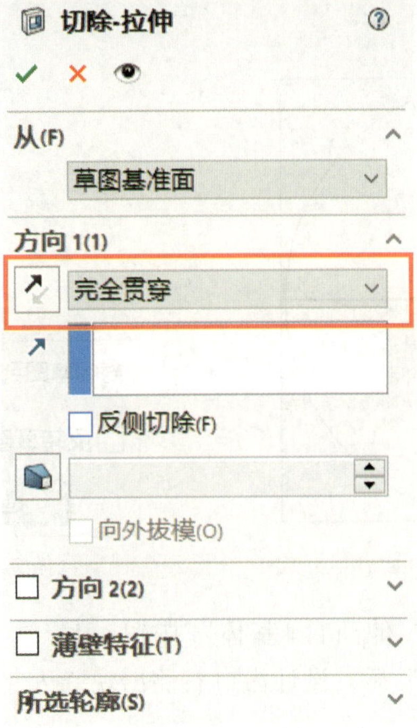

图 2–36　“切除 – 拉伸”属性设置

（11）单击“特征”栏下的“拉伸切除”按钮，选择 φ98 mm 圆，弹出“切除 – 拉伸”属性管理器界面，在“方向 1”下拉列表中，选择“完全贯穿”，图 2–36 所示，单击“确定”按钮✓，切除中间圆孔，如图 2–37 所示。

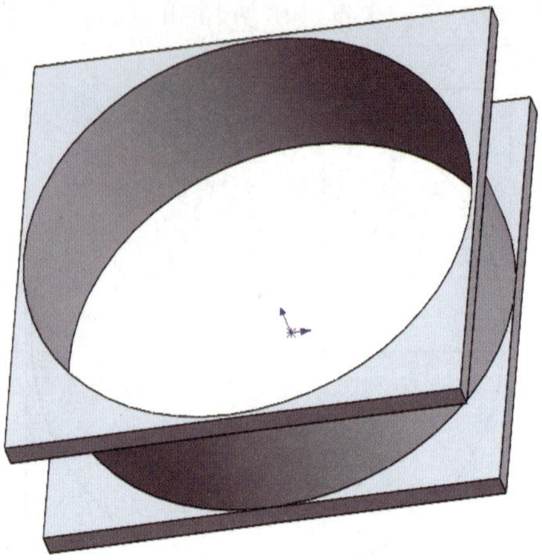

图 2-37　切除后的效果

（12）选择图 2-37 所示实体的上表面，在弹出的快捷菜单中选择“正视于”按钮，然后单击命令按钮栏的“草图绘制”按钮进入草图环境，在草图工具栏选择“直线”按钮。过原点分别绘制如图 2-38 所示的两条直线，即一条水平线，一条竖直线，如图 2-38 所示，绘制完成后单击“退出草图”按钮，退出草图环境。

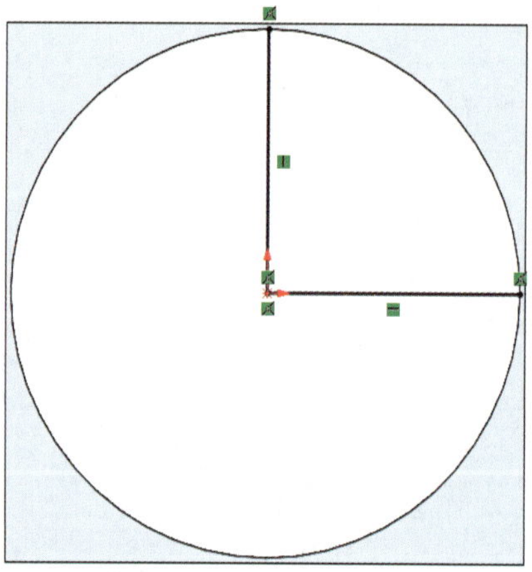

图 2-38　草图曲线

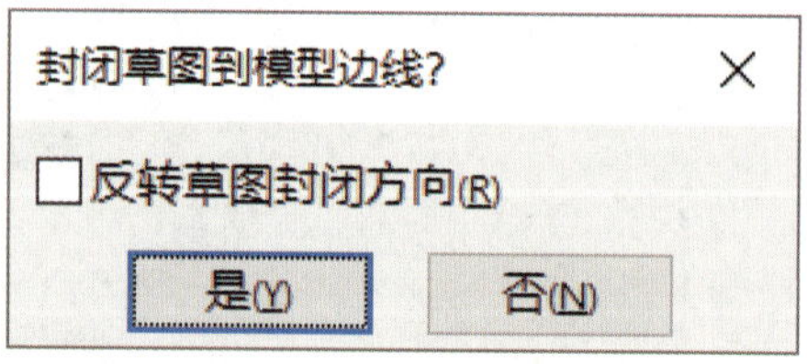

图 2-39　封闭草图提示框

（13）单击“特征”栏下的“拉伸凸台 / 基体”按钮，选择图 2-38 草图曲线弹出如图 2-39 的“封闭草图”提示框，选择“否”后，设计窗口右侧出现“凸台 - 拉伸”属性管理器界面，在“深度”栏输入 5 mm，在薄壁特征栏中选择“两侧对称”，在“厚度”栏输入 5 mm，如图 2-40 所示。设置完成并检查拉伸方向无误后，单击“确定”按钮，如图 2-41 所示。

（14）继续以上表面绘制如图 2-42 的草图，并以同样的方法拉伸得到图 2-43 的肋板效果。

（15）采用镜像特征的方式创建出另一侧的肋板。单击特征工具栏中的基准面（位于“参考几何体”下拉菜单中），弹出如图 2-44 所示的“基准面”对话框，依次在工作窗口中选择模型的上下表面。

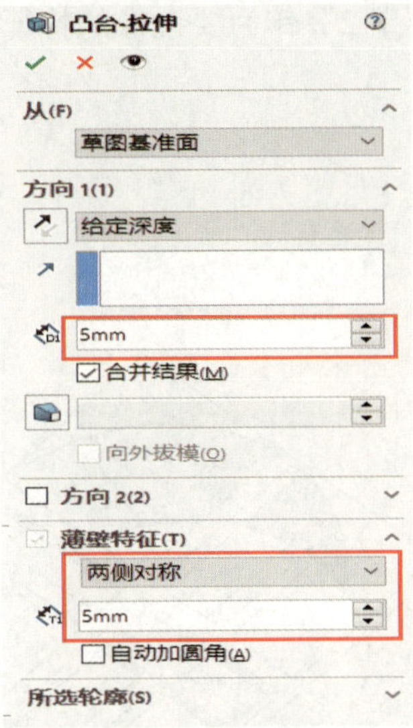

图 2-40　薄壁拉伸特征属性

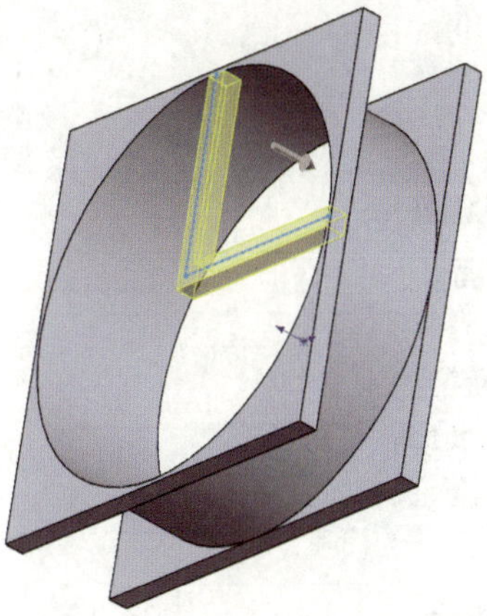

图 2-41　薄壁拉伸结果预览

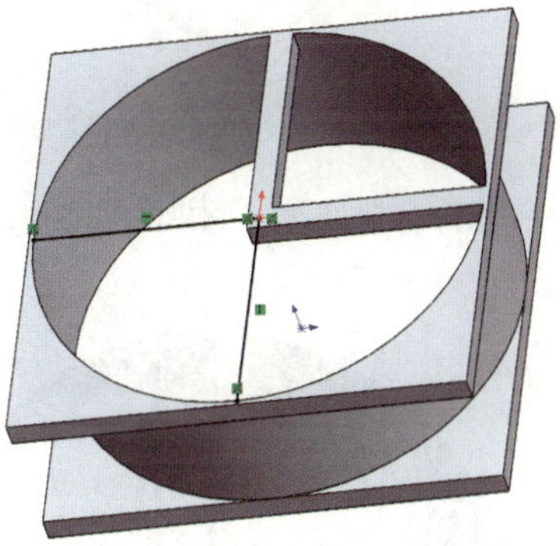

图 2-42　另两条薄壁拉伸轮廓

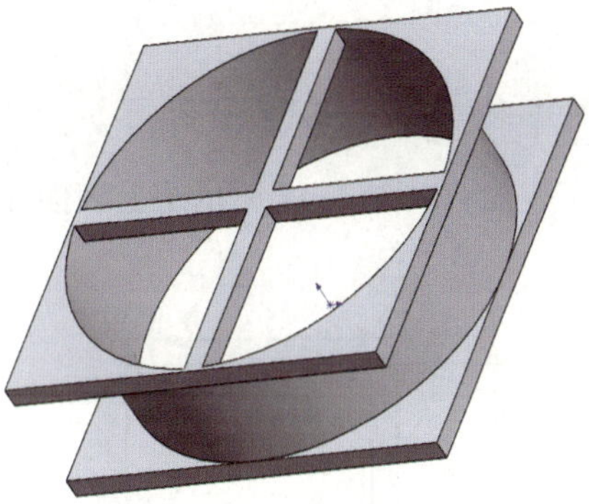

图 2-43　正面肋板效果

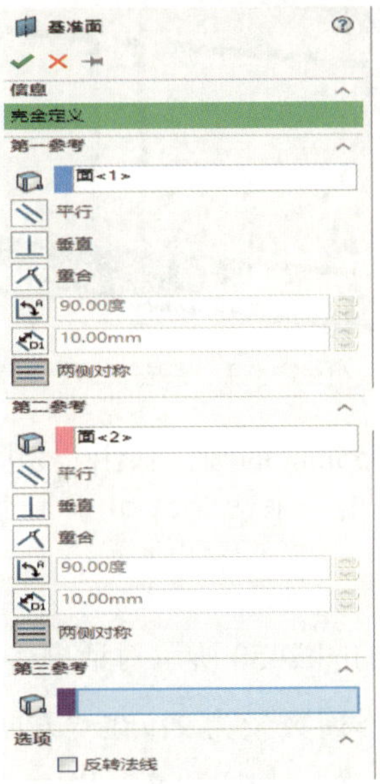

图 2-44　“基准面”属性管理器

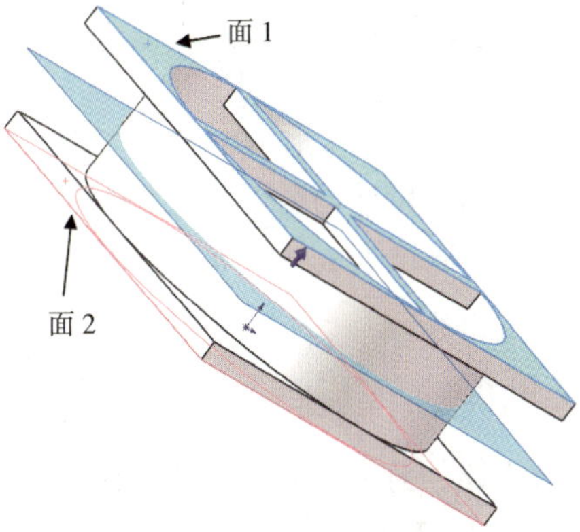

图 2-45　创建镜像基准面

单击“镜像特征”按钮 镜向，在弹出的如图 2-46 所示对话框中，选择上一步创建的“基准平面

1”作为镜像基准面，选择“拉伸－薄壁 1”和“拉伸－薄壁 2”作为要镜像的特征，得到如图 2-47 所示的结果。

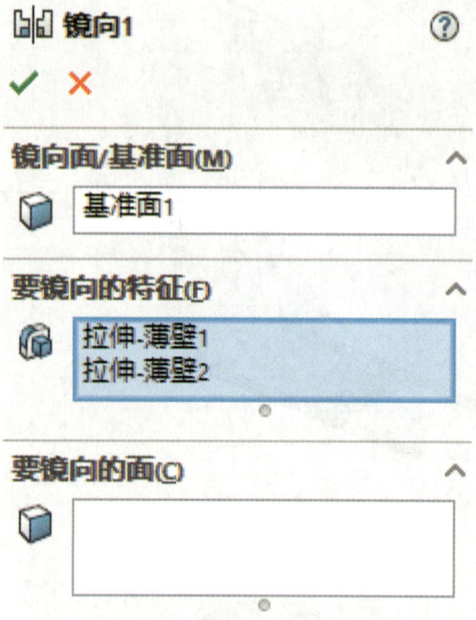

图 2-46 “镜向”属性管理器

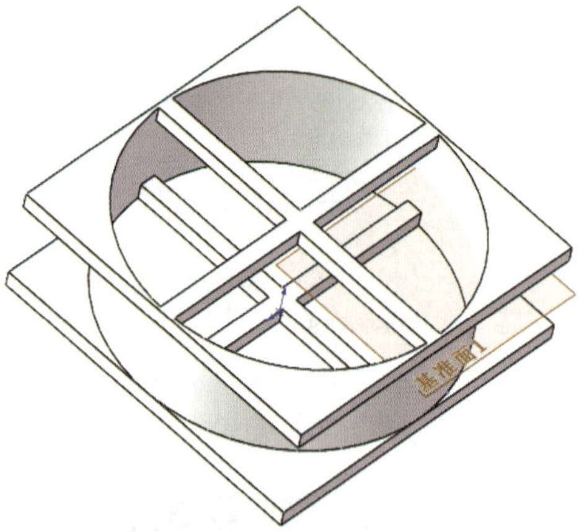

图 2-47 镜像肋板特征

（15）创建安装孔。以图 2-47 所示的上表面作为草绘平面，绘制如图 2-48 的草图截面。

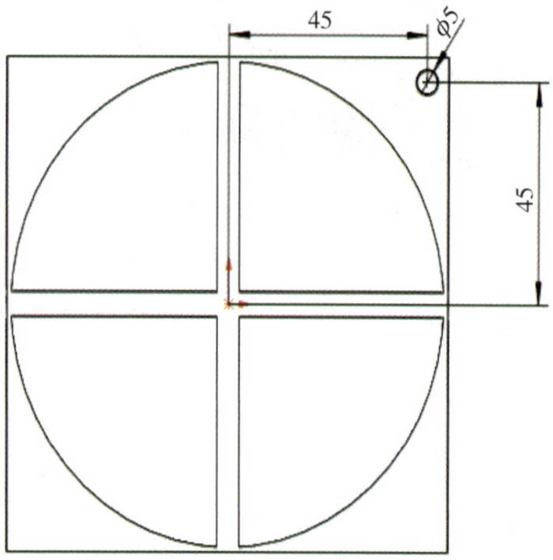

图 2-48 绘制圆孔

图 2-49 完成安装孔绘制

单击“特征”栏下的“拉伸切除”按钮，选择上图中 ϕ5mm 的圆，弹出“切除－拉伸”属性管理器界面，在“方向 1”下拉列表中，选择“完全贯穿”，单击“确定”按钮 ✓，切除小圆孔，如图 2-49 所示。

（16）单击特征工具栏的“线性阵列”按钮，在弹出的图 2-50 所示对话框中，在“方向 1”参数设置栏，选择边线 1 作为阵列方向，阵列间距为 90 mm，阵列数量为 2；在“方向 2”参数设置栏，选择边线 2 作为阵列方向，阵列间距为 90 mm，阵列数量为 2；在“特征和面”栏中，选择图 2-51 所示的 ϕ5 mm 孔切除特征，单击“确定”按钮 ✓ 完成阵列。

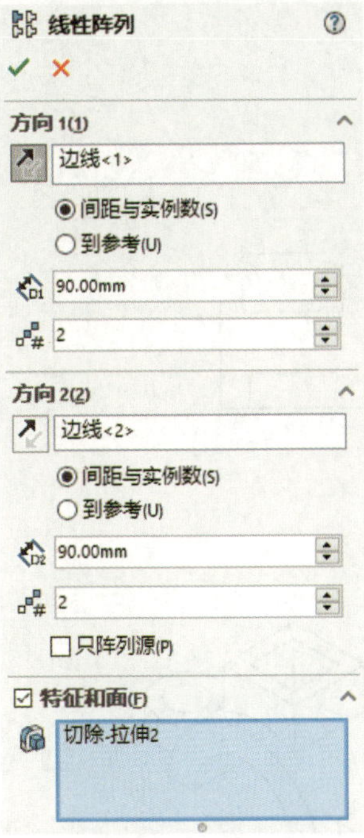

图 2-50　线性阵列

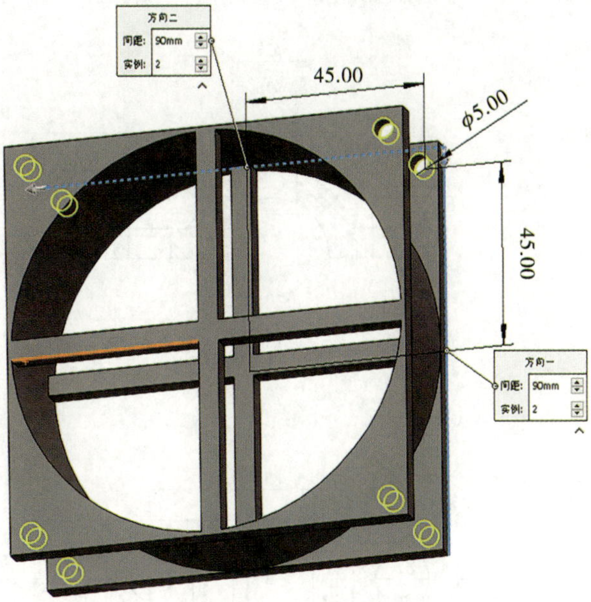

图 2-51　线性阵列结果

（17）保存本项目，完成后的模型如图 2–52 所示。

图 2-52　镜像后的结果

5. 任务总结

（1）在打开的草图中，草图原点 以红色显示。 使用草图原点可帮助用户了解草图的座标。零件中的每个草图都有自己的原点，所以在一个零件中通常有多个草图原点。当草图打开时，不能关闭其原点的显示。

（2）基准平面的创建方法有很多种。

（3）拉伸 – 薄壁特征的创建。

6. 任务拓展

在 SolidWorks 中绘制如图 2-53 所示的零件。

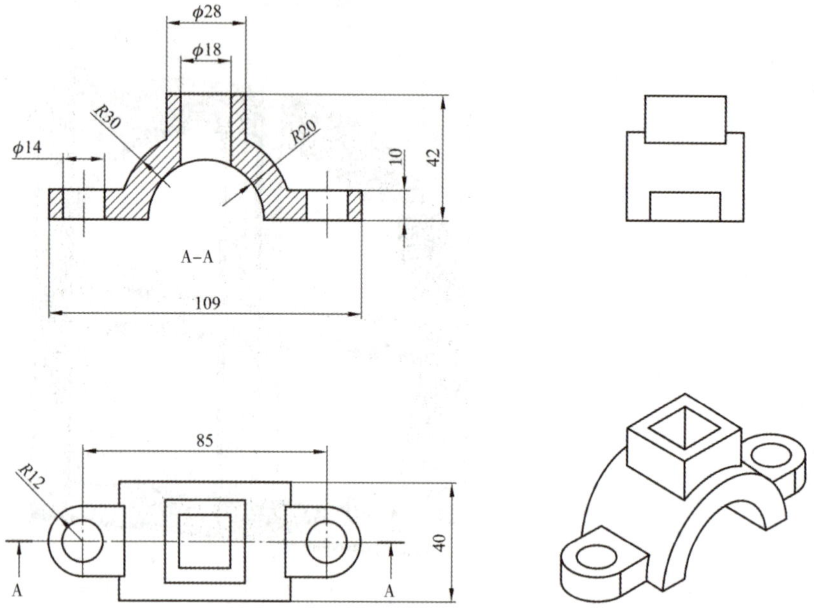

图 2-53　项目二任务三拓展练习

导学视频

任务四　定位夹具建模

1. 目标知识点

（1）熟悉创建辅助参考线的用途。

（2）掌握斜向拉伸凸台 / 基体创建特征的步骤。

（4）熟悉特征管理器（设计树）的使用。

2. 任务介绍

完成图 2-54 所示的工程图。

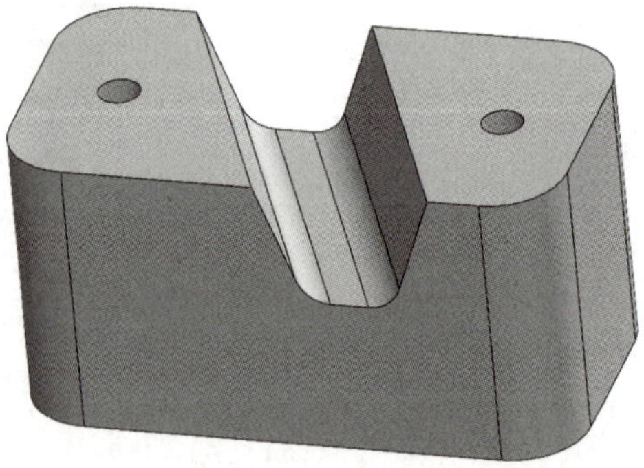

图 2-54　定位夹具

3. 任务设计

（1）用拉伸凸台特征命令创建出带孔的长方体基体。

（2）创建上表面斜向拉伸特征。

4. 任务实施

（1）单击“新建”按钮，弹出“新建 SolidWorks 文件”对话框，双击“零件”按钮进入零件创建模块。

（2）在左侧设计树中选择上视基准面，在弹出的快捷菜单中选择“草图绘制”按钮，绘制如图 2-55 所示的草图，绘制完成后单击“退出草图”按钮，退出草图环境。

（3）在设计树中单击选中上一步绘制的草图，单击特征工具栏的“拉伸凸台 / 基体”按钮，系统弹出“凸台 - 拉伸 1”对话框，如图 2-56（a）所示，在“拉伸深度”栏中输入 80 mm，单击“确定”按钮确认第 1 个凸台创建，如图 2-56（b）所示。

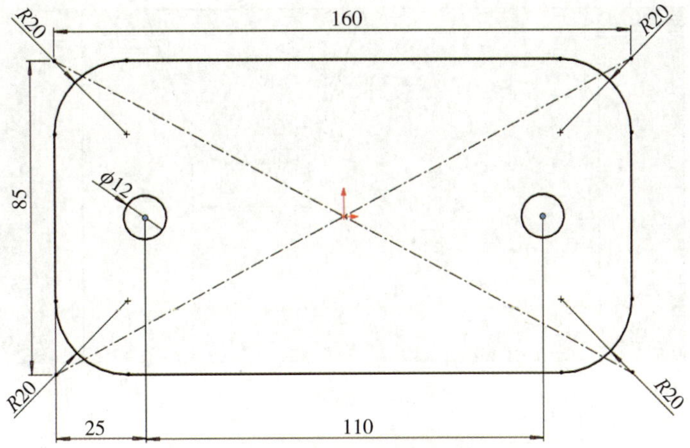

图 2–55　草图截面

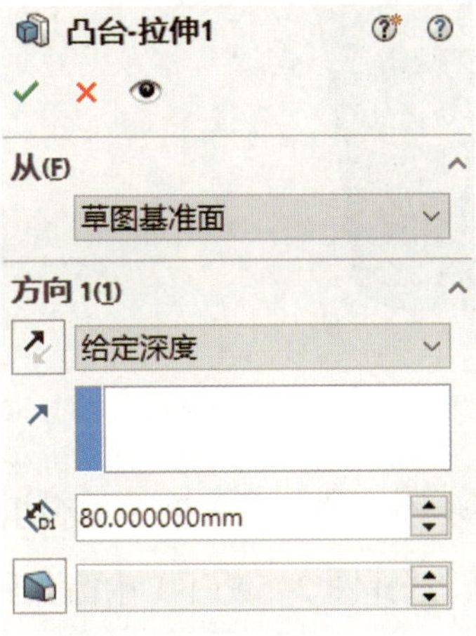

（a）

（b）

图 2–56　拉伸主体部分

（4）在工作窗口区右键单击图 2–56（b）中创建特征的上表面，选择“草图绘制”按钮，绘制如图 2–57 所示的草图截面，绘制完成后单击“退出草图”按钮，退出草图环境。

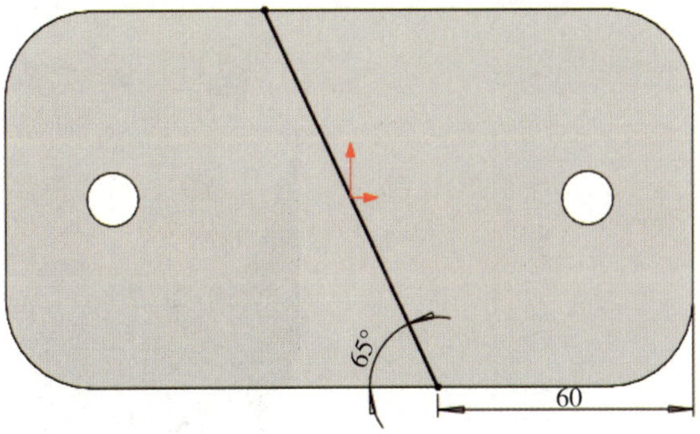

图 2–57　绘制拉伸方向参考线

（5）右键单击图 2–56（b）所示特征的前面，选择“草图绘制”按钮，绘制如图 2–58 所示的草图截面，绘制完成后单击“退出草图”按钮，退出草图环境。

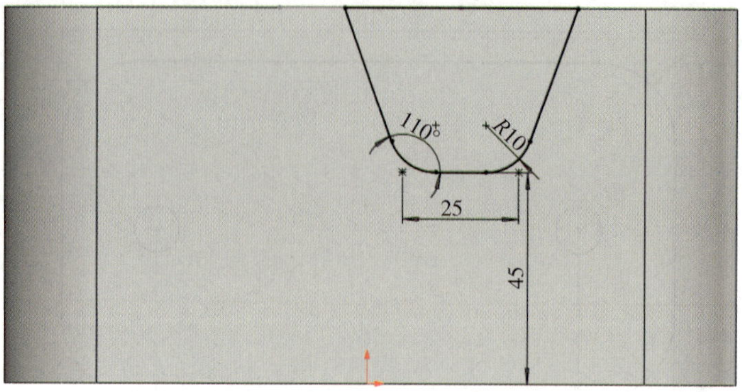

（a）

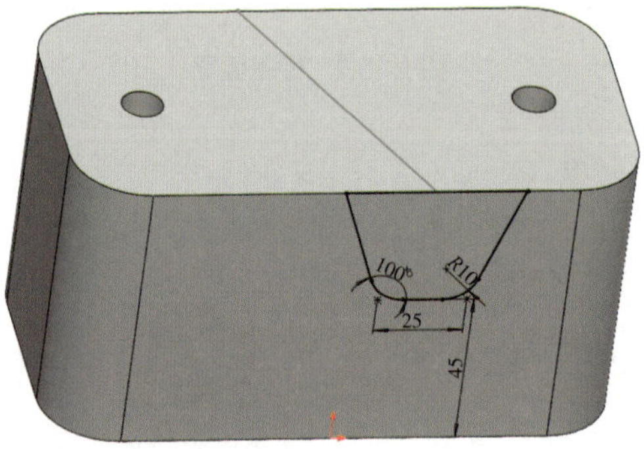

（b）

图 2–58　草图截面轮廓和位置

（6）单击特征工具栏的“拉伸切除”按钮，选择上一步绘制的草图轮廓，在弹出的如图 2–59（a）所示对话框中，在“方向 1”下拉列表中选择“完全贯穿”，选择图 2–59（b）中箭头所指的方向作为斜向拉伸的方向，结果如图 2–60 所示。

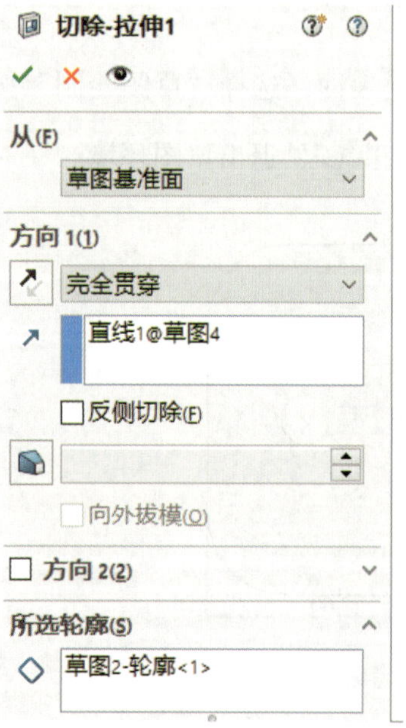

（a）

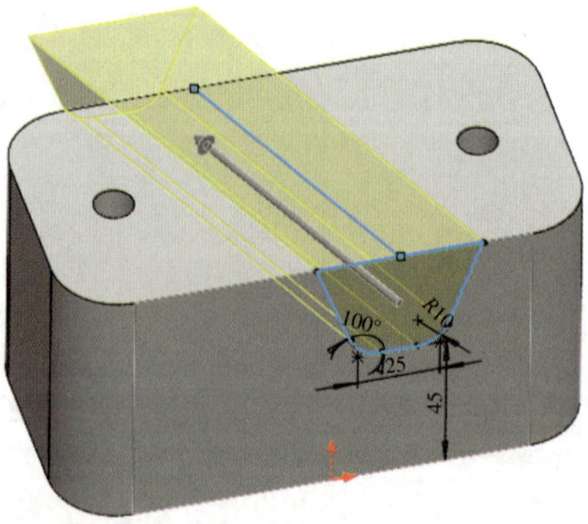

（b）

图 2–59　斜向拉伸切除预览

图 2-60　完成结果

（7）保存文件并退出。

5. 任务总结

（1）一般来讲，拉伸凸台 / 基体的草图截面要求是封闭轮廓。因此，退出草图之前，要注意检查草图轮廓是否封闭。可以单击草图工具栏按钮的“上色草图轮廓”按钮，帮助用户快速检查。

（2）3D 建模的一般步骤如下：在 FeatureManager 设计树中选择一基准面，然后单击草图绘制工具栏上的草图实体工具或单击“草绘”进入草绘模式。

在新零件中，基准面以正视于方向显示；生成草图，为草图实体标注尺寸，然后退出草图；单击特征工具栏上的“拉伸凸台 / 基体”按钮或“旋转凸台 / 基体”按钮。

（3）草图模式下要“退出草图”的快捷键：Ctrl+Q，“正视于”命令的快捷键：Ctrl+8。很多情况下，按 Enter 键与点击“确定”按钮具有同样的作用。初学者注意掌握常用的快捷键，左右手配合使用以提高建模效率。

6. 任务拓展

在 SolidWorks 中绘制如图 2-61 所示的零件。

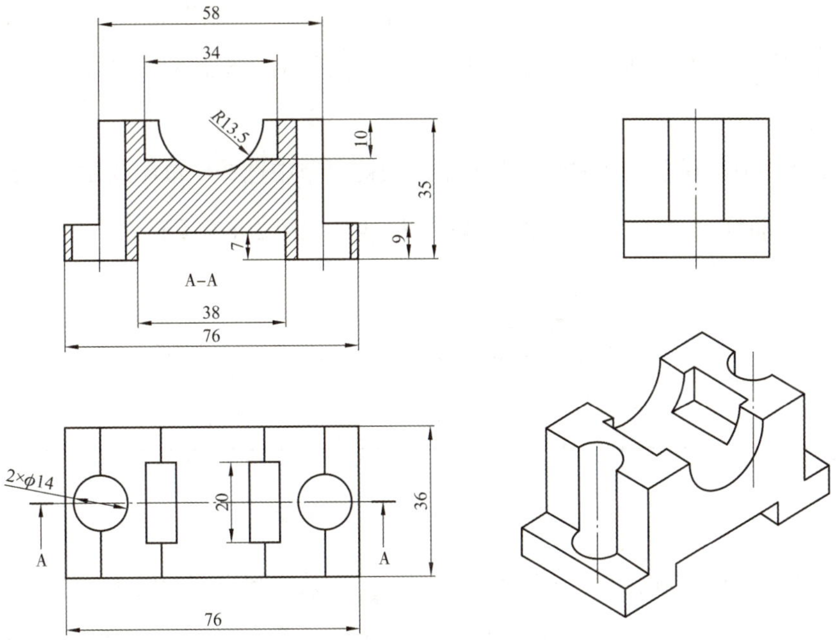

图 2-61　项目二任务四拓展练习

任务五　阶梯轴建模

导学视频

1. 目标知识点

（1）熟悉旋转凸台 / 基体创建特征的方法。

（2）熟悉轴类零件建模的一般步骤。

（3）熟悉的使用。

2. 任务介绍

完成图 2-62 所示的阶梯轴零件图。

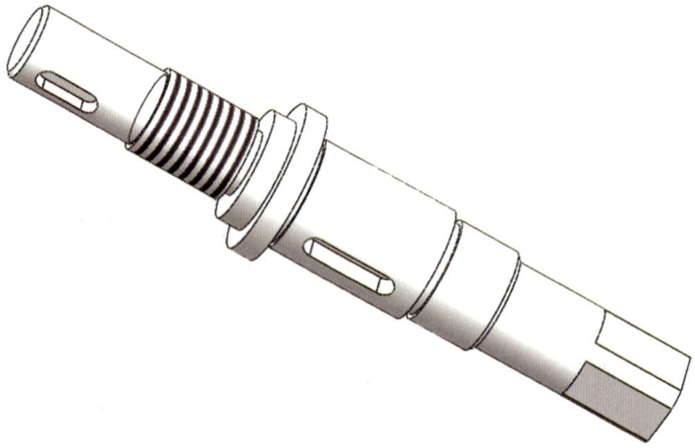

图 2-62　阶梯轴

3. 任务设计

（1）用旋转凸台 / 基体命令创建出阶梯轴的主体。

（2）利用拉伸切除命令创建键槽和右端面特征。

（3）装饰螺纹线命令完成螺纹创建。

4. 任务实施

（1）单击“新建”按钮，弹出“新建 SolidWorks 文件”对话框，双击“零件”按钮进入零件创建模块。

（2）在左侧设计树中选择上视基准面，在弹出的快捷菜单中选择“草图绘制”按钮，过原点绘制一条水平中心线，同时用直线命令绘制阶梯轴的轮廓线，如图 2-63 所示。

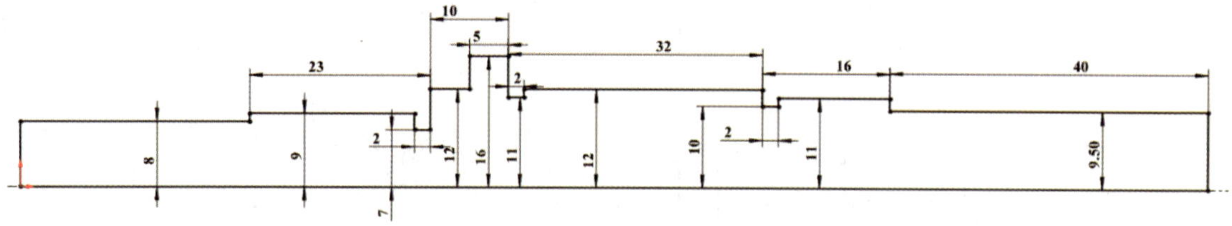

图 2-63　绘制阶梯轴轮廓线

（3）单击特征工具栏的“旋转凸台 / 基体”按钮，系统弹出“旋转 1”对话框，如图 2-64（a）所示，选择图 2-64（b）中的中心线作为旋转轴，选择图 2-64（b）中所示的草图作为旋转的轮廓。

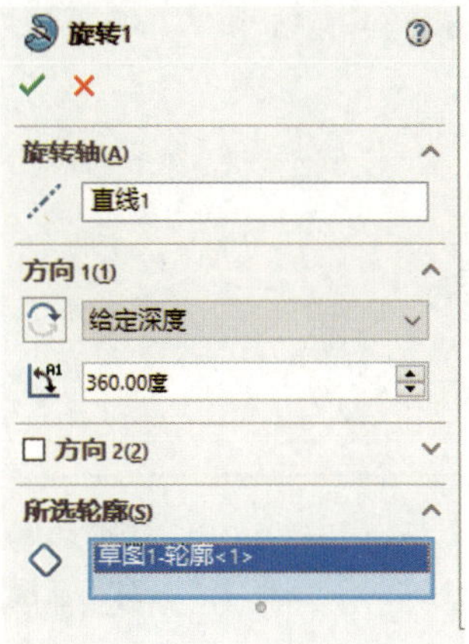

（a）

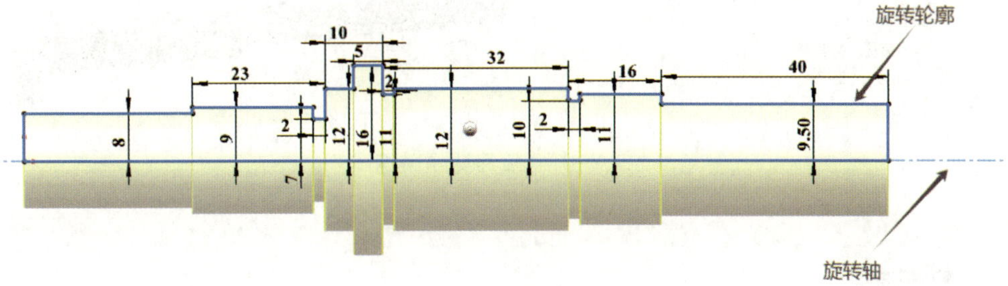

（b）

图 2-64　创建旋转凸台

单击✓确认第 1 个旋转凸台创建，得到的旋转凸台特征如图 2-65 所示。

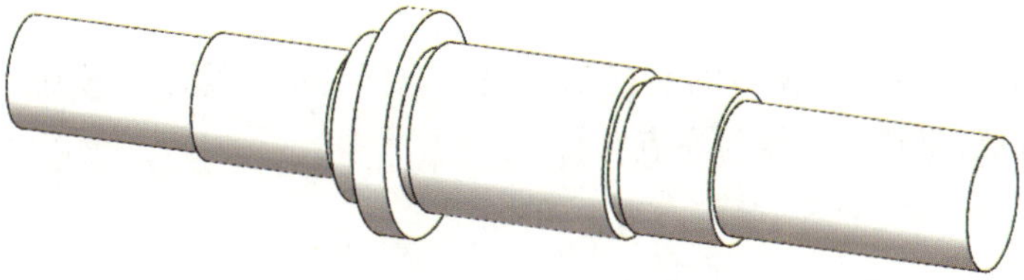

图 2-65　完成旋转凸台特征

（4）右键单击“设计树”窗口的前视基准面，选择“草图绘制”按钮，绘制一个圆形键槽，如图 2-66 所示，约束圆形键槽中心线与原点共线。

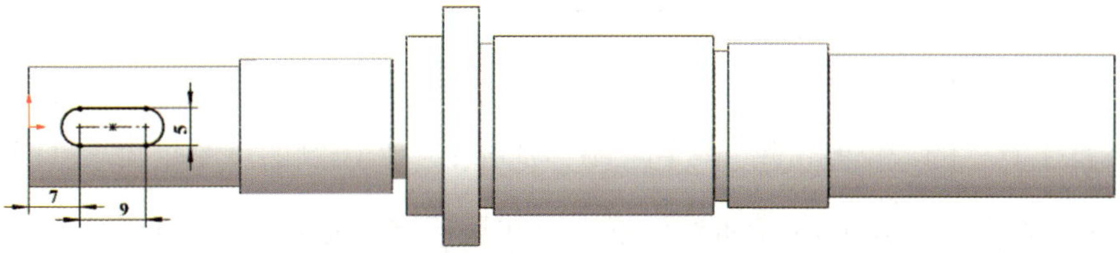

图 2-66　草图截面轮廓和位置

（5）单击特征工具栏的“拉伸切除”按钮，选择上一步绘制的草图轮廓［见图 2-67（b）所示键槽截面］，在弹出的如图 2-67（a）所示对话框中，在“方向 1”下拉列表中选择“完全贯穿”，选择图 2-67（b）中箭头所指的方向作为键槽的切除方向，如果方向不一致可以单击“反向”按钮切换方向，再从下拉列表中选择等距，距离为 4.5 mm，单击“确定”按钮✓，得到的结果如图 2-68 所示。

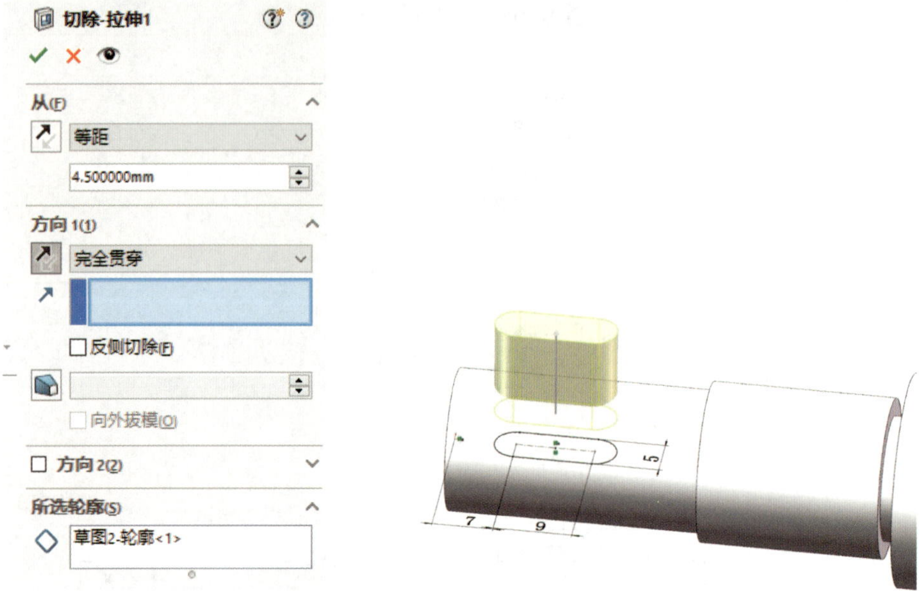

（a）　　　　（b）

图 2-67　拉伸切除操作

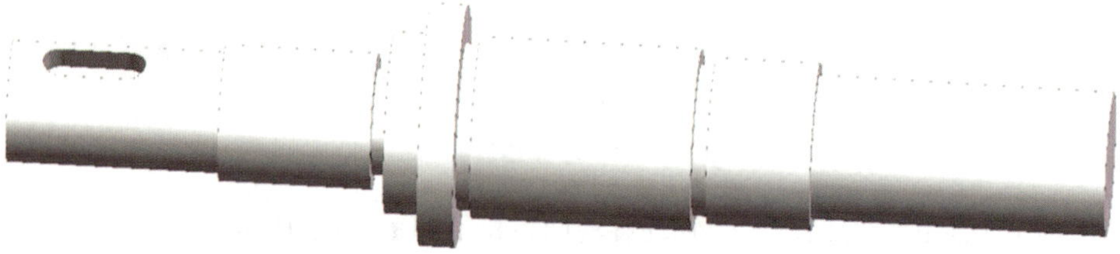

图 2-68　第 1 个键槽完成结果

（6）再次右键单击“设计树”窗口的前视基准面，选择“草图绘制”按钮，绘制一个圆形键槽，如图 2-69 所示，约束圆形键槽中心线与原点共线。

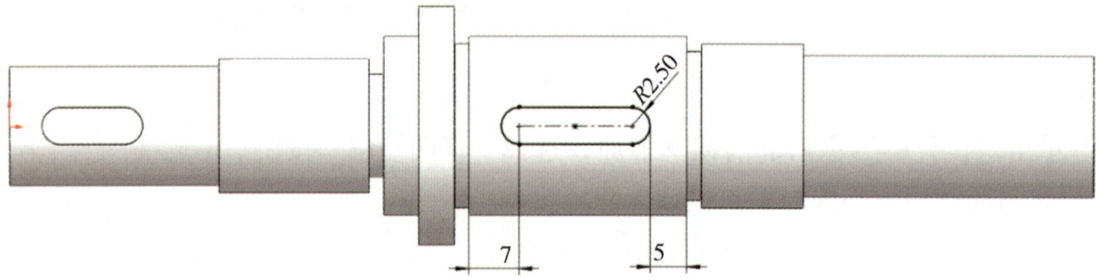

图 2-69　草图截面轮廓和位置

（7）单击特征工具栏的“拉伸切除”按钮，选择上一步绘制的草图轮廓［见图 2-70（b）所示键槽截面］，在弹出的如图 2-70（a）所示对话框中，在从下拉列表中选择等距，距离为 7 mm。在“方向 1”下拉列表中选择“完全贯穿”，选择图 2-67（b）中箭头所指的方向作为键槽的切除方向，单击“确定”按钮，得到的结果如图 2-71 所示。

（8）右键单击图 2-71 中阶梯轴右侧端面，在弹出的快捷菜单中选择“草图绘制”按钮，过原点绘制一条水平中心线，同时绘制一个 12 mm × 20 mm 的矩形，约束矩形的上下两条水平边关于中心线对称，如图 2-72 所示。

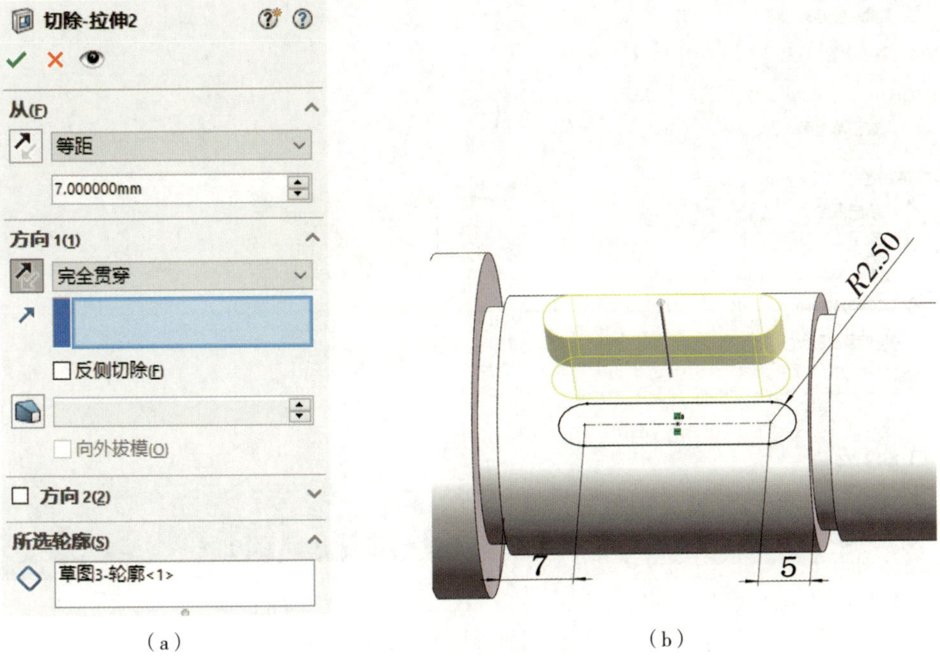

图 2-70　“切除—拉伸 2”属性管理器与操作过程

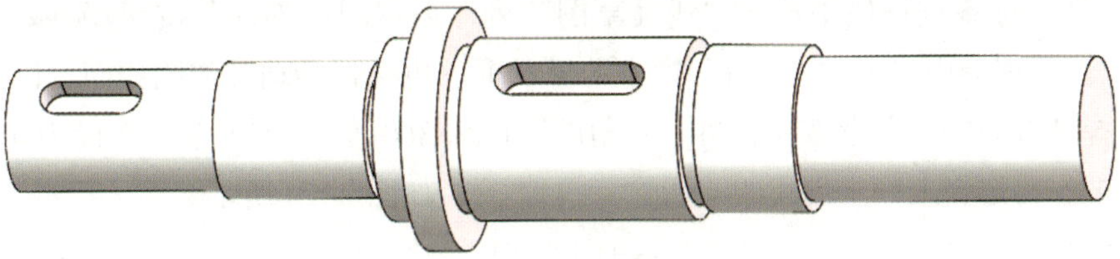

图 2-71　第 2 个键槽创建结果

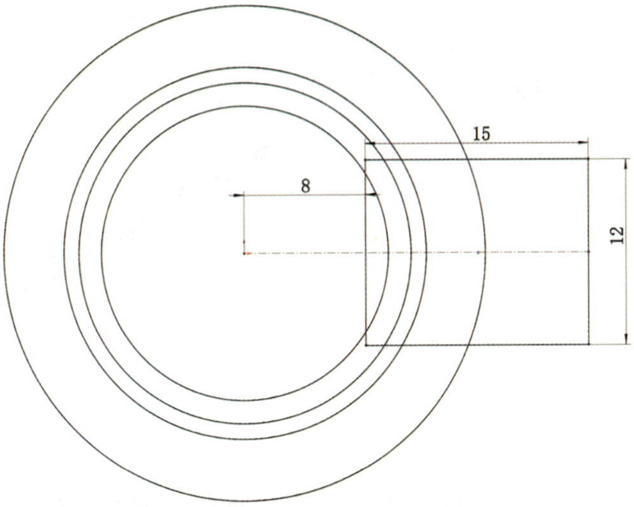

图 2-72　绘制阶梯轴右侧端面矩形草图

（9）单击特征工具栏的“拉伸切除”按钮，选择上一步绘制的草图轮廓［见图 2-70（b）所示键槽截面］，在弹出的如图 2-73（a）所示对话框中，在“方向 1”下拉列表中选择“给定深度”，并输入深度值：20 mm，选择图 2-73（b）中箭头所指的方向作为键槽的切除方向。

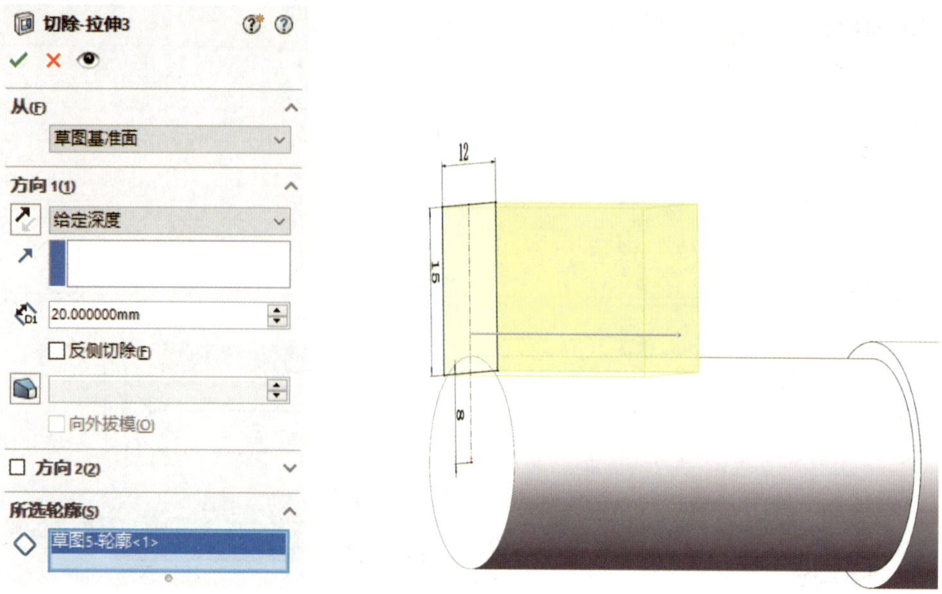

（a）　　　　　　　　　　（b）

图 2-73　“切除 – 拉伸 3”属性管理器与操作过程

（10）单击“确定”按钮，在圆柱外圆上切出一个平面。

（11）在“特征”标签按钮栏中单击“线性草图阵列”→“圆周阵列”按钮，在弹出的“阵列（圆周）2”属性管理器中单击“方向 1”栏中的显示框，再选择传动轴的圆柱面，以圆柱面的中心轴为阵列方向，选择“等间距”单选按钮，将“总角度”设为 360 度，“阵列个数”设为 4，单击“特征和面”栏中的显示框，再选择上一步创建的“切除 – 拉伸 3”，如图 2–74 所示。

（12）单击“确定”按钮，沿着圆柱中心轴线阵列出方形柱头，如图 2–75 所示。

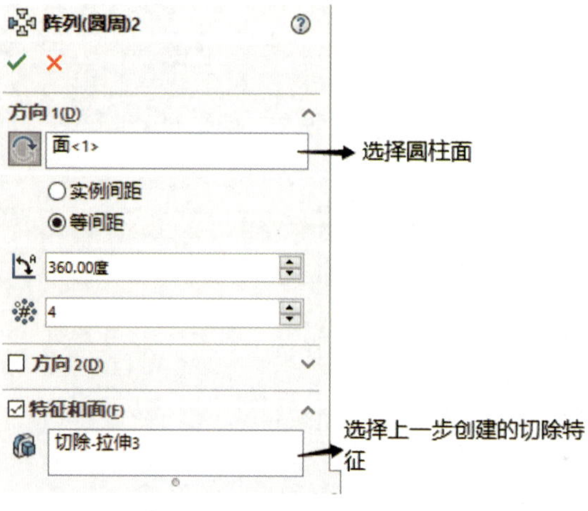

图 2–74　“阵列（圆周）2”属性管理器

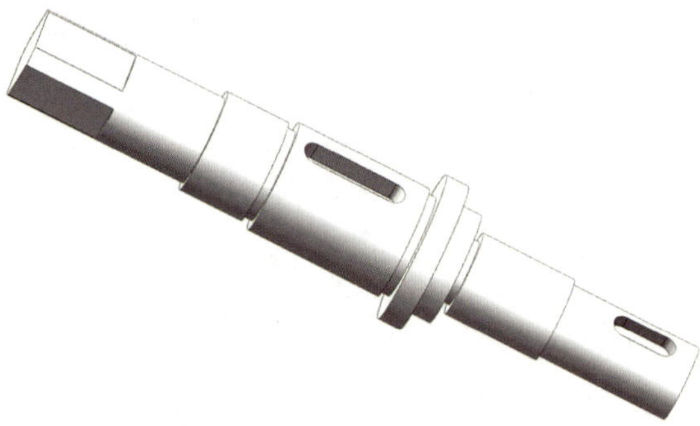

图 2–75　阵列方形柱头效果

（13）单击特征工具栏的“倒角”特征按钮，弹出如图 2–76 所示的对话框，依次单击图 2–77 所示的两条边线，并输入倒角参数：距离为 1 mm，角度 45 度。

（14）单击“确定”按钮完成倒角特征。

（15）单击菜单栏中的，选择“选项”命令，在弹出的窗口中选择“文档属性”选项，然后选择“出详图”选项，再选中“上色的装饰螺纹线”复选框，如图 2–79 所示。

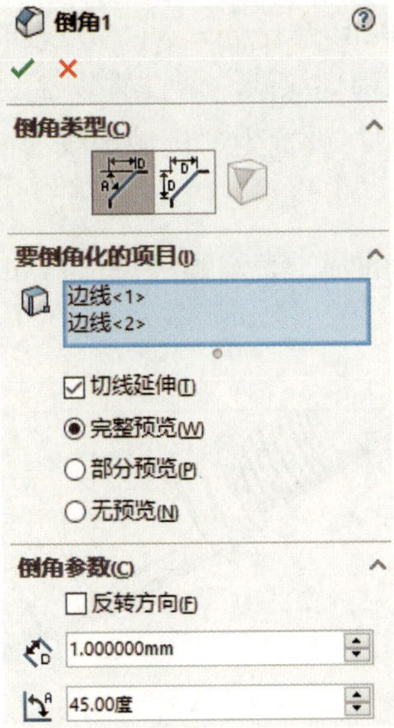

图 2-76　“倒角 1”属性管理器

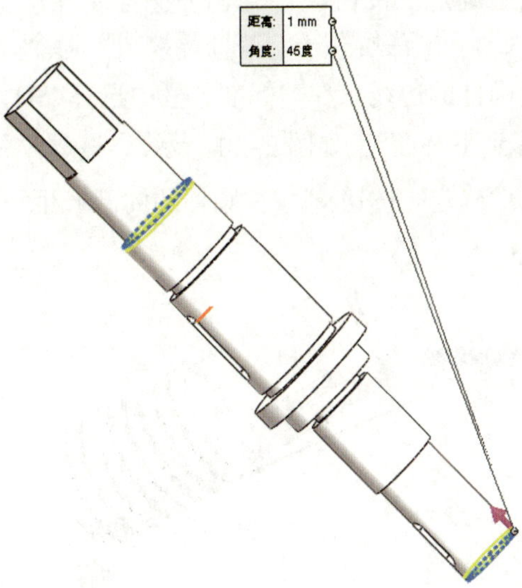

图 2-77　边线倒角

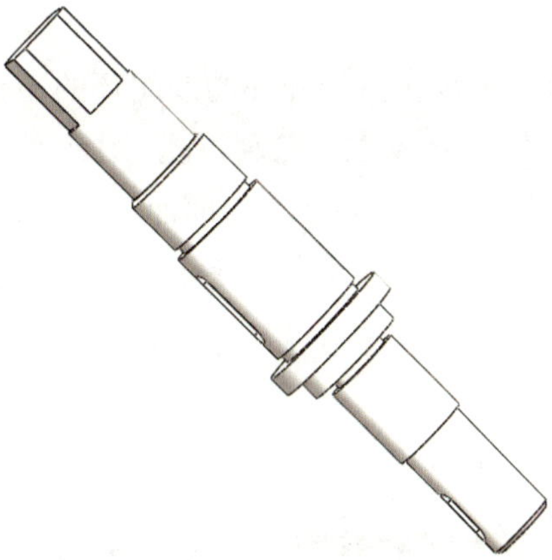

图 2-78　倒角后效果图

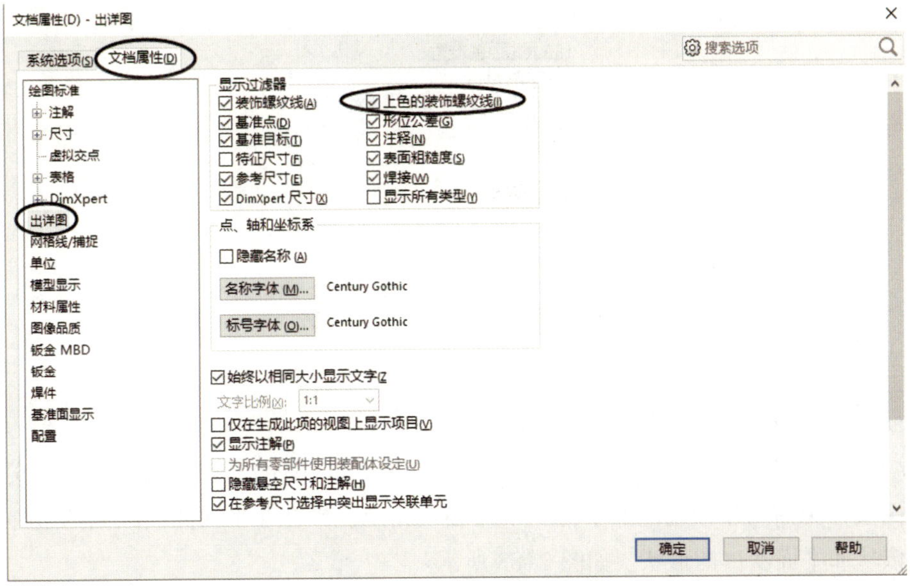

图 2-79　“文档属性”选项

（16）单击“确定”按钮✓，退出“文档属性”窗口，再单击 SOLIDWORKS ▸旁边的 ▸符号，在单栏中选择“插入”→“注解”→“装饰螺纹线”命令，弹出“装饰螺纹线”属性管理器。

（17）选择圆柱的边线，在“标准”栏中选择 ISO，将“类型”设置为“机械螺纹”，“大小”设置为 M，选择“成形到下一面”，如图 2-80 所示。

（18）单击“确定”按钮✓，在圆柱的内部产生一个细实线的圆，表示螺纹特征，如图 2-81 所示。

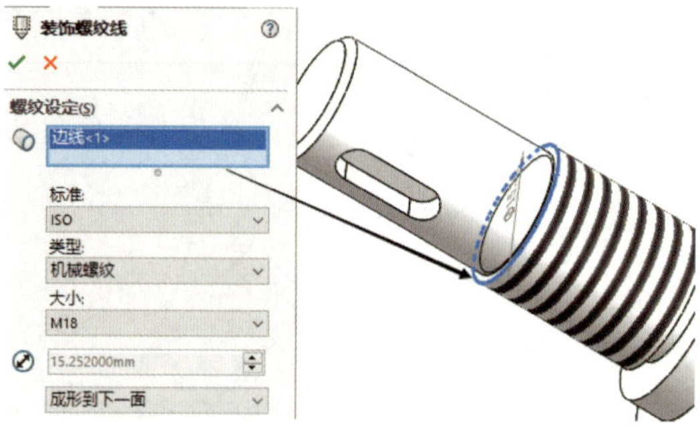

图 2-80 “装饰螺纹线”属性管理器

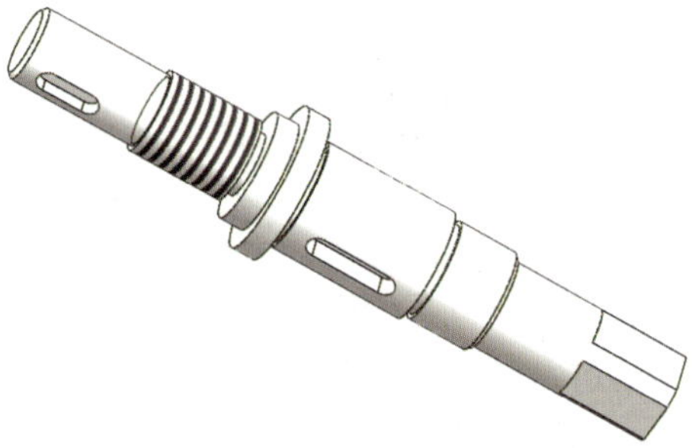

图 2-81 螺纹效果图

5. 任务总结

（1）薄壁或曲面旋转特征的草图可包含多个开环的或闭环的相交轮廓。轮廓草图必须是 2D 草图；不为轮廓支持 3D 草图。旋转轴可以是 3D 草图。轮廓不能与中心线交叉。 如果草图包含一条以上中心线，请选择用户想要用作旋转轴的中心线。仅对于旋转曲面和旋转薄壁特征而言，草图不能位于中心线上。在中心线内为旋转特征标注尺寸时，将生成旋转特征的半径尺寸。当用户穿越中心线标注尺寸时，用户生成旋转特征的直径尺寸。

（2）设定拉伸特征的开始条件。

拉伸特征的开始条件有图 2-82 所示的几种：

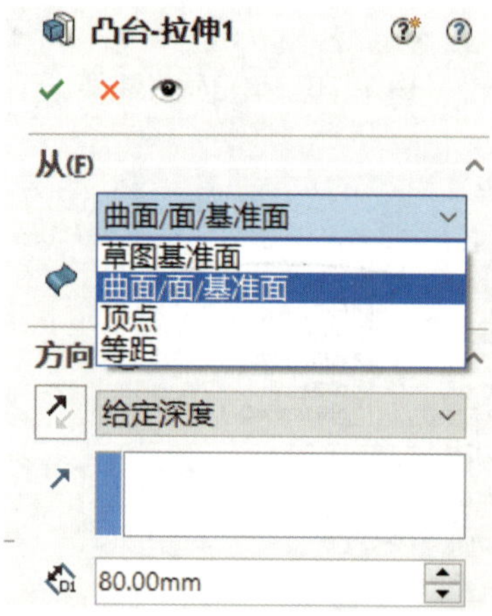

图 2-82 设置拉伸特征开始条件

草图基准面：从草图所在的基准面开始拉伸。

曲面 / 面 / 基准面：从这些实体之一开始拉伸。为曲面 / 面 / 基准面选择有效实体，实体可以是平面或非平面。平面实体无需与草图基准面平行。草图必须完全包含在非平面曲面或面的边界内。草图在开始曲面或面处依从非平面实体的形状。如图 2-83 所示。

顶点：从用户选择的顶点开始拉伸。

等距：在与当前草图基准面等距的基准面上开始拉伸。在输入等距值中设置等距距离。

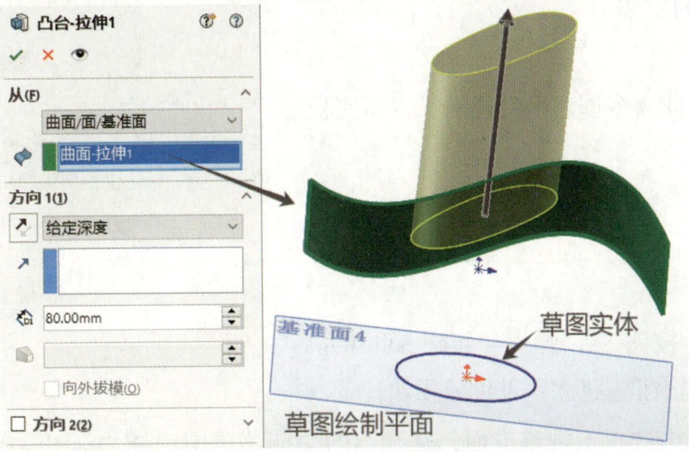

图 2-83　“凸台 - 拉伸 1”属性管理器与操作过程

（3）装饰螺纹线是 SolidWorks 中的一项功能，它允许用户将螺纹的外观添加到模型中，而无需实际创建螺纹本身。当用户想为模型添加逼真的外观而不增加创建线程本身的复杂性时，可使用该功能。例如，用户可能想要创建一个看起来有螺纹，但不需要使用的螺钉或螺栓模型。

6. 任务拓展

在 SolidWorks 中绘制中如图 2-84 所示的零件。

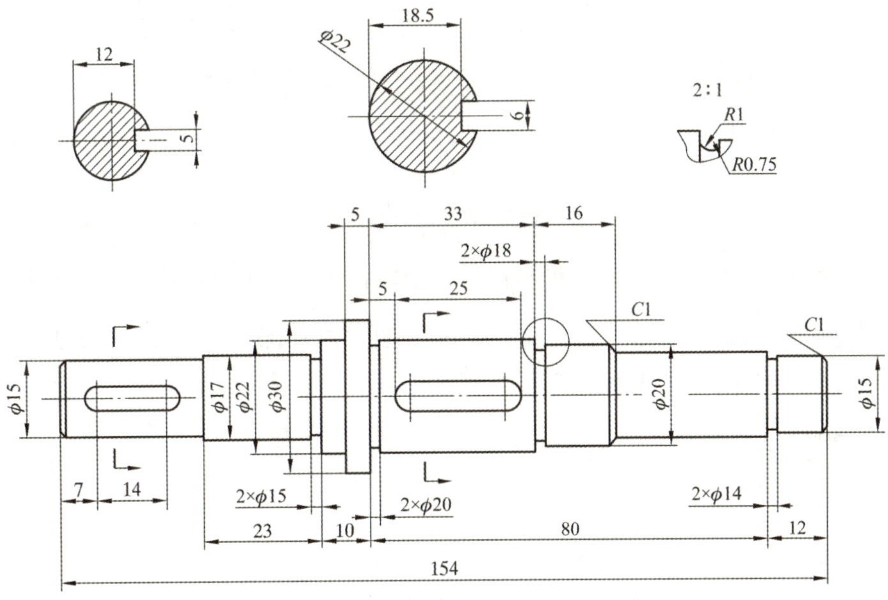

图 2-84　项目二任务五拓展练习

任务六　支架建模

导学视频

1. 目标知识点

（1）掌握基准面的创建方法和应用场合。

（2）两个方形同时拉伸创建凸台的应用。

（3）筋特征的创建方法。

2. 任务介绍

完成图 2-85 所示的支架。

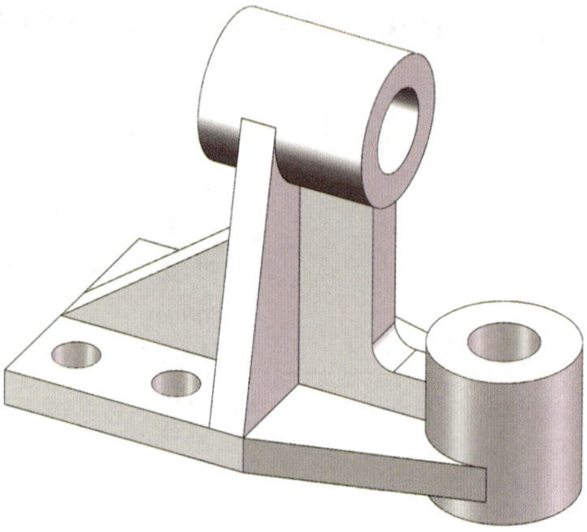

图 2-85 支架

3. 任务设计

（1）用拉伸凸台特征命令创建出带孔的长方体底板。

（2）创建右侧凸台。

（3）创建基准平面及竖板。

（4）创建筋。

4. 任务实施

（1）单击“新建”按钮，弹出“新建 SolidWorks 文件”对话框，双击“零件”按钮进入零件创建模块。

（2）在左侧设计树中选择上视基准面，在弹出的快捷菜单中选择“草图绘制”按钮，绘制如下图所示的草图轮廓线，如图 2-86 所示，绘制完成后单击“退出草图”按钮，退出草图环境。

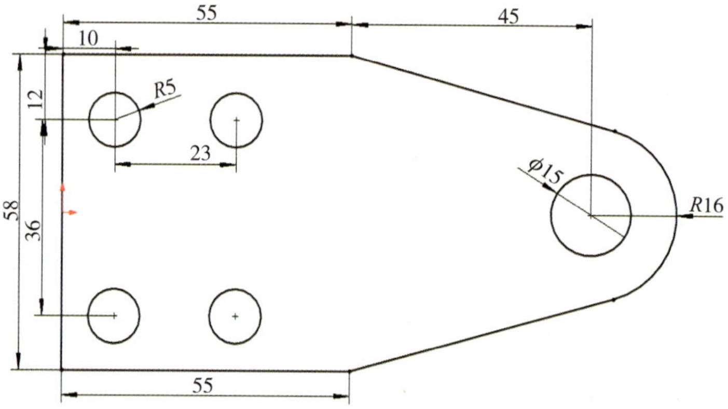

图 2-86 草图绘制

（3）在设计树中单击选中上一步绘制的草图，单击特征工具栏的“拉伸凸台 / 基体”按钮，系统弹出“凸台 - 拉伸 1”对话框，如图 2-87（a）所示，在“拉伸深度”栏中将深度改为 8 mm，单击确认第 1 个凸台创建，如图 2-87（b）所示。

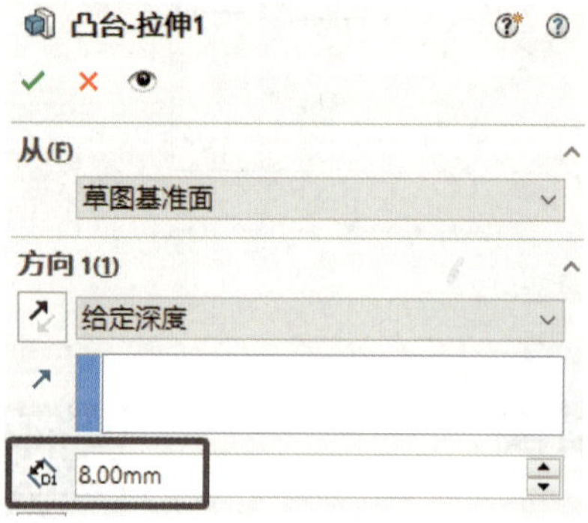

（a）

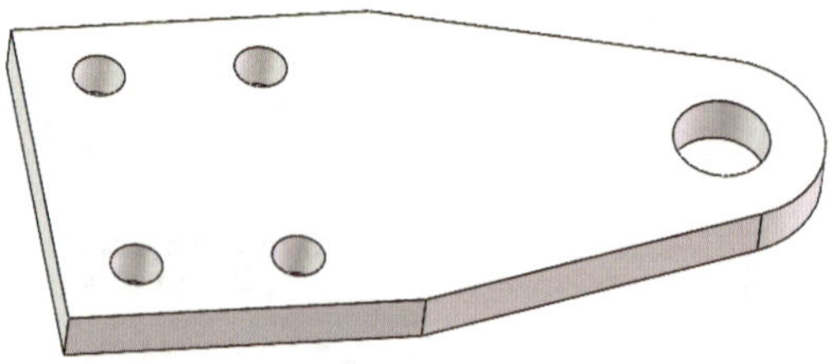

（b）

图 2-87 拉伸凸台效果

（5）单击特征工具栏的“基准面”按钮，选择图 2-87（b）所示的底板模型左端面作为第一参考，并输入偏移距离为 55 mm，得到参考基准平面如图 2-88 所示。

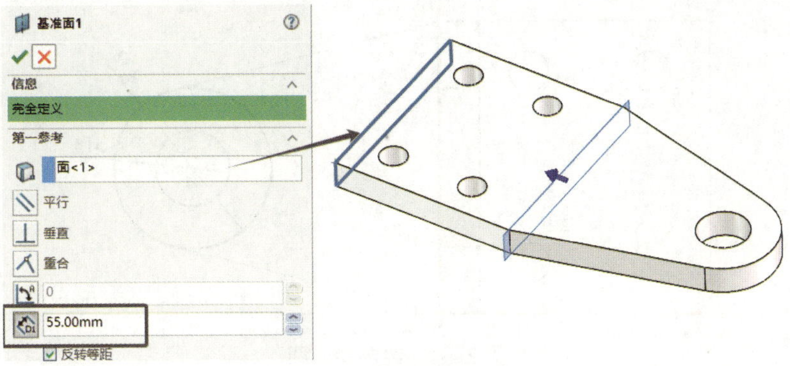

图 2-88　绘制参考基准平面

（6）单击基准平面 1，在弹出的快捷菜单中选择“草图绘制”按钮，绘制下图所示的草图截面，如图 2-89 所示，绘制完成后单击“退出草图”按钮，退出草图环境。

（7）在设计树中单击选中上一步绘制的草图，单击特征工具栏的“拉伸凸台 / 基体”按钮，系统弹出“凸台 – 拉伸 3”对话框，如图 2-90（a）所示，在“拉伸深度”栏中将深度设为 8 mm，单击“确定”按钮，确认第 2 个凸台创建，如图 2-90（b）所示。

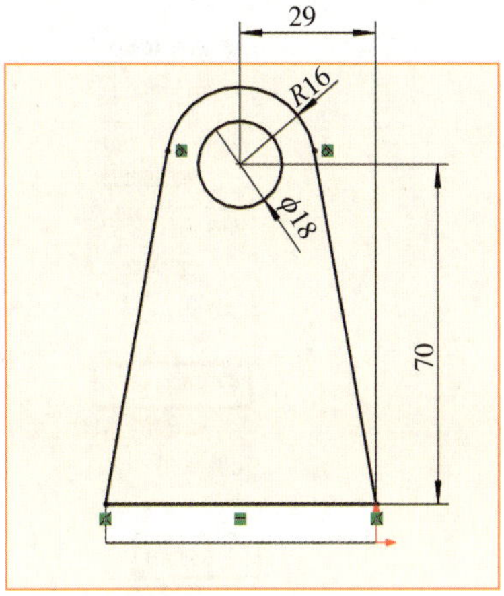

图 2-89　绘制草图

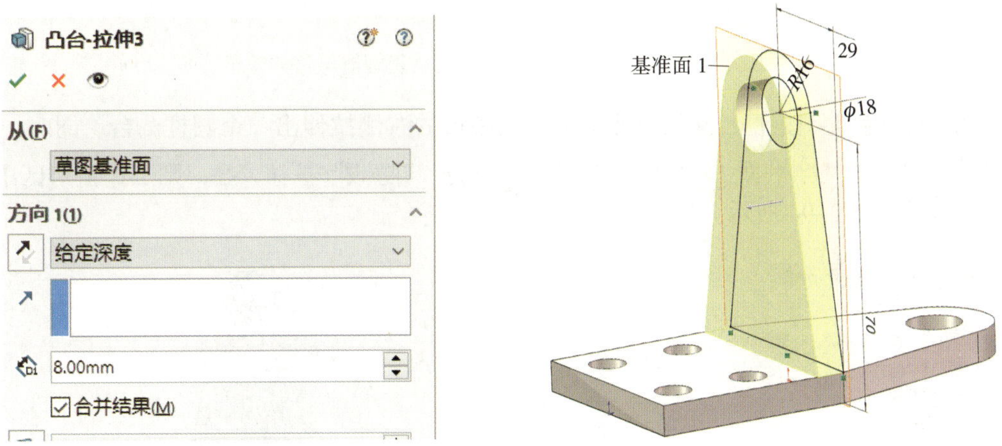

（a）　　　　　　　　　　　　（b）

图 2-90　“凸台 – 拉伸 3”属性管理器与拉伸效果

（8）右键单击底板上表面，在弹出的快捷菜单中选择“草图绘制”按钮，绘制如图 2-91 所示的 2 个同心圆，绘制完成后单击“退出草图”按钮，退出草图环境。

（9）在设计树中单击选中上一步绘制的草图，单击特征工具栏的“拉伸凸台 / 基体”按钮，系统弹出“凸台 – 拉伸 2”对话框，如图 2-92（a）所示，在“方向 1”下拉列表中选择“给定深度”，将深度设为 20 mm；勾选“方向 2”，并在“方向 2”下拉列表中选择“给定深度”，将深度设为 13 mm，方向 1、方向 2 如图 2-92（b）所示。

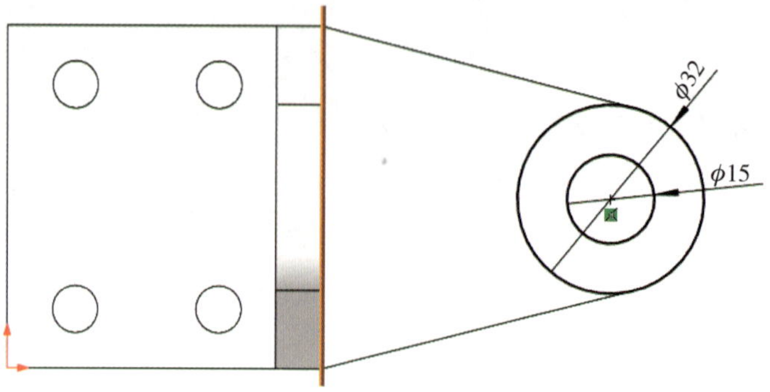

图 2-91 绘制同心圆

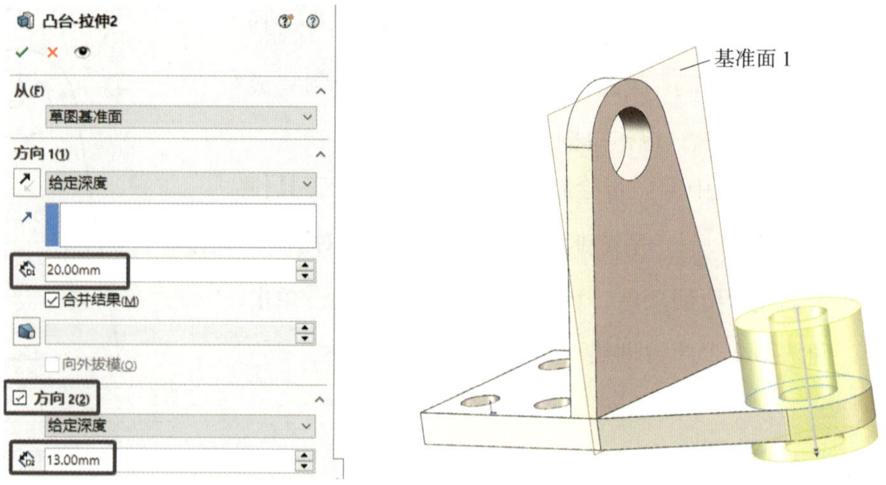

（a） （b）

图 2-92 “凸台 – 拉伸 2”属性管理器与拉伸效果

（10）单击“确定”按钮✓确认拉伸结果，在底板的右侧拉伸出一个圆柱凸台。同时，在左侧设计树列表中，右键单击基准平面 1，如图 2-93 所示，选择“隐藏”按钮，则工作窗口区中基准平面 1 不再显示。结果如图 2-94 所示。

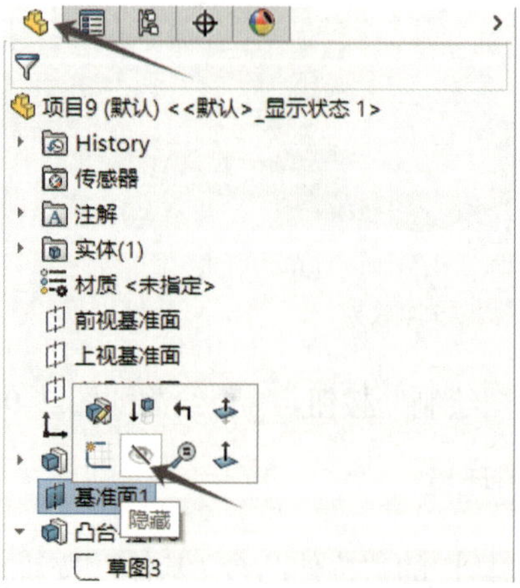

图 2-93 隐藏基准平面

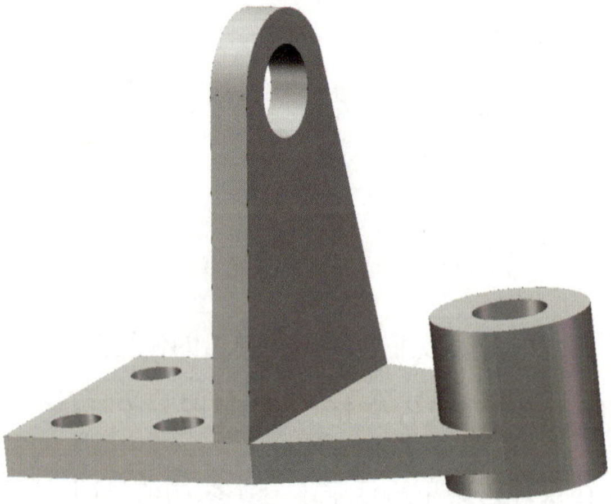

图 2-94 隐藏后的效果

（11）右键单击图 2-95 中的平面，选择“草图绘制”按钮，绘制如图 2-96 所示的 2 个同心圆，绘制完成后单击“退出草图”按钮，退出草图环境。

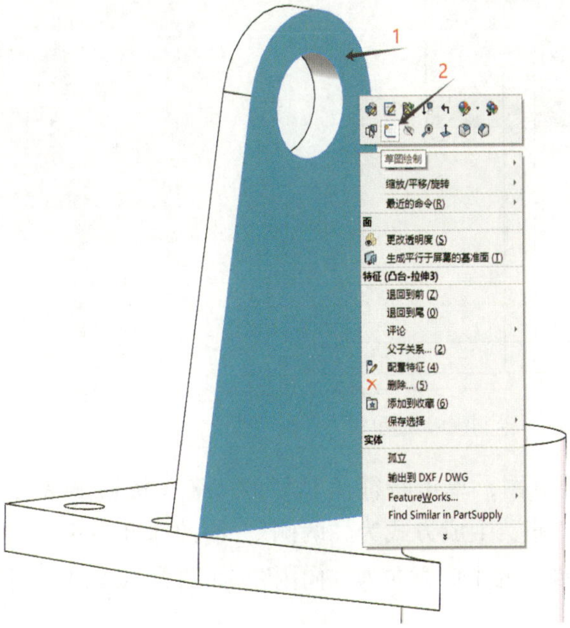

图 2–95　选择草图绘制平面

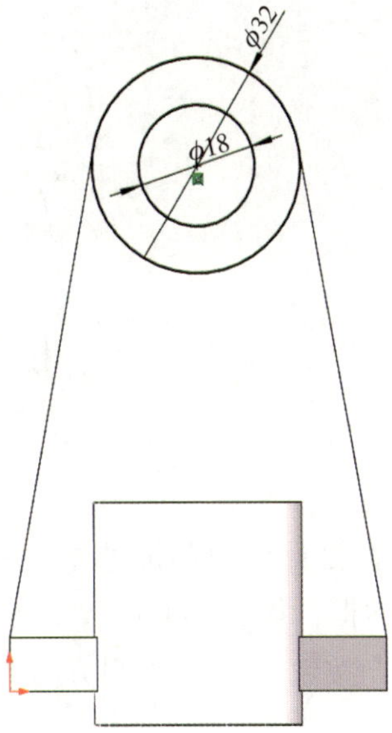

图 2–96　绘制同心圆草图

（12）在设计树中单击选中上一步绘制的草图，单击特征工具栏的“拉伸凸台 / 基体”按钮，系统弹出“凸台 – 拉伸 4”对话框，如图 2–97 所示，在“方向 1”下拉列表中选择“给定深度”，将深度设为 20 mm；勾选“方向 2”，并在“方向 2”下拉列表中选择“给定深度”，将深度设为 18 mm。单击✓按钮确认拉伸结果，如图 2–98 所示。

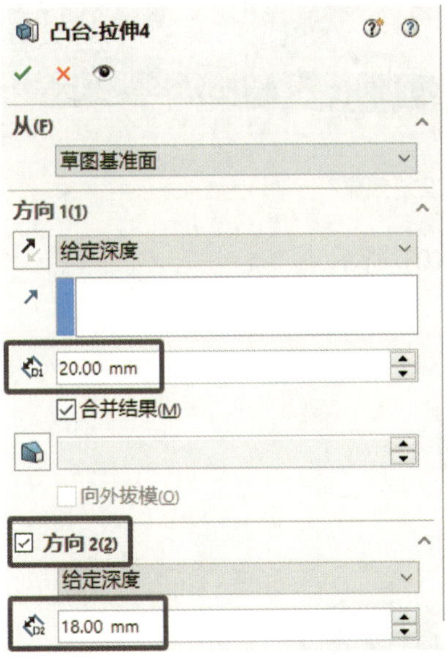

图 2–97　“凸台 – 拉伸 4”属性管理器

图 2–98　完成顶部圆柱的拉伸

（13）在左侧设计树中选择“前视基准面”，在弹出的快捷菜单中选择“草图绘制”按钮，过原点绘制一条水平中心线，同时用直线命令绘制支架筋板的轮廓线，如图 2–99 所示，绘制完成后单击“退出草图”按钮，退出草图环境。

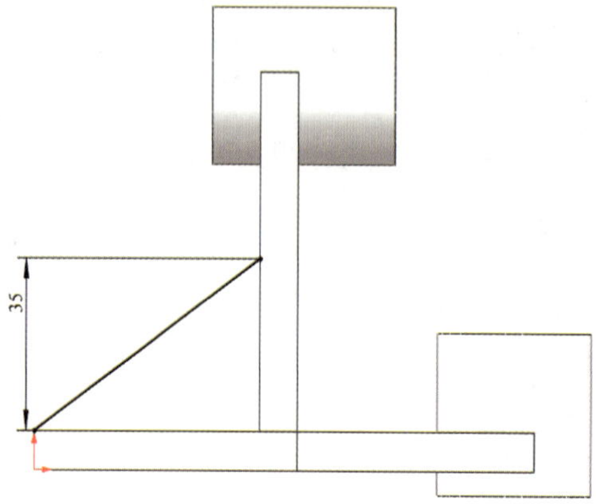

图 2-99　绘制筋板草图

（14）在设计树中单击选中上一步绘制的草图，单击特征工具栏的“筋”按钮 筋，系统弹出“筋 1”对话框，如图 2-100（a）所示，设置“筋”生成方式为“两侧”，筋的厚度为 6 mm。可以通过“拉伸方向”按钮、“反转材料方向”复选框切换筋的生成方向为“向内”，如图 2-100（b）所示。

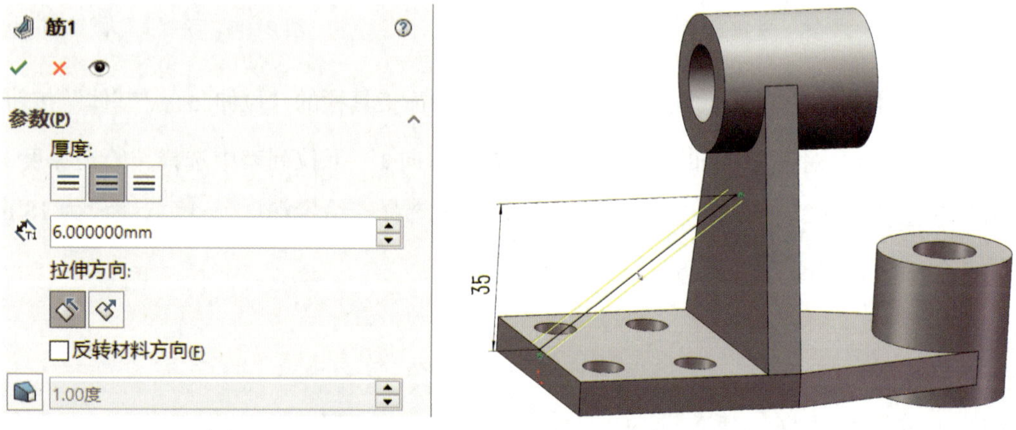

（a）　（b）

图 2-100　“筋 1”属性管理器与设置效果

（15）单击“确定”按钮确认“筋”创建结果，如图 2-101 所示。

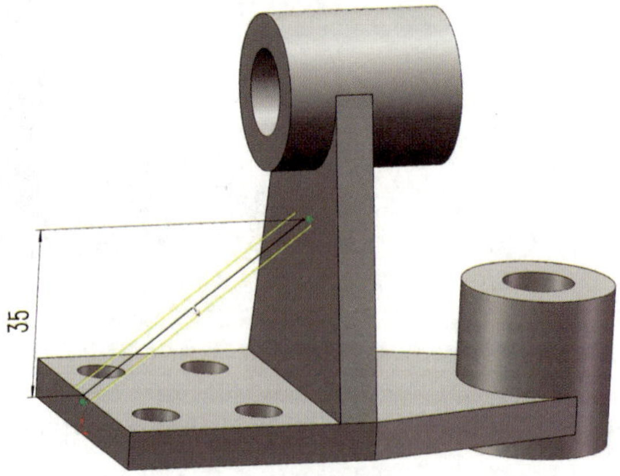

图 2-101　完成筋后的效果

（16）在左侧设计树中选择“前视基准面”，在弹出的快捷菜单中选择“草图绘制”按钮，过原点绘制一条水平中心线，同时用直线命令绘制筋板的轮廓线，如图 2–102 所示，绘制完成后单击“退出草图”按钮，退出草图环境。

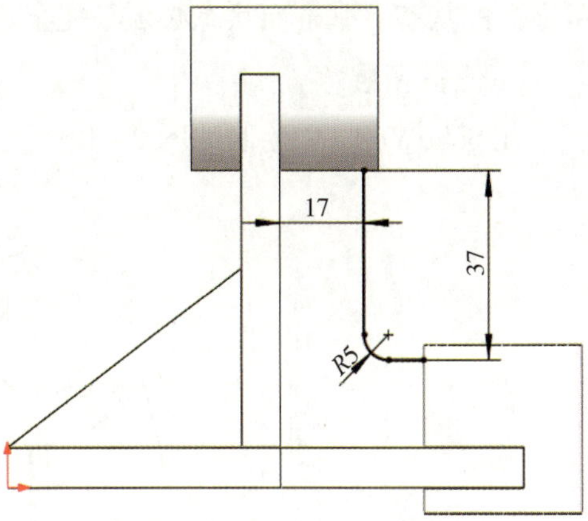

图 2–102　绘制筋板草图

（17）在设计树中单击选中上一步绘制的草图，单击特征工具栏的“筋”按钮 筋，系统弹出“筋 2”对话框，如图 2–103（a）所示，设置“筋”生成方式为“两侧”，筋的厚度为 6 mm。可以通过“拉伸方向”按钮、“反转材料方向”复选框切换筋的生成方向为“向内”，如图 2–103（b）所示。

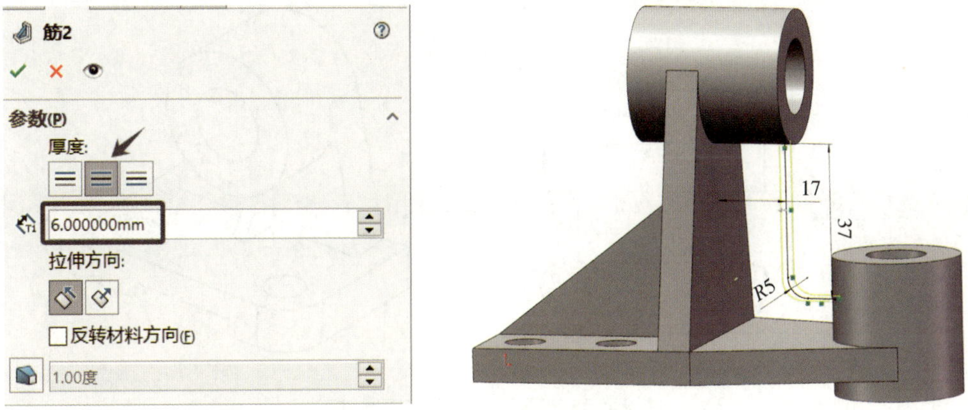

（a）　　　　（b）

图 2–103　“筋 2”属性管理器与设置效果

（18）单击✓按钮确认“筋”创建结果，如图 2–104 所示。

图 2–104　支架效果图

5. 任务总结

（1）创建“筋”特征时要注意：筋（肋）特征的创建过程与拉伸特征基本相似，不同的是筋（肋）特征的截面草图是开放的。

（2）基准平面的创建方法：单击基准面按钮（参考几何体工具栏），或选择“插入”→“参考几何体”→“基准面”，软件会根据用户选择的对象生成最可能的基准面。可以在“第一参考”下选择“平行”“垂直”等选项来修改基准面。根据需要选择第二参考和第三参考来定义基准面。信息框会报告基准面的状态。基准面状态必须是完全定义才能生成基准面。

6. 任务拓展

在 SolidWorks 中绘制如图 2-105 所示的零件图。

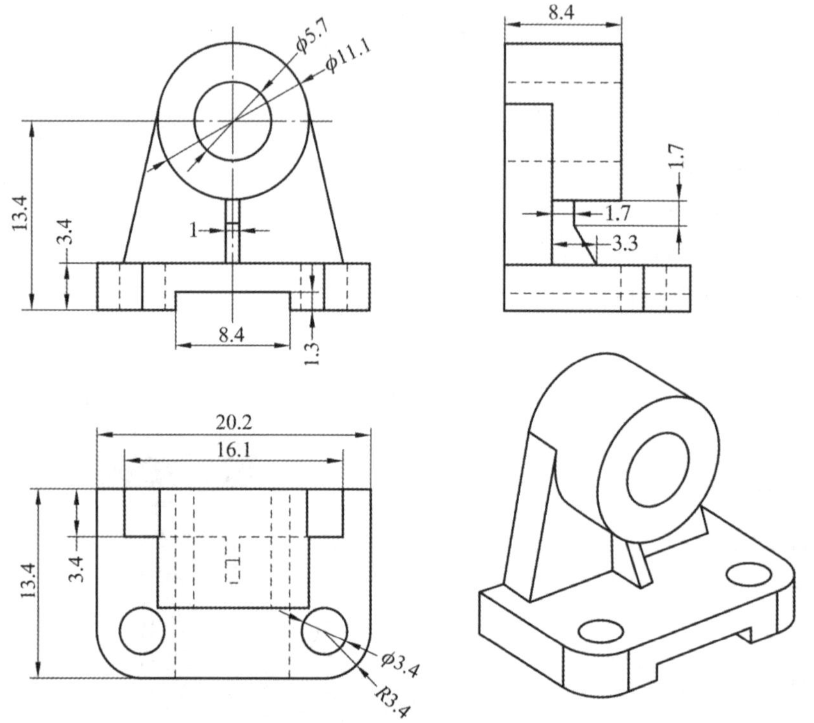

图 2-105　项目二任务六拓展练习

任务七　电话机外壳建模

导学视频

1. 目标知识点

（1）掌握创建抽壳特征的步骤。

（2）掌握实体倒圆角命令的创建步骤。

（3）熟悉壳体类零件创建方法。

（4）掌握设计树中特征排序等使用方法。

（5）熟悉参考几何体（基准平面）的创建方法。

（6）熟悉的特征阵列的步骤及跳过实例的应用。

2. 任务介绍

完成图 2-106 所示的电话机外壳图。

3. 任务设计

（1）用拉伸凸台特征命令创建出凸台主体部分。

（2）以新参考面为基准，创建上表面特征。

（3）抽壳特征创建壳体。

（4）以拉伸 – 切除、线性阵列来切除材料创建按钮孔。

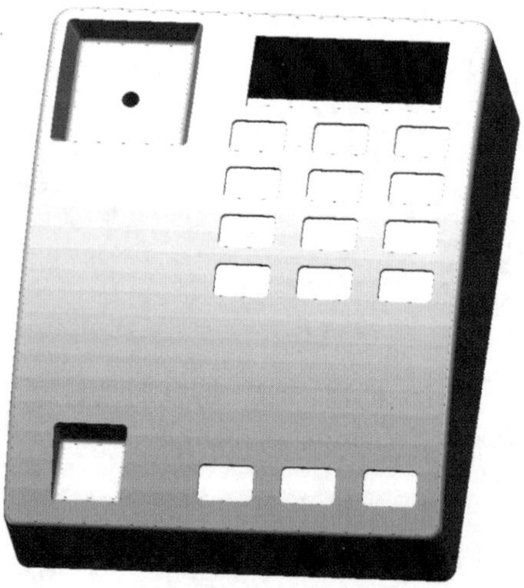

图 2-106　电话机外壳

4. 任务实施

（1）单击“新建”按钮，弹出“新建 SolidWorks 文件”对话框，双击“零件”按钮进入零件创建模块。

（2）在左侧设计树中选择前视基准面，在弹出的快捷菜单中选择“草图绘制”按钮，绘制图 2–107 所示的截面轮廓线，绘制完成后单击“退出草图”按钮，退出草图环境。

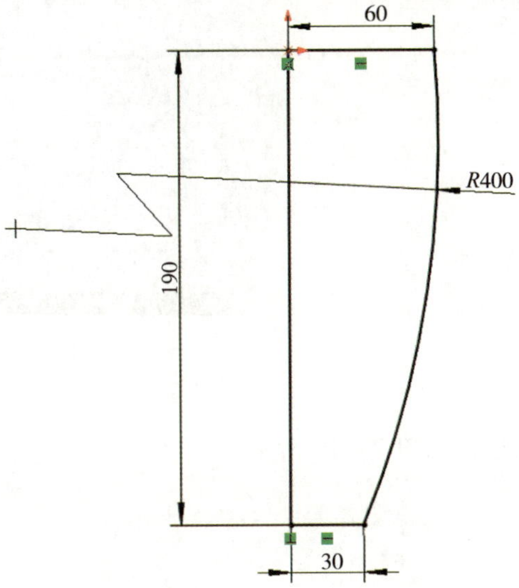

图 2–107　绘制截面轮廓线

（3）在设计树中单击选中上一步绘制的草图，单击特征工具栏的“拉伸凸台 / 基体”按钮，系统弹出“凸台 – 拉伸 1”对话框，如图 2–108（a）所示，将“拉伸深度”设为 160 mm，单击确认第 1 个凸台创建，如图 2–108（b）所示。

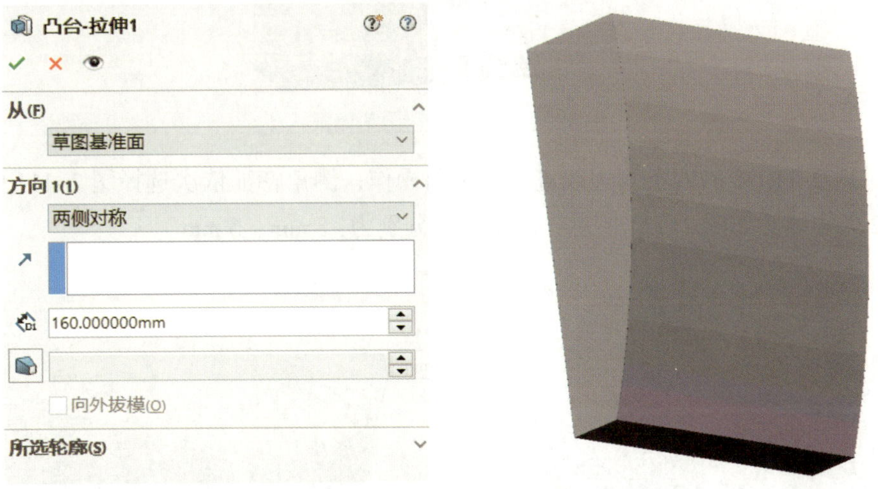

（a）　　　　　　（b）

图 2–108　“凸台 – 拉伸 1”属性管理器与拉伸效果

（4）单击特征工具栏的“圆角”命令按钮，弹出如图 2–109（a）所示的对话框。如图 2–109（b）所示，用鼠标选择上表面，在图 2–109（a）中勾选“切线延伸”“完整预览”选项，输入圆角半径值 2 mm。

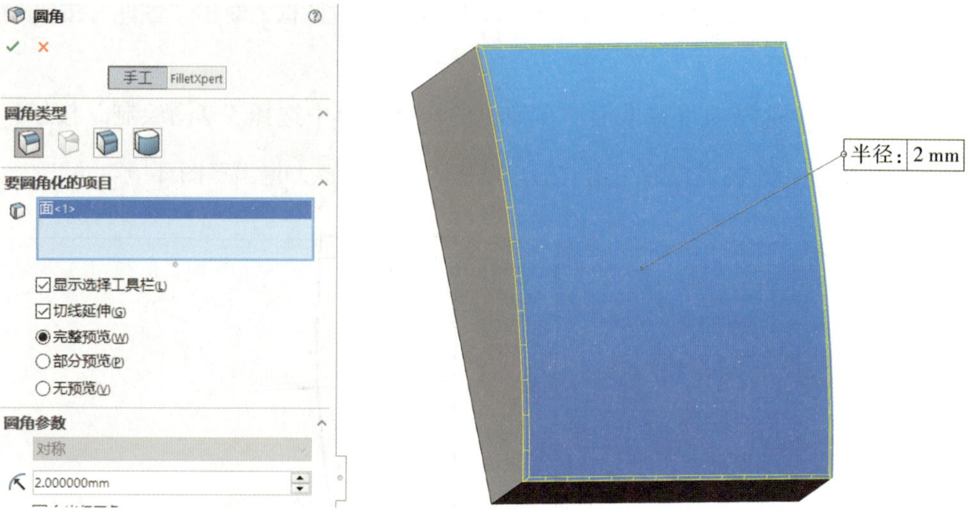

（a）　　　　　　　　（b）

图 2-109　“圆角”属性管理器与设置过程

（5）单击✓确认圆角特征创建，如图 2-110 所示。

图 2-110　创建圆角效果

（6）继续对图 2-110 中的四条侧边线进行倒圆角操作，倒角特征依次选择图 2-111 中所示的前侧 2 条边线、后侧 2 条边线。如图 2-111 所示，圆角半径分别为：8 mm、5 mm。

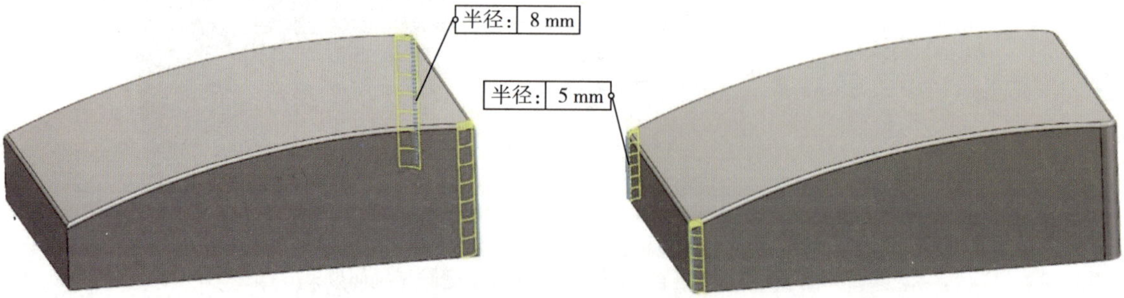

（a）前侧边线　　　　　　　　（b）后侧边线

图 2-111　四条侧边线倒圆角

（7）单击特征工具栏的“基准面”按钮 **基准面**，如图 2-112（a），选择模型底面作为第一参考，偏移距离为 62 mm，得到如图 2–112（b）所示的基准平面 1。

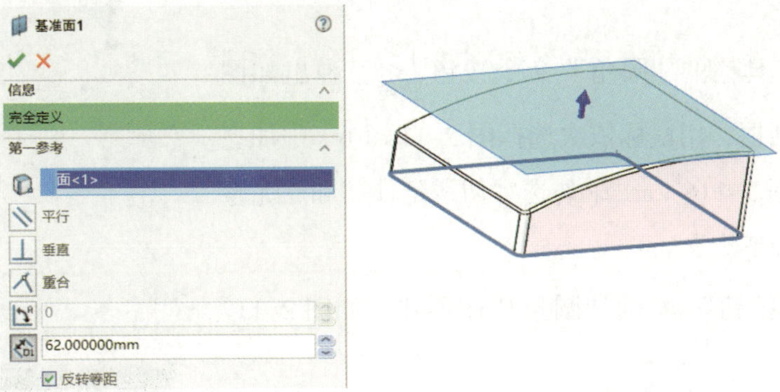

（a）　　　　（b）

图 2–112 “基准面 1”属性管理器与基准平面 1

（8）单击基准平面 1，在弹出的快捷菜单中选择“草图绘制”按钮，绘制如图 2–113 所示的正方形截面，绘制完成后单击“退出草图”按钮，退出草图环境。

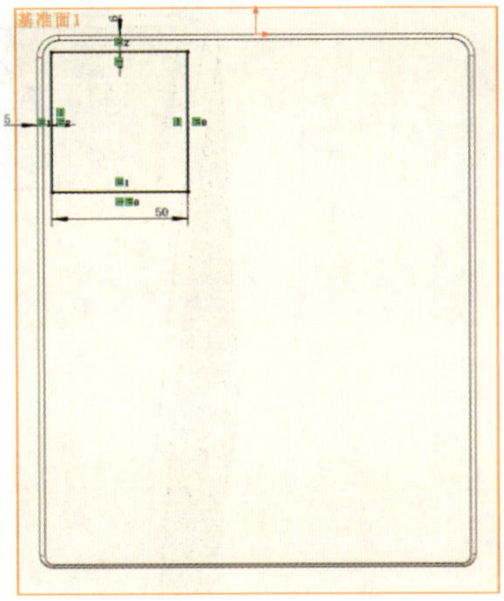

图 2–113 绘制正方形草图

（9）在设计树中单击选中上一步绘制的草图，单击特征工具栏的“拉伸切除”按钮，弹出如图 2–114（a）的对话框，拉伸深度为 10 mm，拔模角度为 22 度，设置拉伸方向如图 2–114（b）所示。

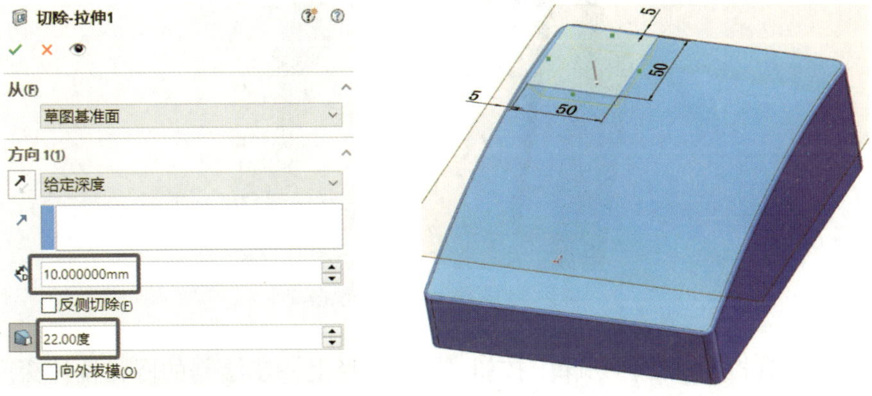

（a）　　　　（b）

图 2–114 “切除 – 拉伸 1”属性管理器与操作过程

（10）单击“确定”按钮✓，完成拉伸切除特征，如图 2-115 所示。

（11）单击特征工具栏的“圆角”命令按钮 圆角，弹出如图 2-116（a）所示的对话框，用鼠标依次选择图 2-116（b）中加亮显示的 8 条边线，在图 2-116（a）中勾选“切线延伸”和“完整预览”选项，圆角半径值为 2 mm。

（12）单击确定“按钮”✓确认圆角特征创建，如图 2-117 所示。

（13）鼠标右键单击上一步创建的拉伸切除特征的底面，选择草图平面，如图 2-118，绘制如图 2-119 所示的圆，绘制完成后单击“退出草图”按钮，退出草图环境。

图 2-115　完成拉伸切除后的效果

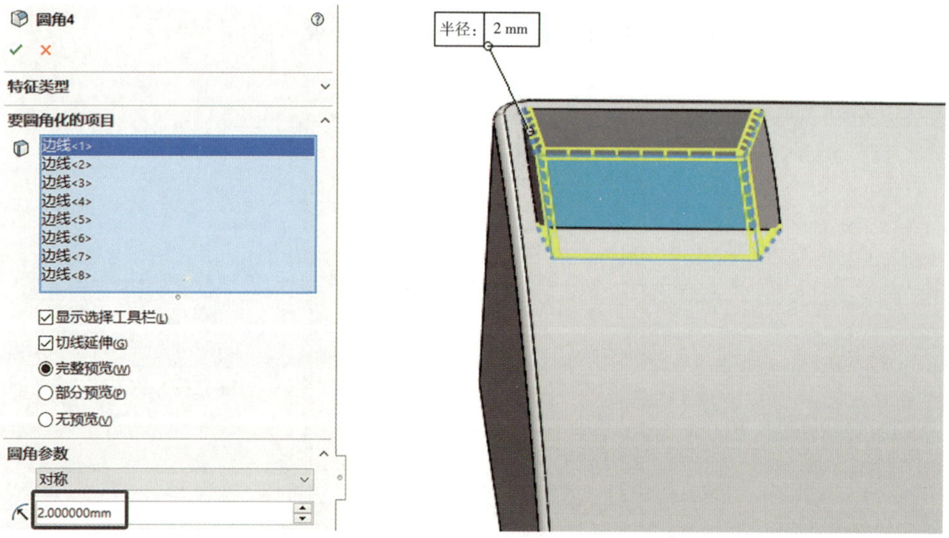

（a）　　（b）

图 2-116　“圆角 4”属性管理器与设置过程

图 2-117　完成圆角后的效果

（14）单击特征工具栏的“拉伸切除”按钮 拉伸切除，选择上一步绘制的圆，拉伸深度选择“完全贯穿”，如图 2-120，设置拉伸方向为：向下拉伸。

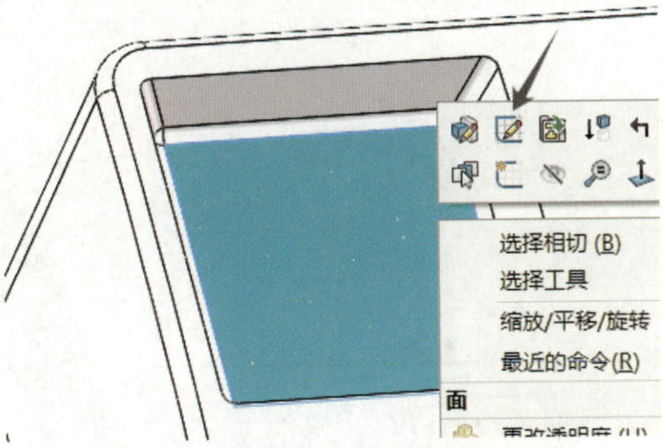

图 2-118　选择草图平面

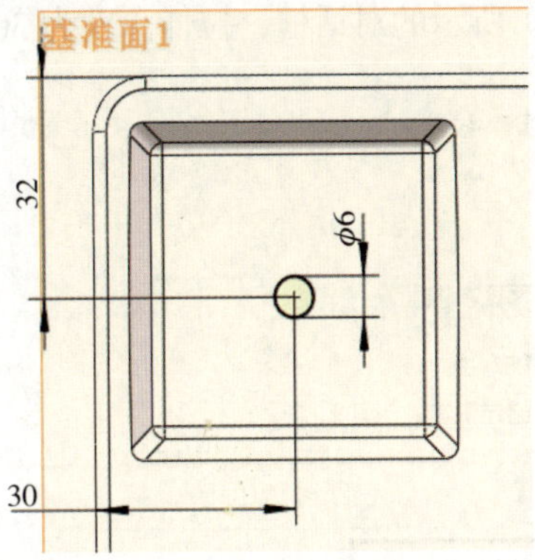

图 2-119　绘制圆草图

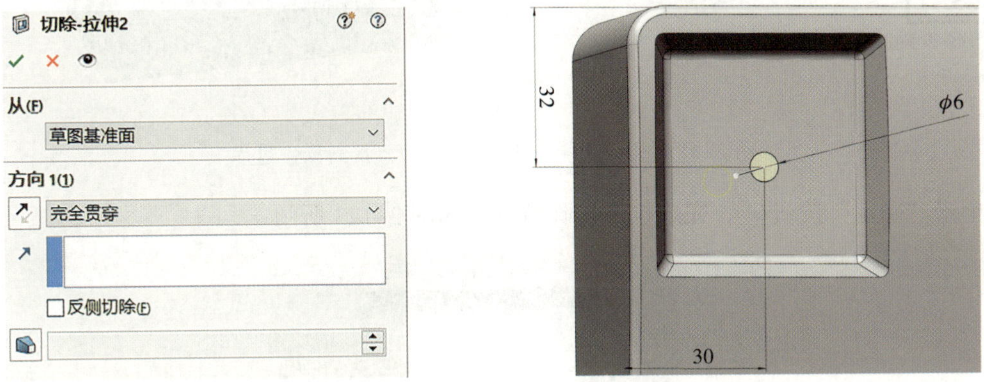

（a）　　　　　　　　　　（b）

图 2-120　“切除 – 拉伸 2”属性管理器与操作过程

（15）单击基准面 1，在弹出的快捷菜单中选择“草图绘制”按钮，绘制如图 2-121 所示的正方形截面，绘制完成后单击“退出草图”按钮，退出草图环境。

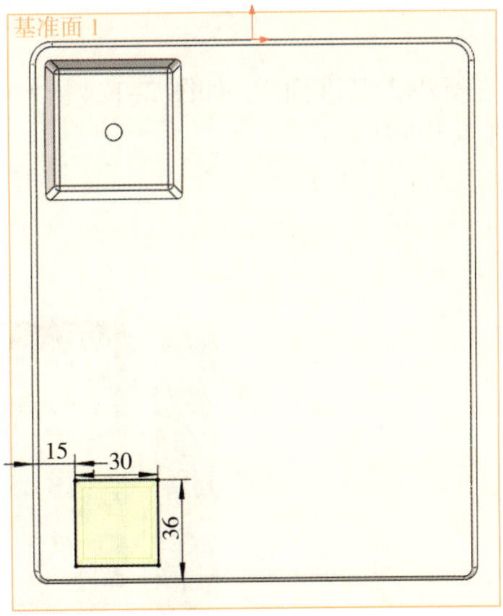

图 2-121　在基准面 1 上绘制正方形草图

（16）在设计树中单击选中上一步绘制的草图，单击特征工具栏的“拉伸切除”按钮，弹出如图

2–122（a）所示的对话框，拉伸深度为 30 mm，拔模角度为 5 度，设置拉伸方向如图 2–122（b）所示。

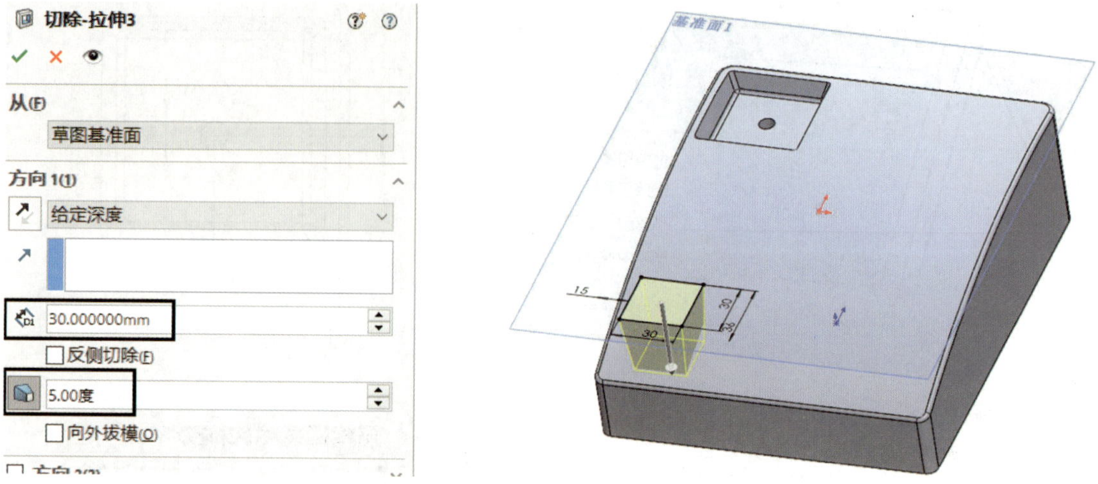

（a）　　　　（b）

图 2–122　“切除 – 拉伸 3”属性管理器与操作过程

（17）单击“确定”按钮✔，完成拉伸切除特征，如图 2–123 所示。

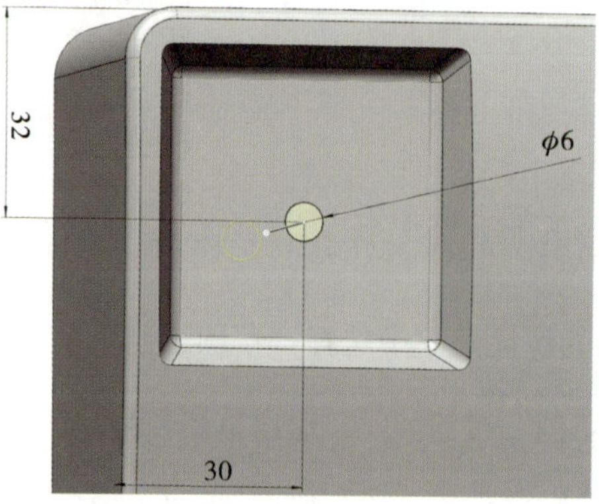

图 2–123　完成拉伸切除后的效果

（18）在左侧设计树列表中，右键单击基准面 1，如图 2–124 所示，选择“隐藏”按钮 ，则工作窗口区中基准面 1 不再显示，如图 2–125 所示。

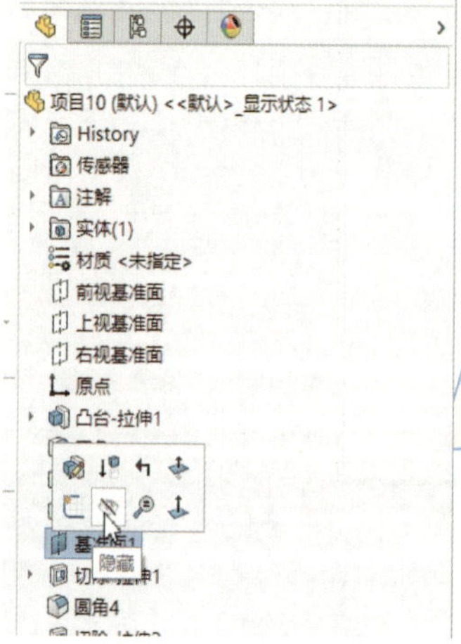

图 2–124　隐藏基准面

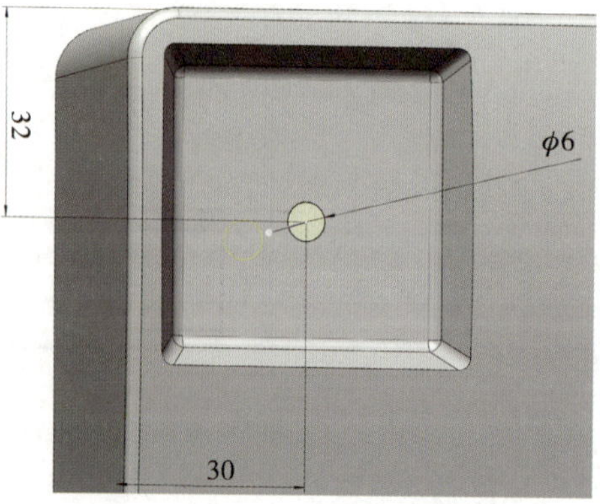

图 2–125　隐藏基准面 1

（18）单击特征工具栏的“圆角”命令按钮 圆角，弹出如图 2–126（a）所示的对话框，用鼠标依次选择图 2–126（b）中加亮显示的 8 条边线，在图 2–126（a）中勾选“切线延伸”和“完整预览”选项，圆角半径值为 2 mm，可以看到圆角预览效果，如图 2–126（b）所示。

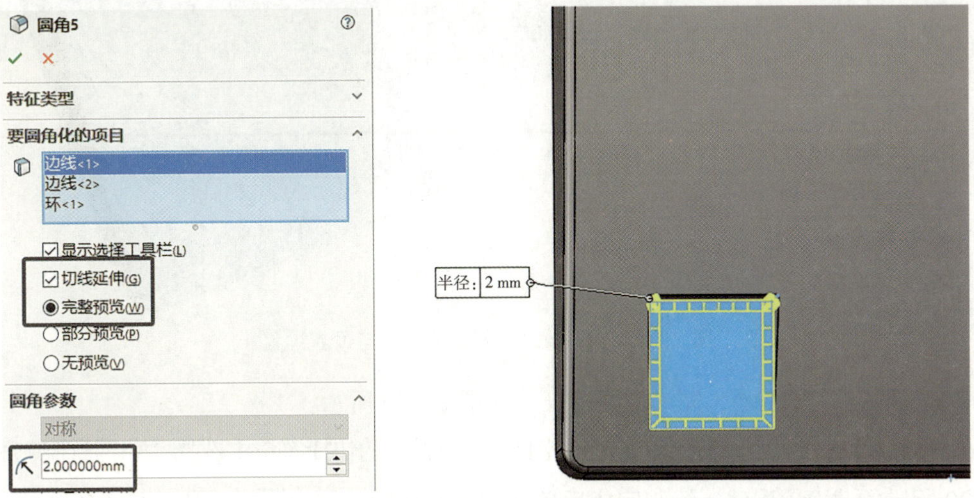

（a）　　　　　　　　（b）

图 2–126　“圆角 5”属性管理器与设置过程

（19）单击“确定”按钮✓，完成倒圆角特征，如图 2–127 所示。

图 2–127　完成倒圆角后的效果

（20）单击特征工具栏的“抽壳”按钮 抽壳，弹出如图 2–128 所示的对话框，在工作窗口区选择如图所示的模型底面，设置抽壳厚度为 1 mm。

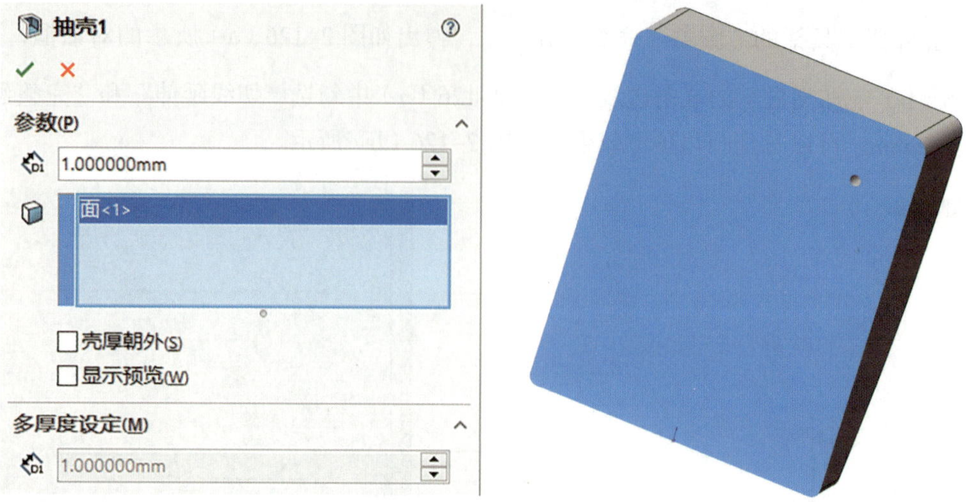

图 2-128　“抽壳 1”属性管理器与设置过程

（21）单击“确定”按钮✓，完成抽壳特征，如图 2-129 所示。

（22）在左侧设计树列表中，右键单击基准平面 1，在弹出的快捷菜单中选择“草图绘制”按钮，绘制如图 2-130 所示的截面轮廓线，绘制完成后单击“退出草图”按钮，退出草图环境。

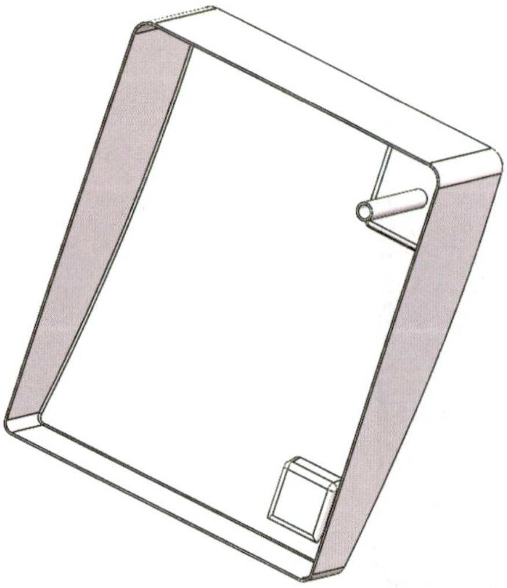

图 2-129　抽壳后的效果

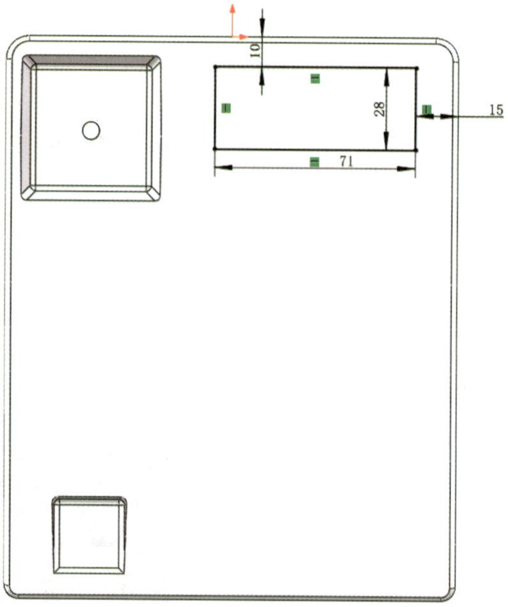

图 2-130　草图绘制

（23）在设计树中单击选中上一步绘制的草图，单击特征工具栏的“拉伸切除”按钮，拉伸深度选择“完全贯穿”，设置拉伸方向为：向下拉伸，单击“确定”按钮✓，完成切除特征，如图 2-131 所示。

（26）在左侧设计树列表中，右键单击基准平面 1，在弹出的快捷菜单中选择“草图绘制”按钮，绘制下图所示的截面轮廓线，如图 2-132 所示，绘制完成后单击“退出草图”按钮，退出草图环境。

图 2-131　切除后的效果

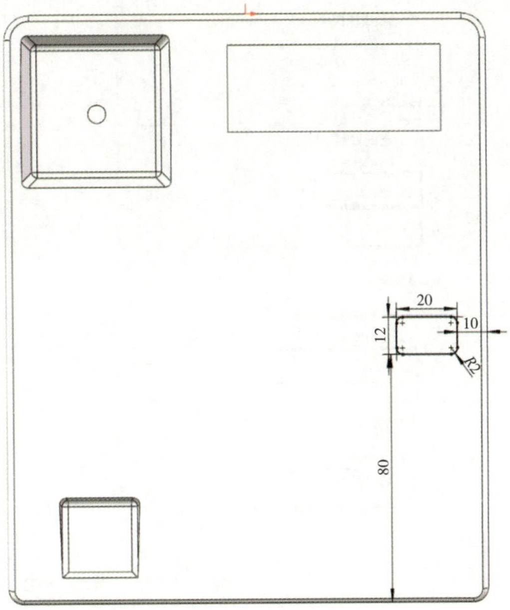

图 2-132　绘制截面轮廓线

（27）在设计树中单击选中上一步绘制的草图，单击特征工具栏的“拉伸切除”按钮，拉伸深度选择“完全贯穿”，设置拉伸方向为：向下拉伸，单击✔确认，完成切除特征，如图 2-133 所示。

图 2-133　切除后的效果

（28）在“特征”标签按钮栏中单击“线性草图阵列”→“线性阵列”按钮，系统弹出“线性阵列”对话框，如图 2-134（a）所示，依照窗口区显示的依次选择“边线 <1>”作为方向 1 的参考，阵列间距为 18 mm、阵列数量为 4，选择“边线 <2>”作为方向 2 的参考，阵列间距为 30 mm、阵列数量为 3，选择上一步切除拉伸的特征作为阵列特征，如图 2-134（b）。

（29）单击“确定”按钮✔，完成阵列特征的创建，如图 2-135 所示。

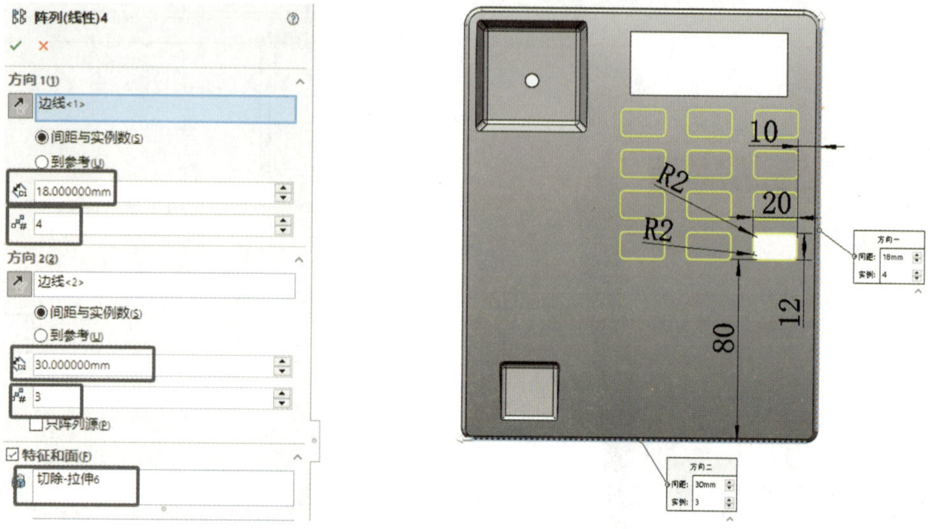

（a） （b）

图 2–134 “阵列（线性）4”属性管理器与设置过程

（30）在“特征”标签按钮栏中单击“线性草图阵列”→“线性阵列”按钮 ，系统弹出“阵列（线性）5”对话框，依照窗口区显示的依次选择“上视基准面”作为方向 1 的参考，阵列间距为 70 mm、阵列数量为 2，选择“前视基准面”作为方向 2 的参考，阵列间距为 30 mm、阵列数量为 3，选择“切除－拉伸 6”作为阵列特征，在“可跳过的实例”收集框中，依次选择图 2–136 所示的 2 个点作为跳过的实例，选择和设置过程如图 2–137 所示。

图 2–135 阵列特征后的效果

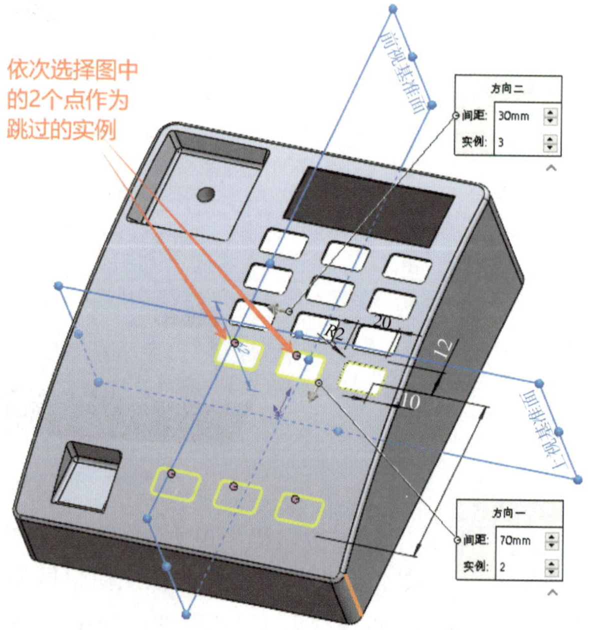

图 2–136 线性阵列特征设置

单击“确定”按钮，完成阵列特征的创建，如图 2–138 所示。

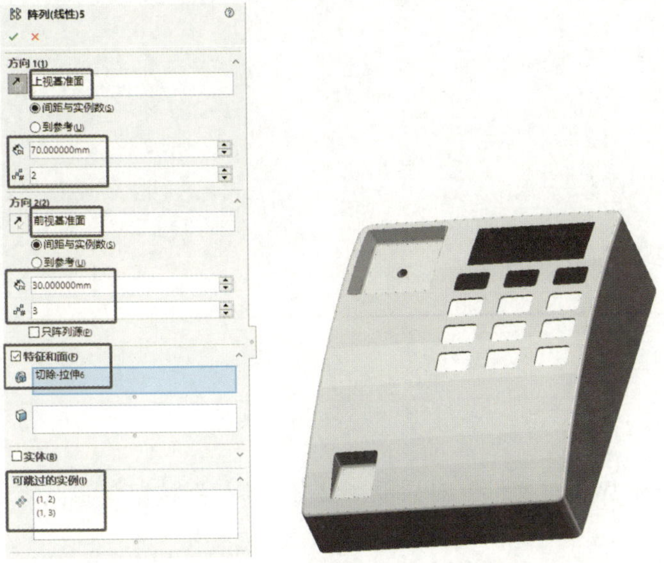

（a）　　　　　　（b）

图 2–137　“阵列（线性）5”属性管理器与设置过程

图 2–138　电话机外壳

5. 任务总结

抽壳特征在建模过程的顺序很关键，顺序不对模型就会出错。

6. 任务拓展

在 SolidWorks 中绘制如图 2–139 所示的零件。练习要点：拔模；倒圆角，直角；抽壳。

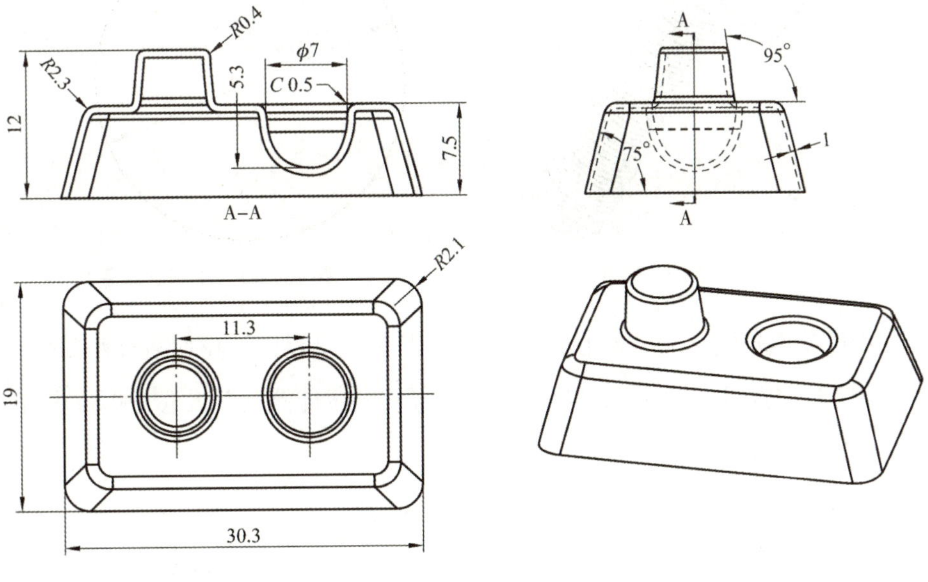

图 2–139　项目二任务七拓展练习

任务八　螺杆建模

导学视频

1. 目标知识点

（1）熟悉螺旋线的创建方法。

（2）掌握扫描特征的创建方法。

（3）掌握孔特征的创建方法。

2. 任务介绍

完成图 2-140 所示的螺杆零件。

3. 任务设计

（1）利用拉伸凸台生成圆柱。

（2）综合螺旋线 / 涡状线和扫描切除创建螺纹。

（3）螺纹切除收尾。

（4）创建顶部固定板。

（5）创建柱形沉头孔。

4. 任务实施

（1）单击“新建”按钮，弹出“新建 SolidWorks 文件”对话框，双击“零件”按钮进入零件创建模块。

（2）在左侧设计树中选择上视基准面，在弹出的快捷菜单中选择“草图绘制”按钮，以原点为圆心，绘制一个 ϕ50 mm 的圆，如图 2-141 所示，绘制完成后单击“退出草图”按钮，退出草图环境。

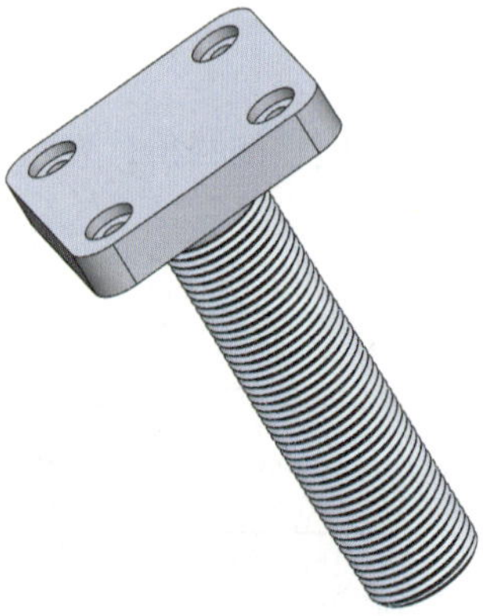

图 2-140　螺杆

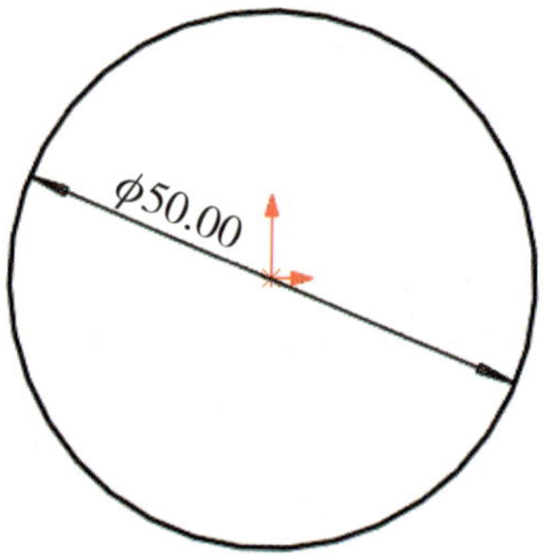

图 2-141　绘制圆草图

（3）在设计树中单击选中上一步绘制的草图，单击特征工具栏的“拉伸凸台 / 基体”按钮，系统弹出“凸台 - 拉伸 1”对话框，如图 2-142（a）所示，将“拉伸深度”设为 200 mm，单击“确定”按钮，确认第 1 个凸台创建，如图 2-142（b）所示。

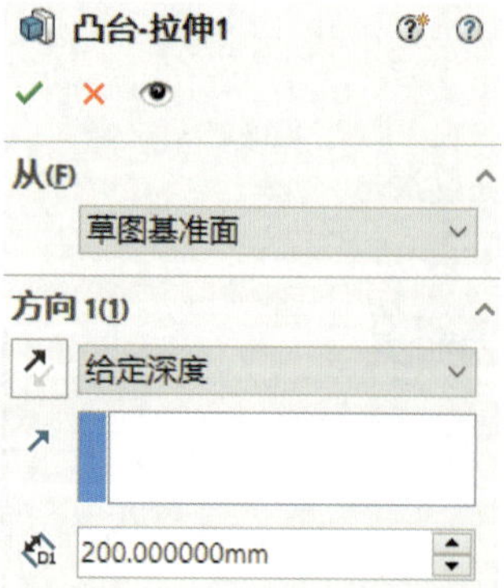

（a）

（b）

图 2-142　“凸台 - 拉伸 1”属性管理器与拉伸结果

（4）单击特征工具栏中的“倒角”按钮 **倒角**，按图 2-143 设置倒角尺寸，单击“确定”按钮✓，确认倒角特征创建。

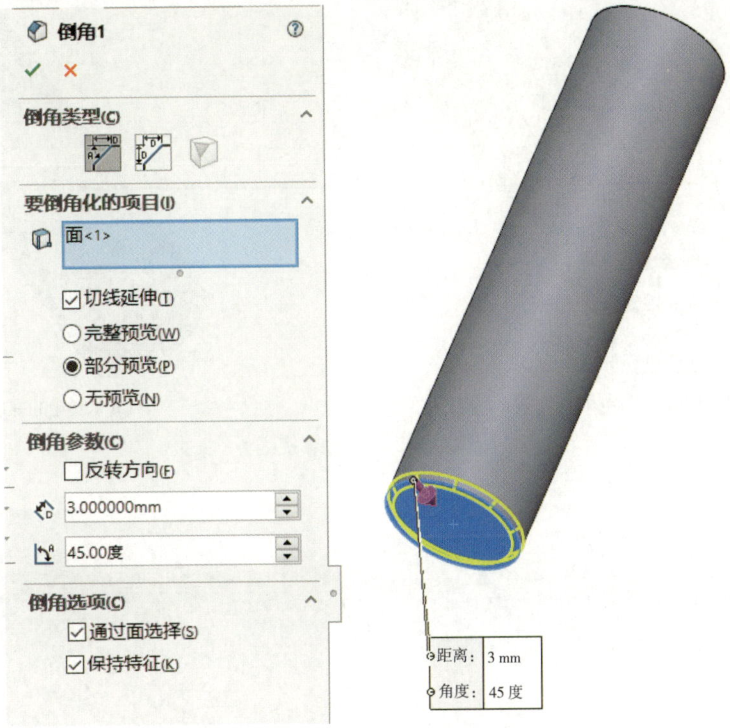

图 2-143　圆柱底边倒角

（5）单击圆柱底面，在弹出的快捷菜单中选择“草图绘制”按钮，单击草图工具栏的“转换实体引用”按钮，在窗口区单击圆柱外圆，绘制下图所示的草图截面，如图 2-144 所示，绘制完成后单击“退出草图”按钮，退出草图环境。

（6）在设计树中单击选中上一步绘制的草图，单击特征工具栏的“螺旋线 / 涡状线 1”按钮，如图 2-145 所示，设置螺旋线参数，设置定义方式为高度和螺距，高度值为 180 mm，螺距为 4 mm，起始角度为 0 度，注意控制螺旋线生成方向，可以勾选“反向”复选框切换其方向，单击“确定”按钮✓完成螺旋线创建。

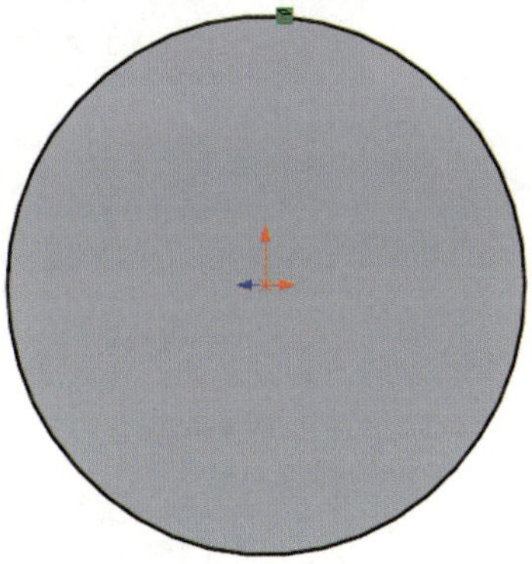

图 2-144　转换实体引用以创建草图

（7）在设计树中右键“右视基准面”，在弹出的快捷菜单中选择“草图绘制”按钮，绘制如图 2-146 所示的界面轮廓，绘制完成后，单击“退出草图”按钮，退出草图环境。

（8）单击特征工具栏的“扫描切除”按钮 **扫描切除**，系统弹出“切除 – 扫描 1”对话框，如图 2-147（a）所示，选择图 2-147（b）所示的梯形为“扫描轮廓”，选择图 2-145（b）中创建的螺旋线作为“扫描路径”。

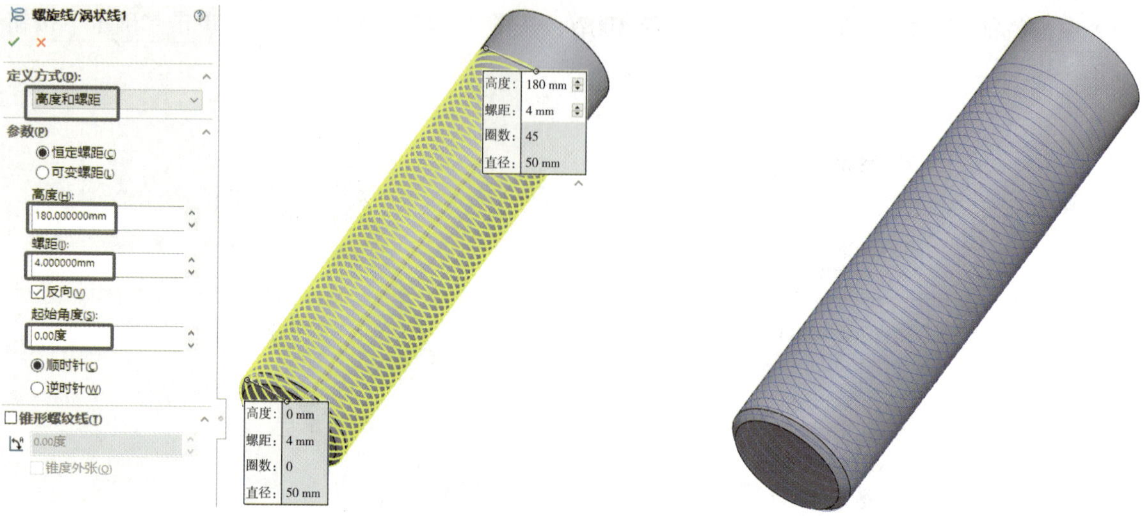

（a）“螺旋线 / 涡状线”参数　　（b）创建的螺旋线预览效果

图 2-145　创建螺旋线

图 2-146　绘制梯形草图

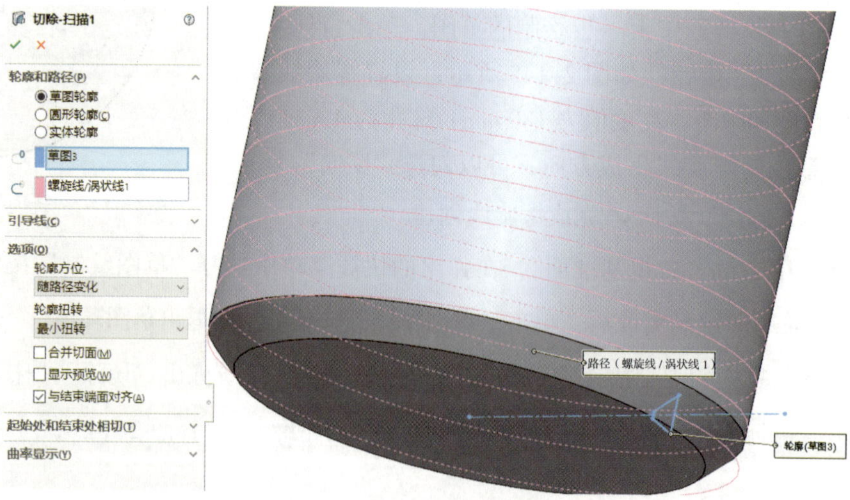

（a）　　（b）

图 2-147　“切除 – 扫描 1”属性管理器

单击“确定”按钮确认扫描切除结果，如图 2–148 所示。

（9）选择“参考几何体”→“基准平面”按钮，进入基准平面创建对话框，选择“前视基准面”，上一步扫描切除尾端的顶点，创建基准平面，如图 2–149 所示。

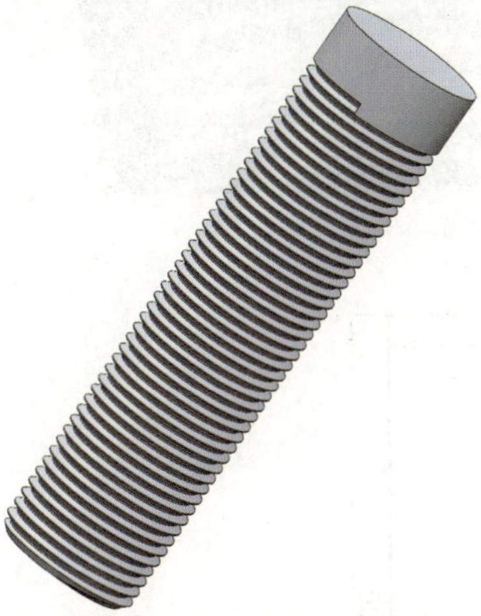

图 2–148　扫描切除后的效果

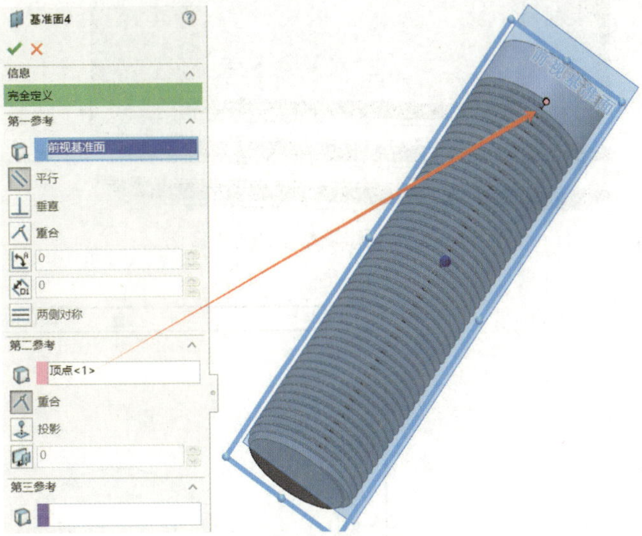

图 2–149　基准平面创建

（10）选择刚才创建的基准平面，选择“草图绘制”按钮，绘制如图 2–150 所示的直线。

（11）单击如图 2–151 所示的截面，选择“草图绘制”按钮，绘制如图 2–152 所示的截面。

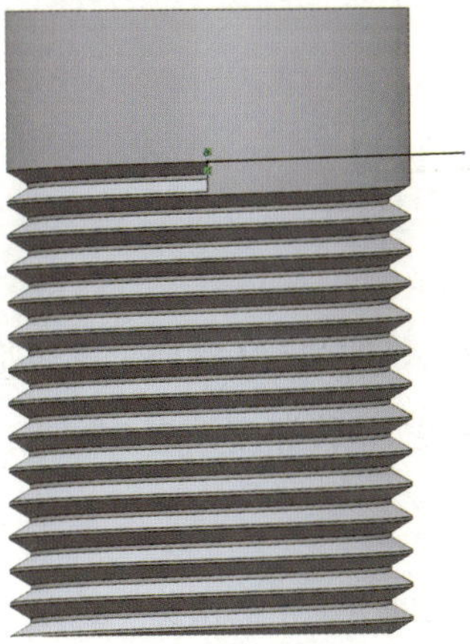

图 2–150　绘制的直线

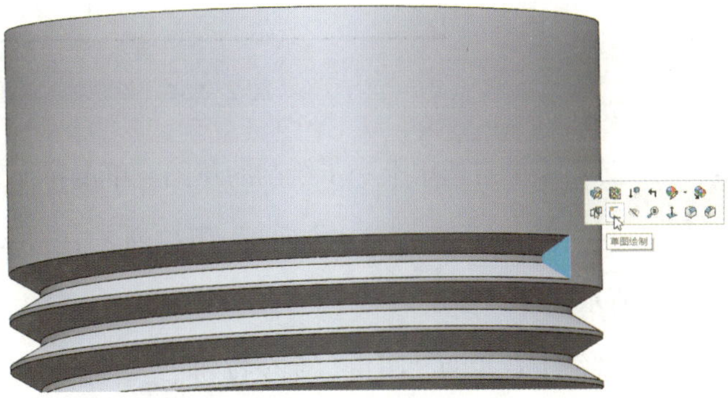

图 2–151　草图截面选择

（12）单击特征工具栏的“扫描切除”按钮 扫描切除，系统弹出“切除 – 扫描”对话框，选择图 2–152 创建的草图实体为“扫描轮廓”，选择图 2–150 中创建的直线作为“扫描路径”，创建螺纹收尾如图 2–153 所示。

（13）右键单击圆柱底面，选择“草图绘制”按钮，绘制图 2–154 所示的矩形，绘制完成后单击“退出草图”按钮，退出草图环境。

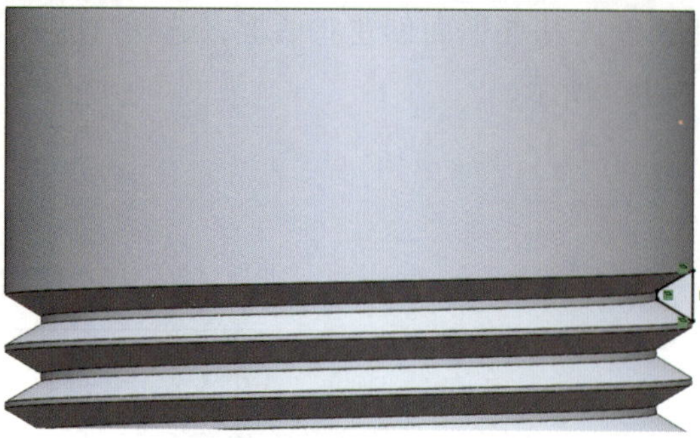

图 2-152 转换实体引用创建截面

图 2-153 螺纹收尾

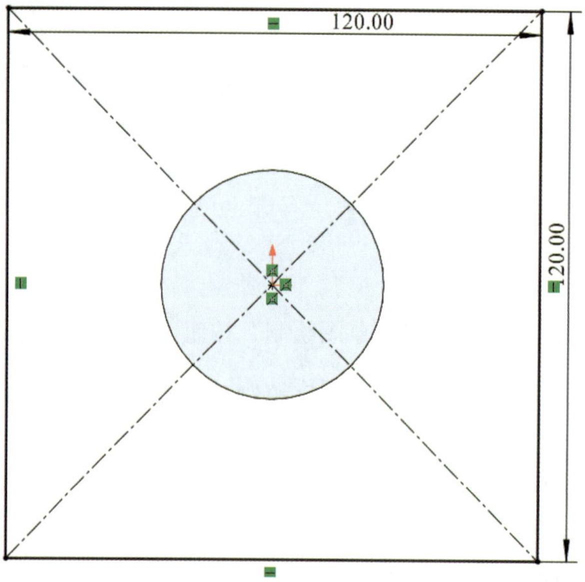

图 2-154 绘制矩形草图

（14）在设计树中单击选中上一步绘制的草图，单击特征工具栏的“拉伸凸台 / 基体”按钮 拉伸凸台/基体，系统弹出“凸台 - 拉伸”对话框，在“方向 1”下拉列表中选择“给定深度”，将深度设为 20 mm，得到效果如图 2-155 所示。

（15）单击特征工具栏的“圆角”命令按钮 圆角，依次勾选“切线延伸”“完整预览”选项，圆角半径值为 15 mm。单击“确定”按钮✓，确认圆角特征创建，如图 2-156 所示。

（16）单击特征工具栏的“异型孔向导”按钮 异型孔向导，如图 2-157（a）所示，系统弹出“孔规格”对话框。在“类型”选项卡中，设置“孔类型”为“柱形沉头孔”，在“标准”下拉列表中选择“GB”，在“类型”下拉列表中选择“六角头螺栓 C 级 GB/T 5780-20”，“孔规格”选择 M10，设置“沉头”深度为 5 mm，孔的终止条件为“完全贯穿”；然后切换到“位置”选项卡，鼠标左键选择图 2-154 的拉伸特征的下表面，再单击一点确定孔的中心，并进行尺寸标注，如图 2-157（b）所示。

图 2-155　完成拉伸后的效果

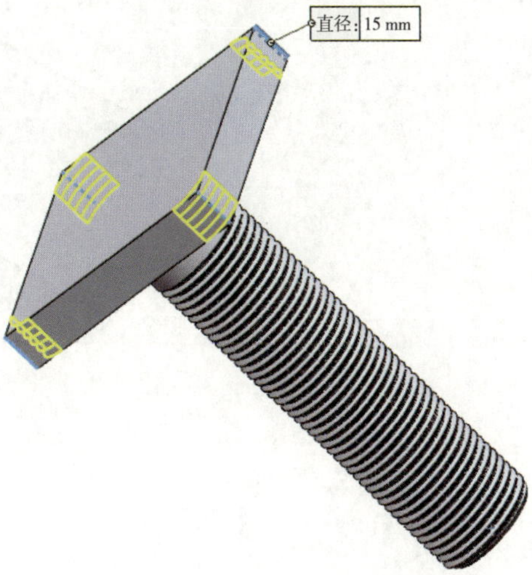

图 2-156　“倒圆角”效果预览

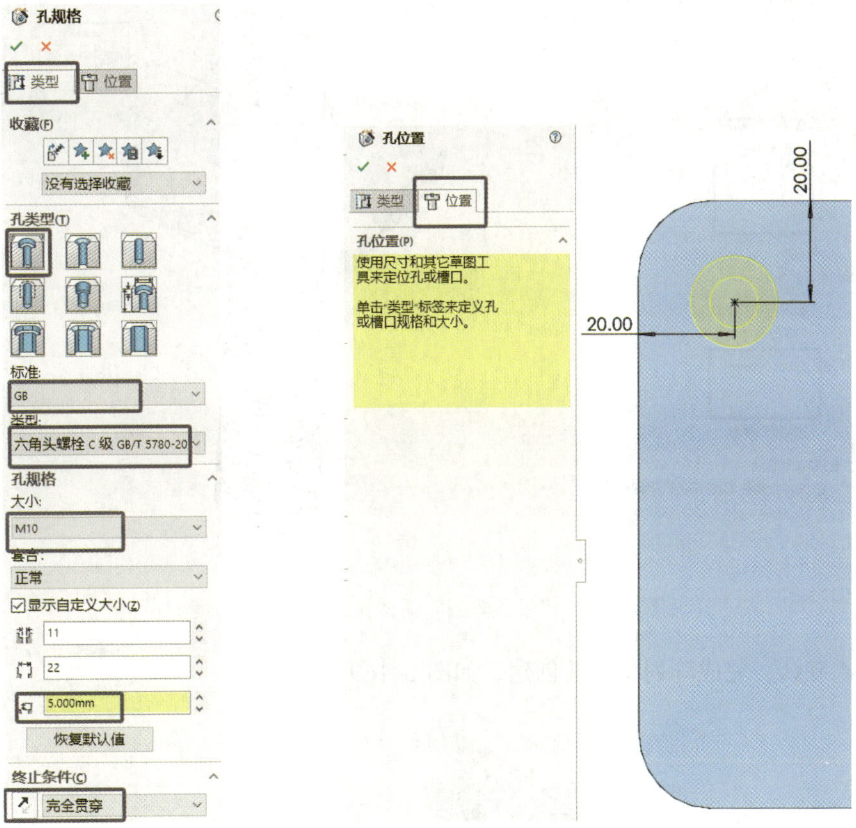

（a）　　　　（b）

图 2-157　“孔规格”属性管理器与设置过程

（17）单击“孔位置”对话框中的“确定”按钮✓，创建的孔特征如图 2-158 所示。

（18）在“特征”标签按钮栏中单击“线性草图阵列”→“线性阵列”按钮 线性阵列，系统弹出“阵列（线性）1”对话框，如图 2-159 所示，依照窗口区显示的依次选择“边线 <1>”作为方向 1 的参考，阵列间距为 80 mm、阵列数量为 2，选择“边线 <2>”作为方向 2 的参考，阵列间距为 80 mm、阵列数量为 2，选择上一步切除拉伸的特征作为阵列特征。

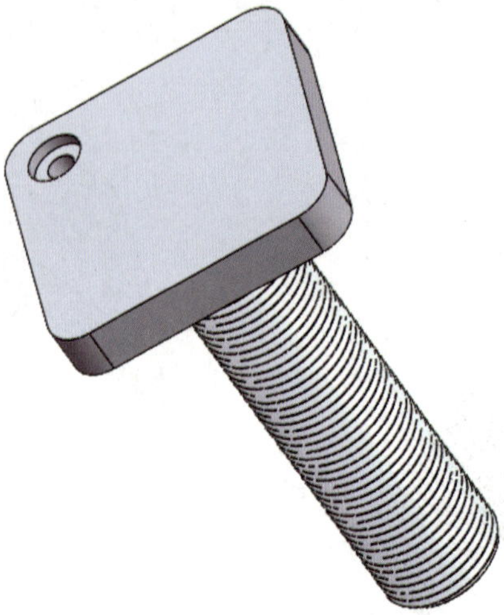

图 2–158　创建孔特征

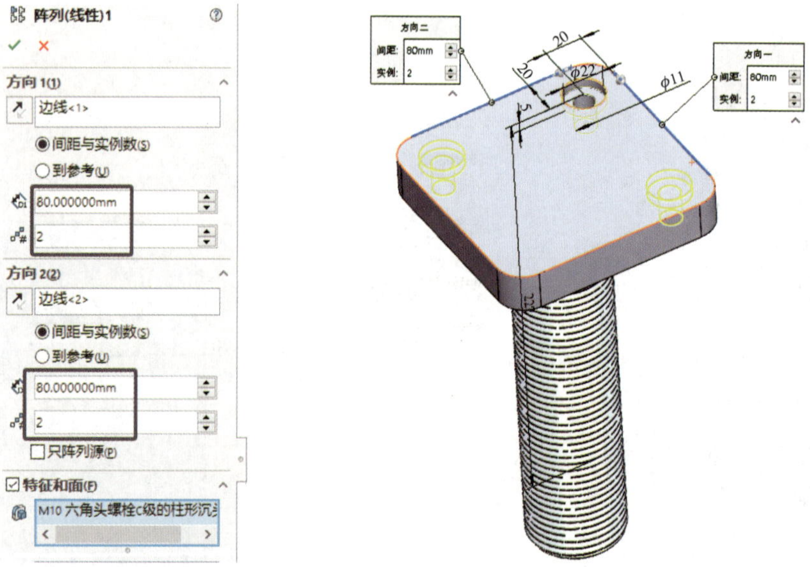

（a）　　　　（b）

图 2–159　“线性阵列”属性管理器与设置过程

（19）单击✔确认，完成阵列特征的创建，如图 2–160 所示。

图 2–160　螺杆

5. 任务总结

（1）螺旋线和涡状线：螺旋线和涡状线通常用于绘制螺纹、弹簧以及发条等零件中，在生成这些部件时，可以应用由螺旋线 / 涡状线工具生成的螺旋或涡状曲线作为路径或引导线。创建螺旋线或者涡状线的草图必须只包含一个圆，该圆的直径将控制螺旋线的直径和涡旋线的起始位置。

（2）扫描特征是指由二维草绘平面沿一个平面或空间轨迹线扫描而成的一类特征。沿着一条路径移动轮廓（截面）可以生成基体、凸台、切除或曲面。

SolidWorks 的扫描特征遵循以下规则：

①扫描路径可以为开环或闭环。

②路径可以是一张草图中包含的一组草图曲线、一条曲线或一组模型边线。

③路径的起点必须位于轮廓的基准面上。

④对于“凸台 / 基体扫描”特征，轮廓必须是闭环的；对于曲面扫描特征，则轮廓可以是闭环的也可以是开环的。

⑤不论是截面、路径或所形成的实体，都不能出现自相交叉的情况。

6. 任务拓展

在 SolidWorks 中绘制如图 2–161 所示的零件。

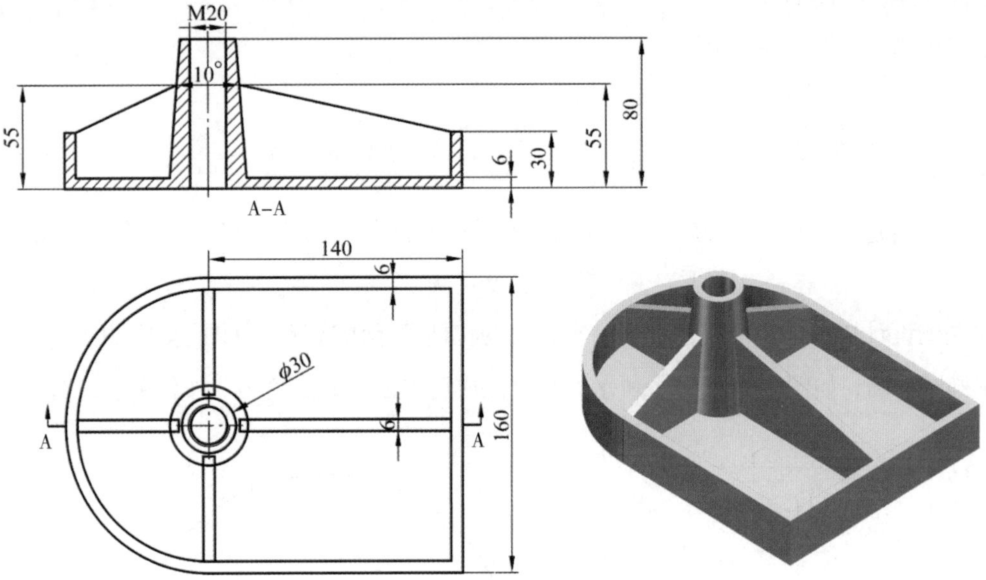

图 2–161　项目二任务八拓展练习

任务九　吊环建模

导学视频

1. 目标知识点

（1）熟悉放样特征的创建方法。

（2）掌握组合特征的使用方法与应用场景。

（3）掌握旋转切除的使用方法。

2. 任务介绍

完成如图 2–162（b）所示的吊环零件模型，图 2–162（a）为吊环实物。

（a）实物

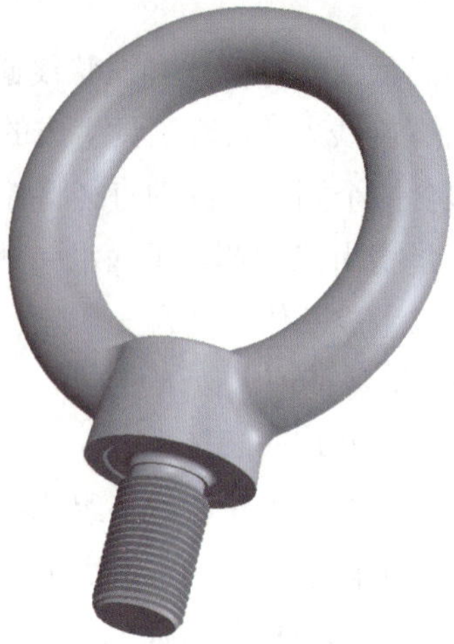

（b）3D 模型

图 2-162　吊环零件

3. 任务分析

（1）放样创建 O 形环部分。

（2）拉伸创建连接体部分。

（3）旋转生成下方螺纹部分主体。

（4）螺旋扫描切除螺纹。

（5）局部修饰与倒圆角。

4. 任务实施

（1）单击“新建”按钮，弹出“新建 SolidWorks 文件”对话框，双击“零件”按钮进入零件创建模块。

（2）在左侧设计树中选择上视基准面，在弹出的快捷菜单中选择“草图绘制”按钮，以原点为圆心，绘制椭圆和圆，如图 2-163（a）所示，绘制完成后单击“退出草图”按钮，退出草图环境。

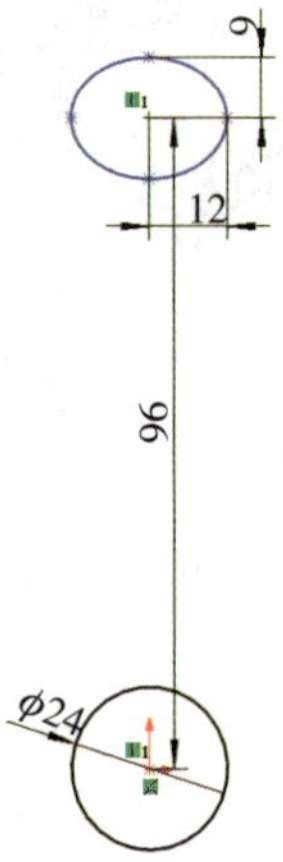

（a）放样截面

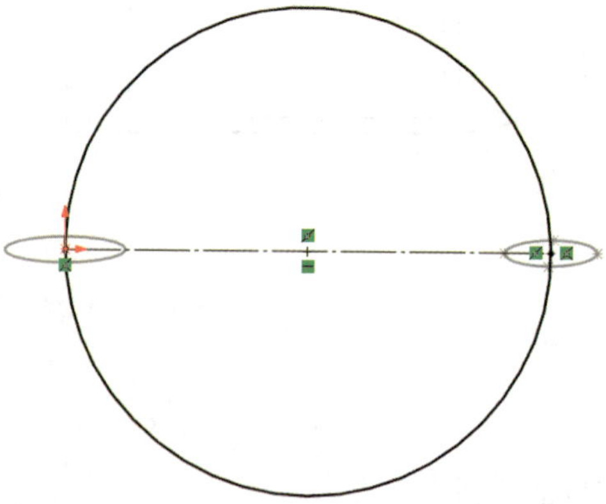

（b）放样中心线

图 2-163　放样截面与放样中心线草图

（3）在左侧设计树中选择右视基准面，在弹出的快捷菜单中选择“草图绘制”按钮，以原点为圆心，绘制一个如图 2-163（b）所示的圆，使其通过图 2-163（a）中椭圆和圆的中心，绘制完成后单击“退出草图”按钮，退出草图环境。

（4）单击特征工具栏中的“放样凸台 / 基体”按钮，系统弹出如图 2–164（a）所示的“放样 1”对话框，分别选择图 2–163 中（a）所示的圆和椭圆实体作为放样轮廓，选择草图 2［图 2–163 中（b）所示的圆］为放样中心线，“开始约束”和“结束约束”方式均选择“垂直于轮廓”，注意调整轮廓 1、轮廓 2 位置的方向，如图 2–164（b）中右侧的箭头所示。

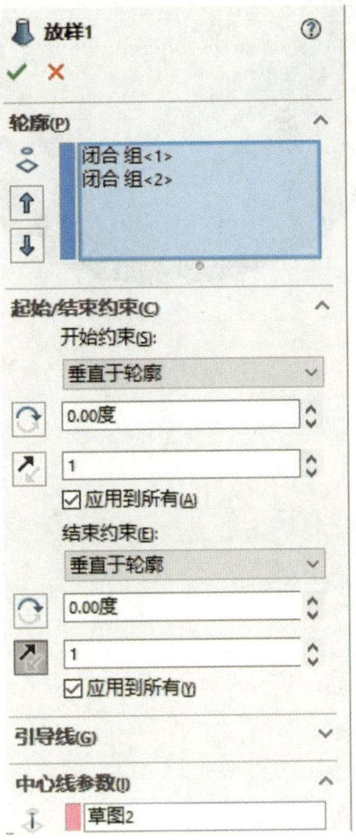

（a）

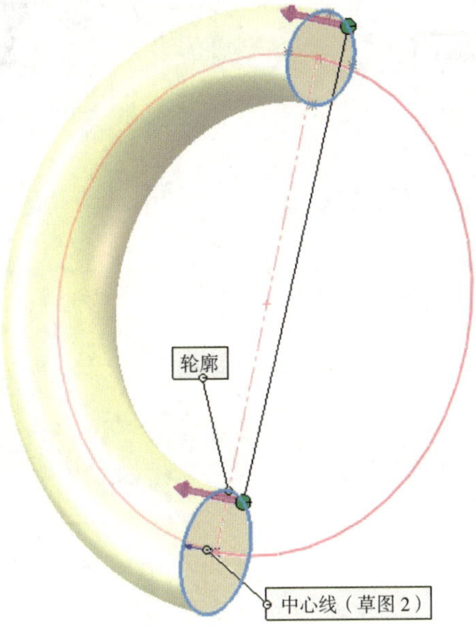

（b）

图 2–164　放样凸台参数设置

（5）单击特征工具栏中的“镜像特征”按钮镜向，选择上一步创建的放样凸台特征的端面作为镜像基准面，选择“放样凸台”作为要镜像的特征，得到如图 2–165 所示的结果。

图 2–165　镜像放样特征

（6）单击特征工具栏中的“基准面”按钮，出现如图 2–166（a）所示对话框，“第一参考”选择前视基准面，偏移距离为 20 mm，创建基准面 1，如图 2–166（b）所示。

（7）单击上一步创建的基准面 1，在弹出的快捷菜单中选择“草图绘制”按钮，绘制如图 2–167 所示的 $\phi40$ mm 圆，绘制完成后单击“退出草图”按钮，退出草图环境。

（8）单击特征工具栏的“拉伸凸台 / 基体”按钮拉伸凸台/基体，系统弹出“凸台 – 拉伸”对话框，如图 2–168（a）所示，选择上一步中绘制的草图作为拉伸截面轮廓，设置拉伸起始位置为“等距”，偏距值为 11 mm，在“拉伸深度”栏中将深度设为 28 mm，打开拔模角度，将其设为 5 度，取消勾选“合并结果”选项，单击“确定”按钮，确认拉伸凸台创建，创建效果如图 2–168（b）所示。

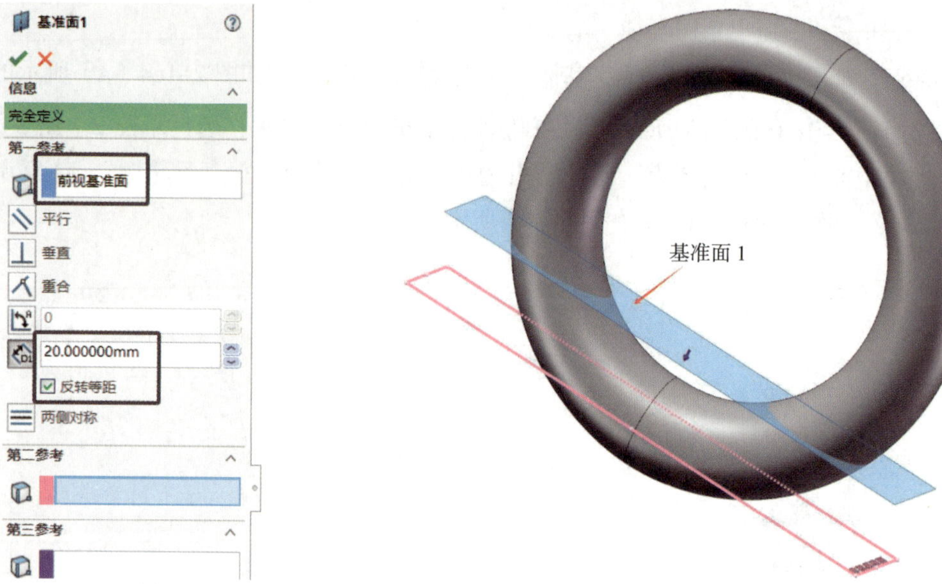

（a）　　（b）

图 2-166　创建基准面 1

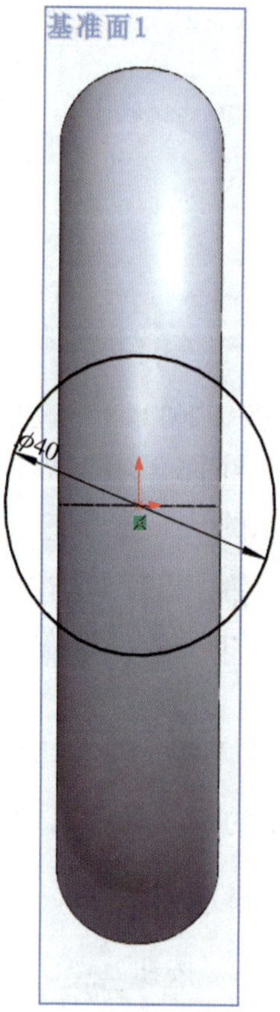

图 2-167　基准面 1 上的草图

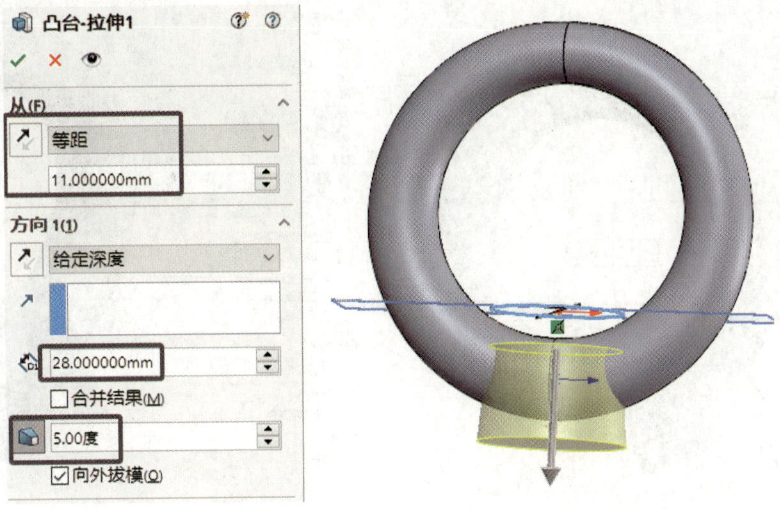

（a） （b）

图 2-168 拉伸凸台

（9）单击菜单栏的“插入”→“特征”→“圆顶”命令，系统弹出如图 2-169 所示的圆顶创建对话框，单击图 2-168（b）中的拉伸特征顶面，圆顶高度为 3 mm，单击✓完成圆顶创建。

（10）单击菜单栏的“插入”→“特征”→“组合”命令，系统弹出如图 2-170（a）所示的特征组合对话框，选中工作窗口的两个实体，其他按默认设置，单击“确定”按钮✓，完成特征组合，效果如图 2-170（b）所示。

（11）单击特征工具栏的“圆角”命令按钮圆角，如图 2-171（a）所示，选择 2 条边线，勾选“切线延伸”“完整预览”选项，圆角半径为 8 mm，单击“确定”按钮✓，完成边线倒圆角，效果如图 2-171（b）所示。

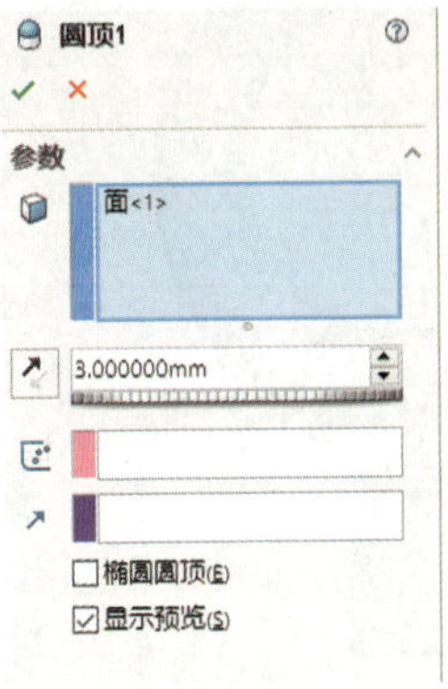

图 2-169 创建圆顶

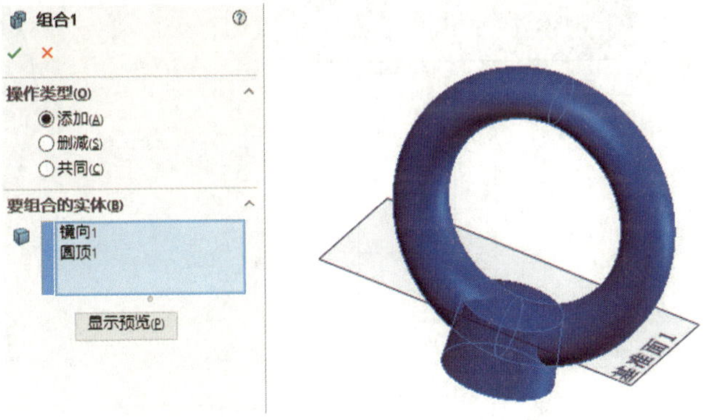

（a） （b）

图 2-170 组合特征

（12）再次单击特征工具栏的“圆角”命令按钮圆角，如图 2-172（a）所示，选择 2 个曲面，勾选“切线延伸”“完整预览”选项，圆角半径为 2 mm，单击“确定”按钮✓，完成曲面倒圆角，效果如图 2-172（b）所示。

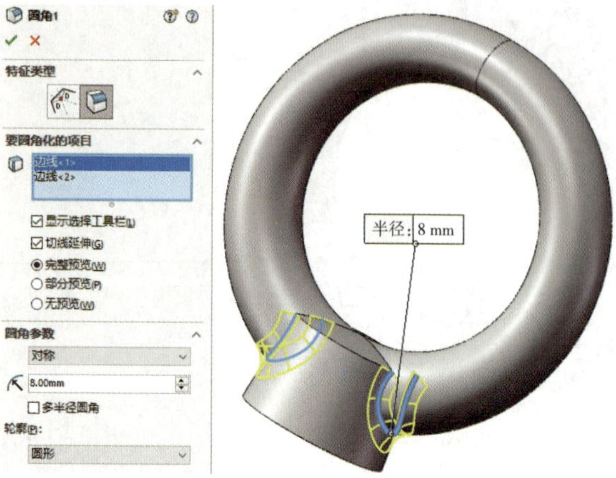

（a）　　（b）

图 2–171　过渡边线圆角

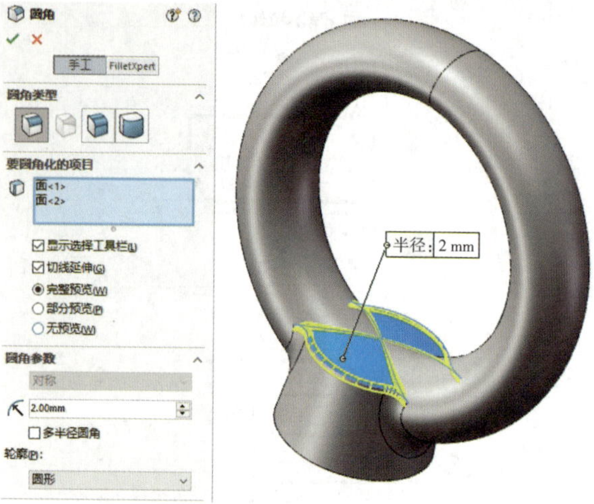

（a）　　（b）

图 2–172　曲面倒圆角

（13）选择上视基准面，在弹出的快捷菜单中选择“草图绘制”按钮，以原点为圆心，绘制一个如图 2–173 所示的截面轮廓，绘制完成后单击“退出草图”按钮，退出草图环境。

（14）单击特征工具栏的“旋转凸台 / 基体”按钮，系统弹出“旋转”对话框，选择图 2–173 所绘制的草图实体作为旋转截面，创建旋转凸台如图 2–174 所示。

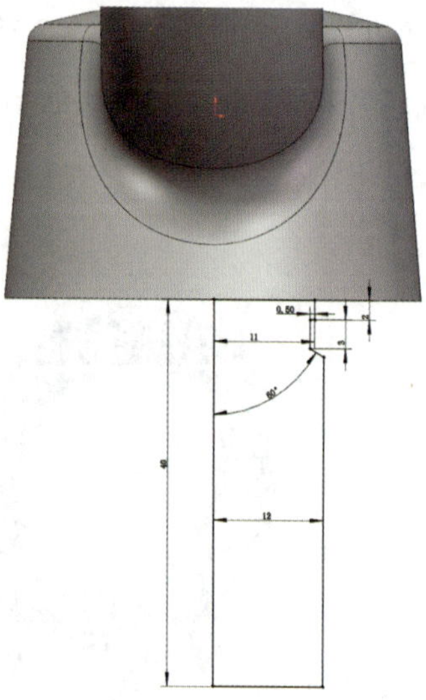

图 2–173　旋转截面

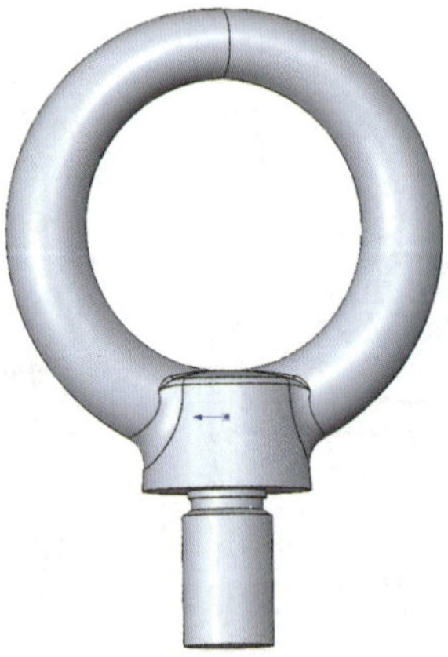

图 2–174　创建旋转凸台

（15）单击特征工具栏的“倒角”特征按钮，弹出如图 2–175（a）所示的对话框，选择图中所示的边线，设置倒角参数：边长为 1.5 mm，角度为 60 度，单击“确定”按钮，完成倒角特征，如图 2–175（b）。

（16）选择图 2–176 所示的底面，在弹出的快捷菜单中选择“草图绘制”按钮，单击草图工具栏的“转换实体引用”按钮，在窗口区单击圆柱外圆，绘制如图 2–177 所示的草图截面，绘制完成后单击“退出草图”按钮，退出草图环境。

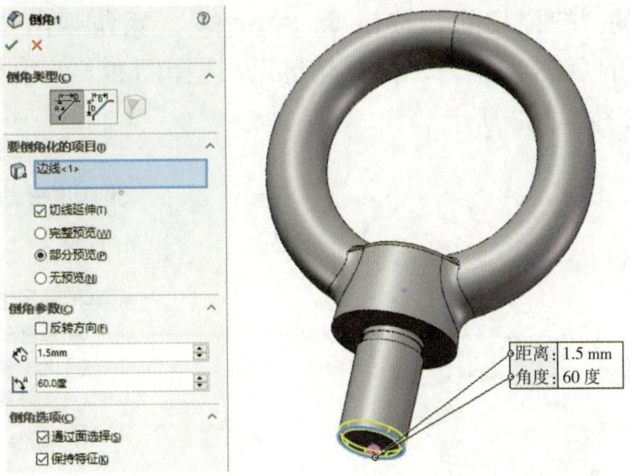

（a）　　　　（b）

图 2-175　倒角

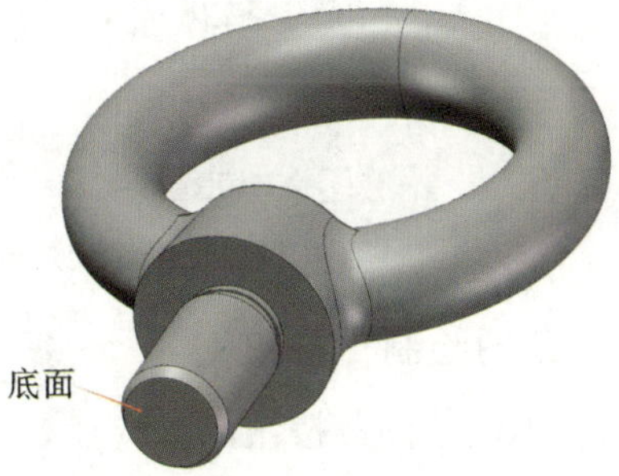

图 2-176　草图平面

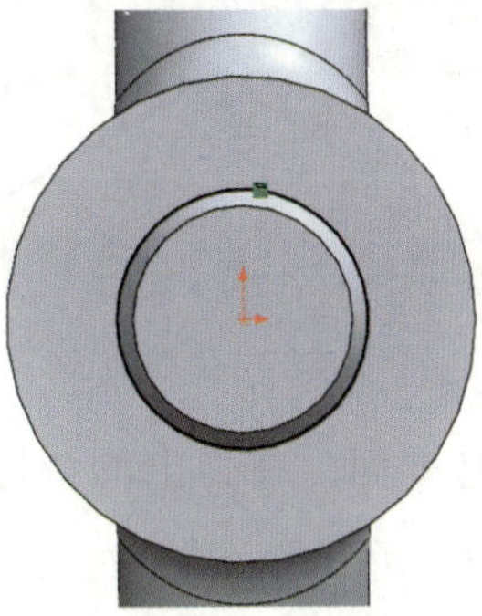

图 2-177　转换实体引用

（17）单击特征工具栏的“螺旋线 / 涡状线”按钮，如图 2-178 所示，设置螺旋线参数，设置定义方式为高度和螺距，高度值为 180 mm，螺距为 4 mm，起始角度为 0 度，注意控制螺旋线生成方向，可以勾选“反向”复选框切换其方向，单击✓按钮完成螺旋线创建，如图 2-179 所示。

（18）选择上视基准面，在弹出的快捷菜单中选择“草图绘制”按钮，绘制如图 2-180 所示的草图截面，绘制完成后单击“退出草图”按钮，退出草图环境。

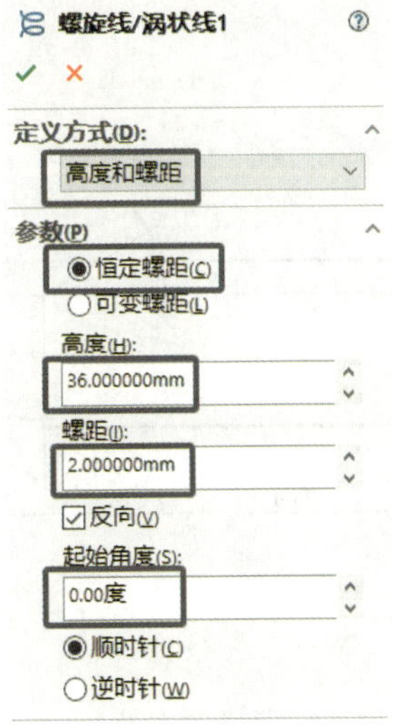

图 2-178　螺旋线参数设置

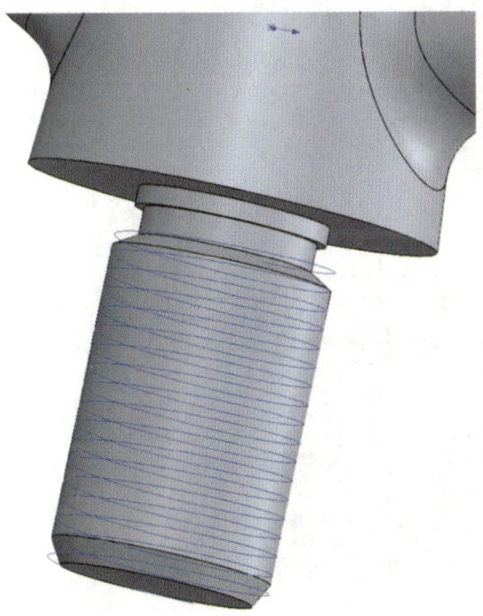

图 2-179　创建螺旋线

（19）单击特征工具栏的“扫描切除”按钮 扫描切除 ，系统弹出“切除 - 扫描 1”对话框（图 2-181），选择图 2-180 所示的草图实体为“扫描轮廓”，选择图 2-179 中创建的螺旋线作为“扫描路径”，创建扫描切除特征，如图 2-182 所示。

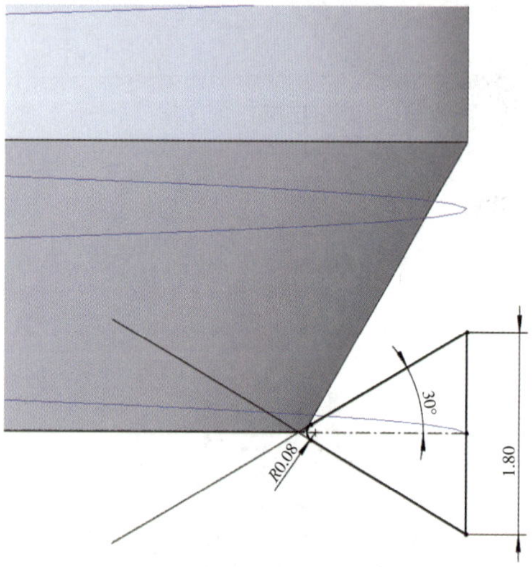

图 2-180　草图截面

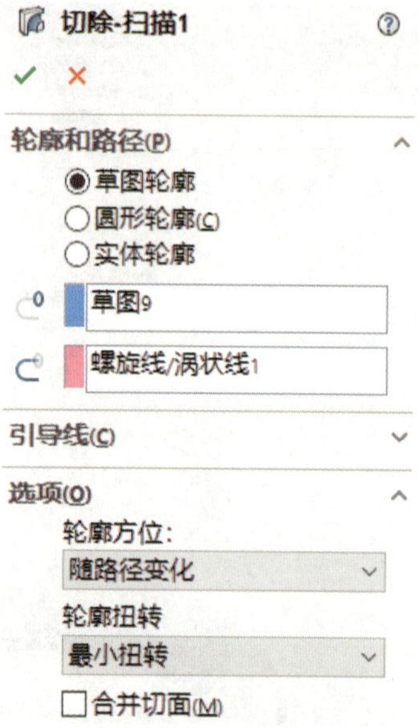

图 2-181　扫描切除对话框

（20）选择上视基准面，在弹出的快捷菜单中选择“草图绘制”按钮 ，绘制如图 2-183 所示的草图轮廓，绘制完成后单击“退出草图”按钮 ，退出草图环境。

（21）单击特征工具栏的“旋转切除”按钮 旋转切除，系统弹出“切除 - 旋转 1”对话框，如图 2-184 所示，选择图 2-183 中所绘制的草图轮廓，创建旋转切除特征，如图 2-185 所示。

（22）单击特征工具栏的“圆角”命令按钮 圆角，选择图 2-186 中边线，设置圆角半径为 3 mm。同样的方法对图 2-187 中所示的 2 条边线倒圆角，半径为 1.5 mm。完成后的模型如图 2-188 所示。

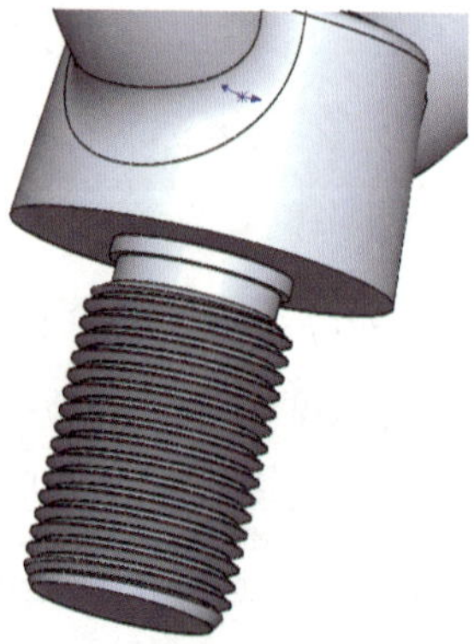

图 2-182　扫描切除创建螺纹

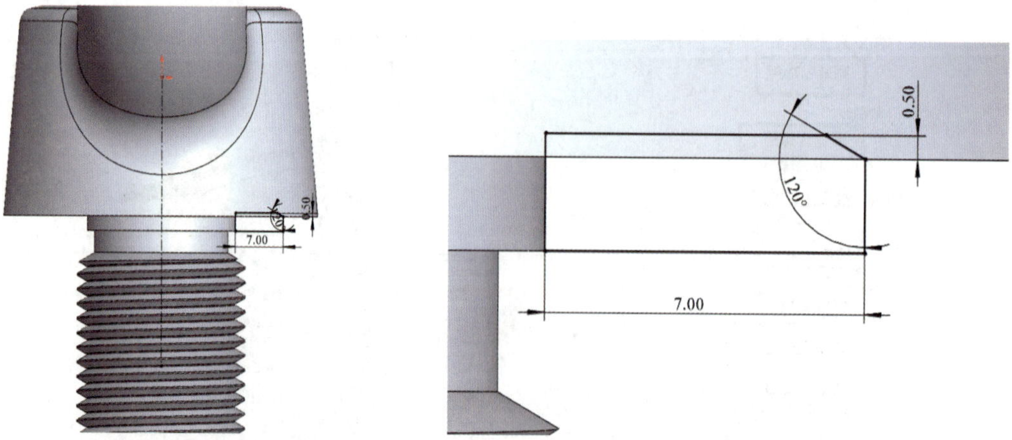

（a）草图轮廓位置　　（b）草图轮廓放大图

图 2-183　草图轮廓

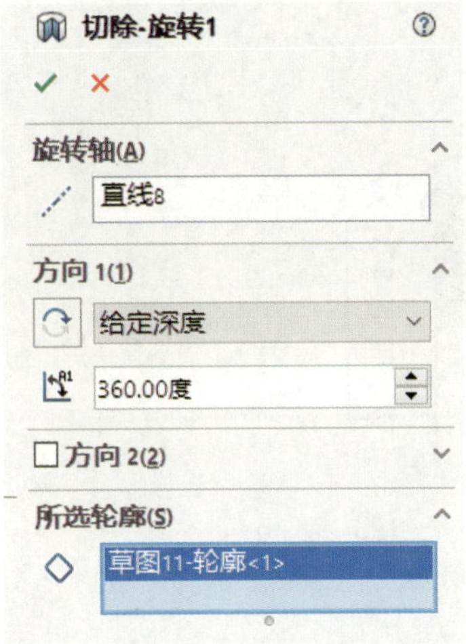

图 2–184　“切除 – 旋转 1”对话框

图 2–185　旋转切除特征

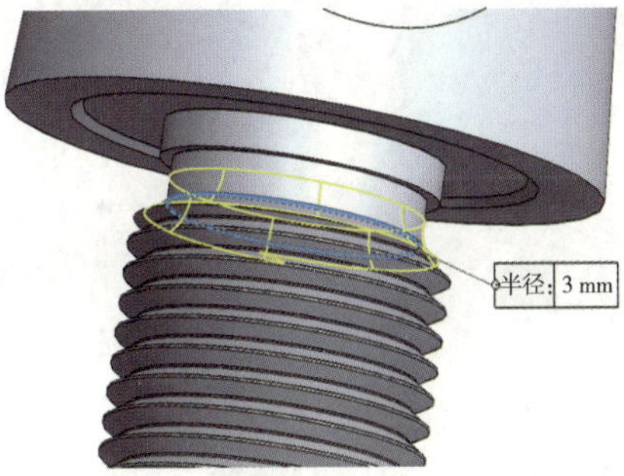

图 2–186　倒圆角（R=3 mm）

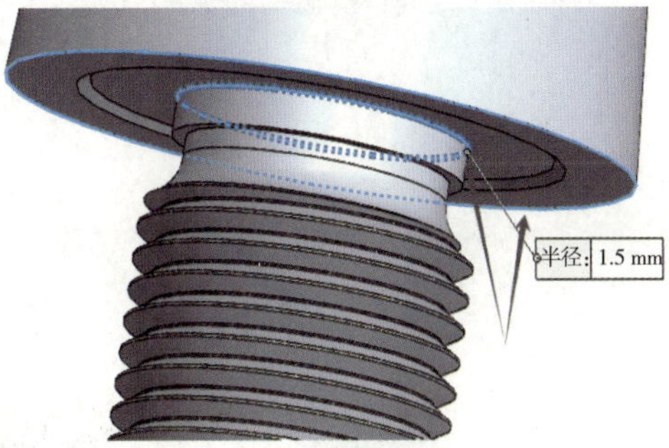

图 2–187　倒圆角（R=1.5 mm）

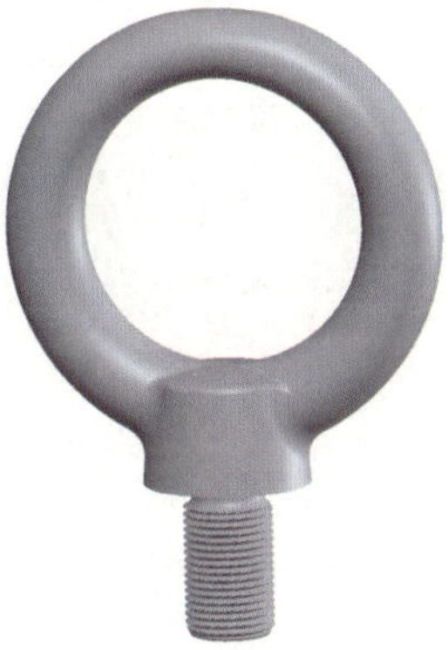

图 2–188　吊环建模结果

5. 任务总结

本任务中初次学习了放样特征的使用，放样特征使用过程注意以下几点：

（1）单击“特征”工具栏上的“放样凸台 / 基体”按钮 即可进入放样特征创建。

（2）如图 2–189 所示的放样截面中，在每个轮廓的同一位置附近（如右上侧）单击，这样放样路径以直线行驶而不会弯曲。按照用户希望连接草图的次序来选择草图，可通过预览功能显示轮廓会如何连接，系统会连接离用户单击最近的点或顶点。

（3）检查轮廓如何连接的预览。如果草图连接次序错误，用户可以在属性管理器中使用轮廓下的上移或下移按钮来重新安排次序。如果预览显示将连接错误的点，请用右键单击图形区域，选择清除选择，然后重新选择轮廓。

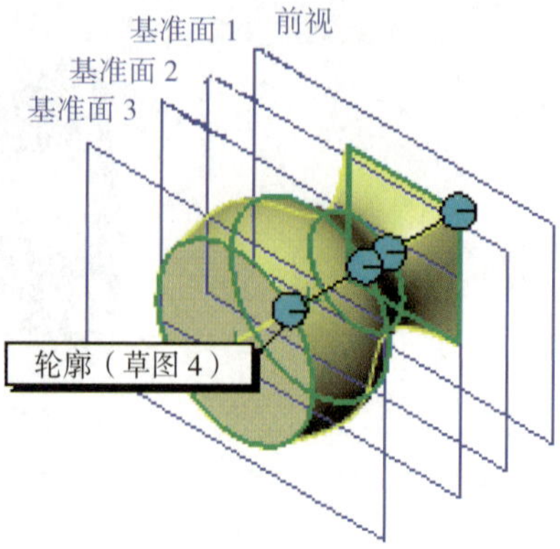

图 2-189　放样截面演示

6. 任务拓展

在 SolidWorks 中绘制如图 2-190 的零件。

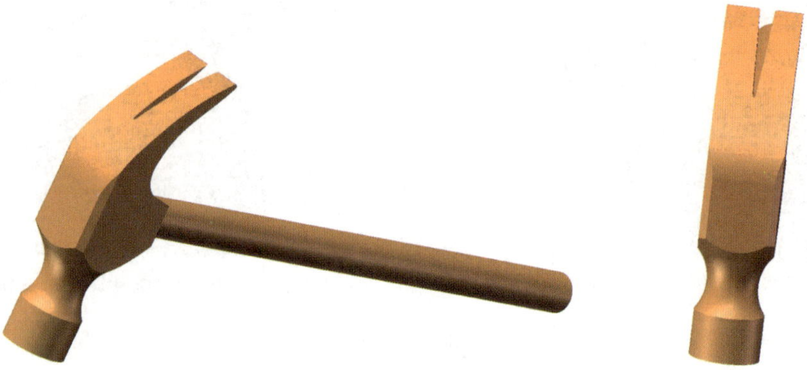

图 2-190　项目二任务九拓展练习

项目三

曲线与曲面设计

任务一　花瓶设计

导学视频

1. 目标知识点

（1）熟悉创建曲面特征的步骤。

（2）掌握旋转、拉伸、边界等方法创建曲面的一般步骤。

（4）熟悉曲面编辑工具的使用。

（5）掌握曲面转化为实体的方法。

2. 任务介绍

完成图 3–1 所示的 3D 零件图。

图 3–1　花瓶

3. 任务分析

（1）用旋转曲面得到花瓶内部曲面。

（2）花瓶底面倒圆角。

（3）等距曲面得到花瓶外部曲面。

（4）缝合曲面实体化。

4. 任务实施

（1）单击“新建”按钮，弹出“新建 SolidWorks 文件”对话框，双击“零件”按钮进入零件创建模块。

（2）在左侧设计树中选择前视基准面，在弹出的快捷菜单中选择“草图绘制”按钮，单击草图工具栏的中心线按钮绘制一条中心线，然后绘制样条曲线，绘制如图 3–2 所示的轮廓线。绘制完成后单击“退出草图”按钮，退出草图环境。

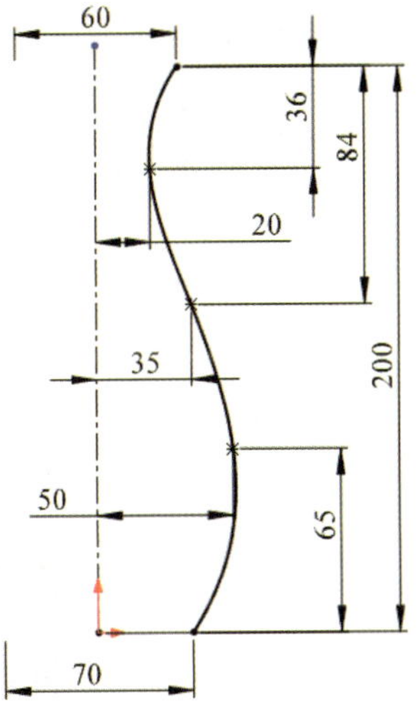

图 3–2　绘制样条曲线

（3）在“命令按栏”下方空白处单击鼠标右键，在弹出的快捷菜单中选择“工具栏”，并在随后的子菜单中勾选“曲面”，使“曲面”按钮 曲面(E) 处于按下状态，如图 3–3，此时软件窗口右侧会出现“曲面”工具条，如图 3–4 所示。

（4）在设计树中单击选中上一步绘制的草图，在设计树单击曲面工具栏的“旋转曲面”按钮，设置旋转深度为 360 度，得到旋转曲面如图 3–6 所示。

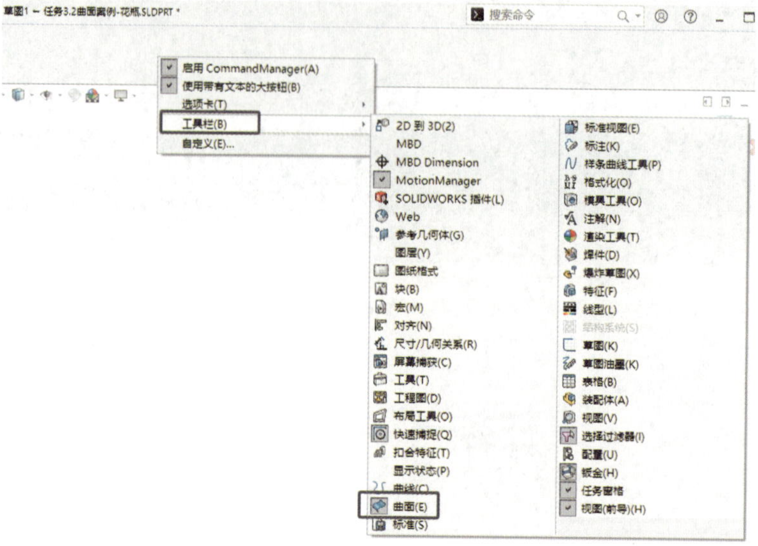

图 3-3　设置“曲面”工具

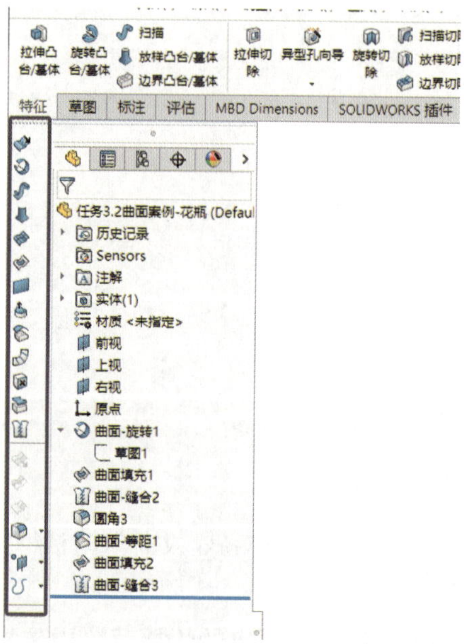

图 3-4　“曲面”工具栏

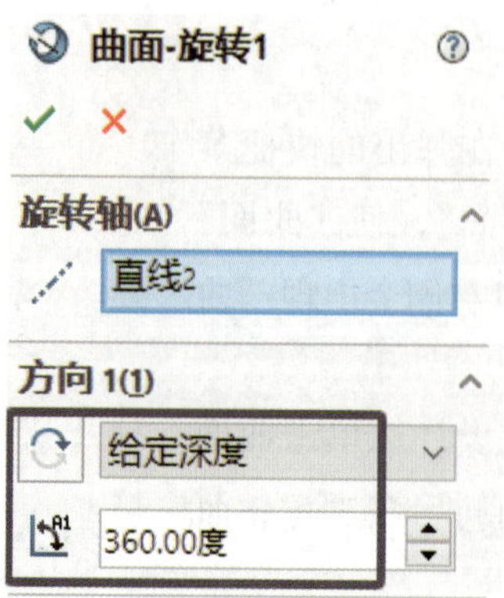

图 3-5　“曲面 – 旋转”属性管理器

图 3-6　旋转曲面后的效果

（5）单击曲面工具栏中的“填充曲面”按钮，在窗口区选择图 3-6 中旋转曲面的底部边线，如图 3-7 所示。

单击“曲面填充 1”对话框中的“确定”按钮✓，确认底部曲面创建结果，曲面底部边线生成一个曲面，如图 3-8 所示。

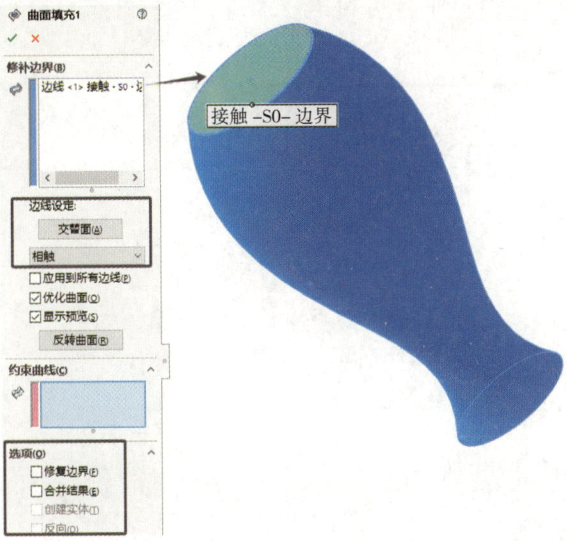

图 3-7　“曲面填充 1”属性管理器

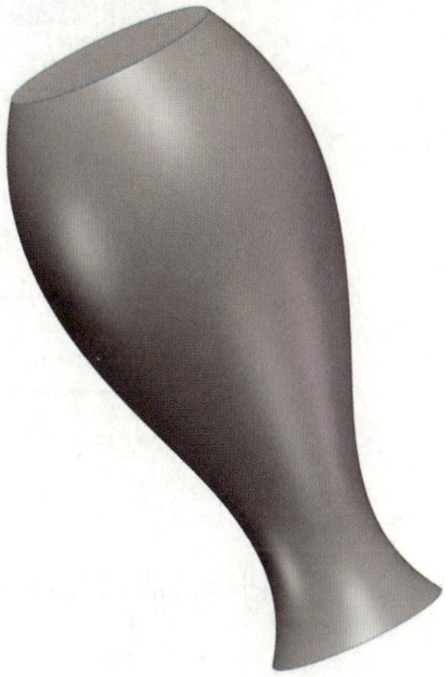

图 3-8　底部曲面效果

（6）单击曲面工具栏中的“缝合曲面”按钮，系统弹出“曲面 – 缝合 2”对话框，在窗口区选择前面创建的旋转曲面、填充曲面，再单击“曲面 – 缝合 2”对话框中的“确定”按钮✓，将 2 个曲面缝合在一起，如图 3-9 所示。

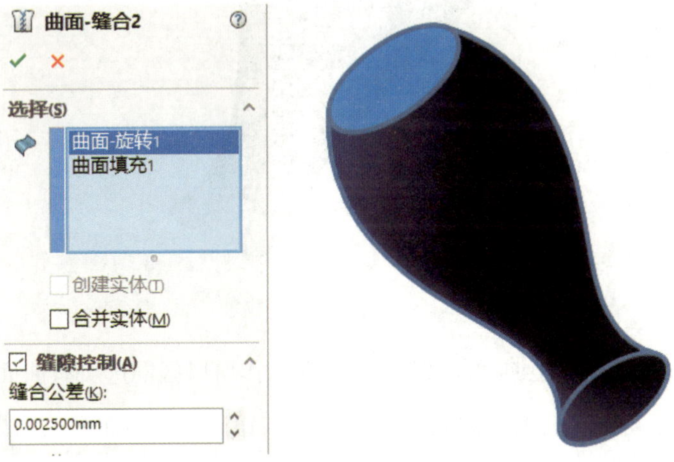

（a）　（b）

图 3-9　“曲面 – 缝合 2”属性管理器与操作过程

（7）单击曲面工具栏中的“圆角”按钮，系统弹出“圆角 3”对话框，依次选择前面创建的填充曲面作为“面 <1>”、旋转曲面作为“面 <2>”，单击“反向”按钮，切换圆角的方向均为“向内”，如图 3-10 所示，勾选“切线延伸”和“完整预览”选项，设置圆角半径为 16 mm，可以预览圆角曲面结果。

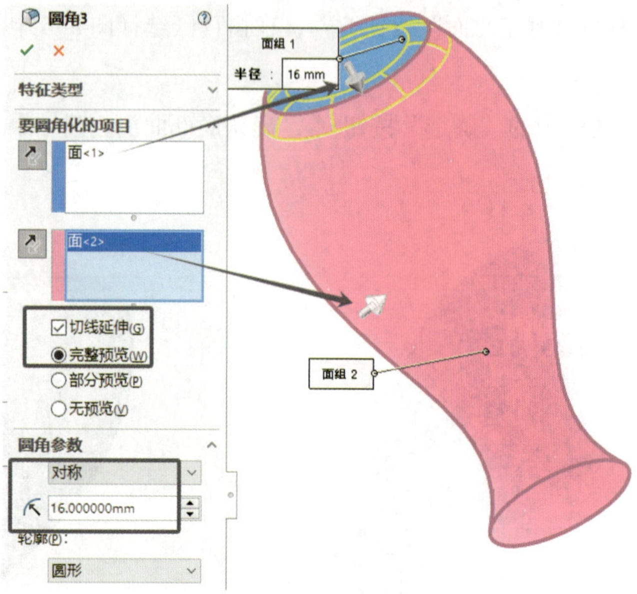

图 3-10　圆角曲面

（8）单击✓按钮确认曲面圆角创建结果，如图 3-11 所示。

图 3-11　曲面圆角效果

（9）单击曲面工具栏中的“等距曲面”按钮，在工作窗口区框选所有曲面，设置偏距值为 3 mm，设置偏移方向为“向外”，得到花瓶的外侧曲面。单击✓按钮确认等距曲面的结果。

（10）单击曲面工具栏中的“延伸曲面”按钮，单击图 3-12 中等距得到的曲面边线，设置“终止条件”为“距离”，延伸长度为 8 mm，延伸类型为“同一曲面”。单击✓按钮确认曲面延伸结果，如图 3-13。

（11）在左侧设计树中选择右视基准面，在弹出的快捷菜单中选择“草图绘制”按钮，为方便捕捉，可以设置模型为“线框显示”，绘制一条直线，绘制完成后单击“退出草图”按钮，退出草图环境。

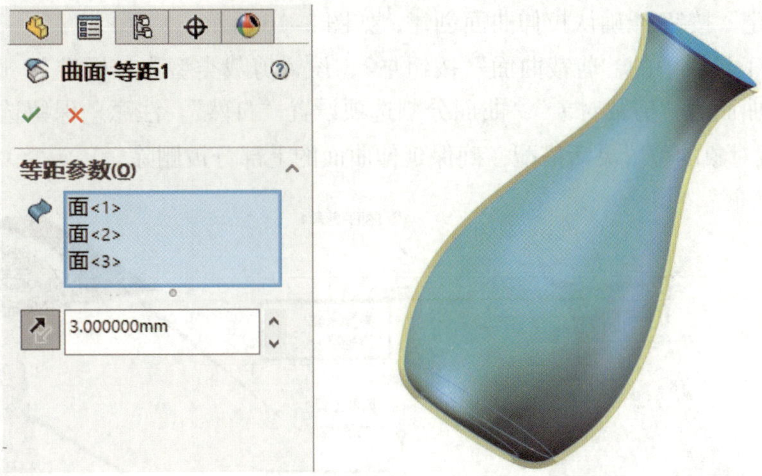

（a）　　（b）

图 3-12　等距曲面

（12）单击曲面工具栏中的“拉伸曲面”按钮，然后在工作窗口区选择图 3-14 所示的直线，设置拉伸方式为“两侧对称”，拉伸深度为 90 mm，可以预览曲面生成效果，如图 3-15 所示。

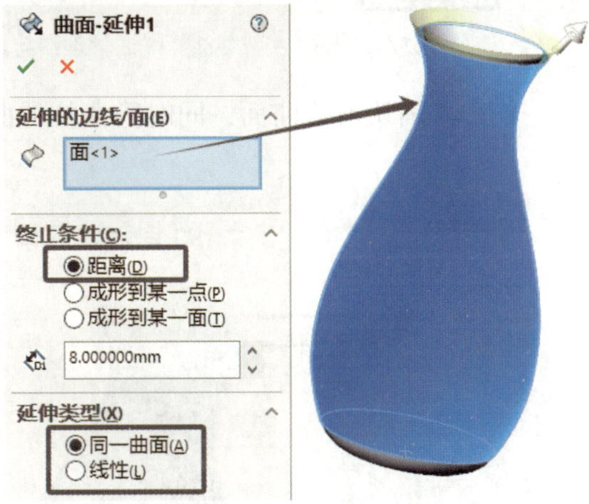

图 3-13　延伸曲面

图 3-14　绘制直线

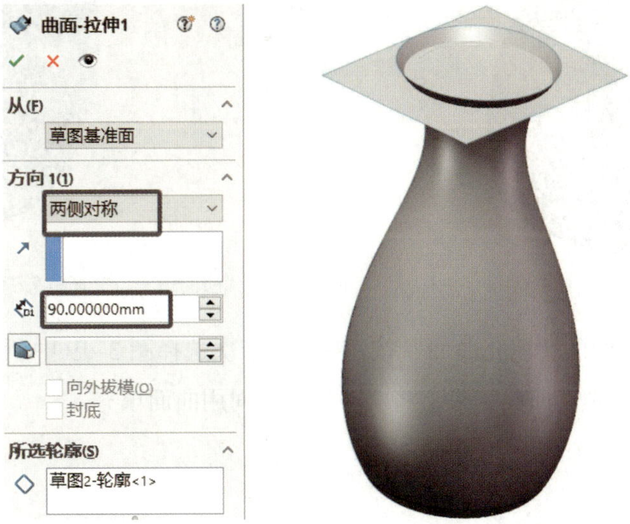

图 3-15　“曲面 – 拉伸 1”属性管理器与操作过程

（13）单击“确定”按钮✔确认拉伸曲面创建，如图 3-16 所示。

（14）单击曲面工具栏中的“剪裁曲面”按钮，设置剪裁类型为“标准”，选择拉伸曲面为“剪裁工具”，选择延伸曲面为“剪裁对象”，曲面分割选项设置“自然”。注意“保留选择”和“移除选择”选项应与选择的剪裁对象的位置灵活搭配，确保延伸曲面的上部分被删除。

图 3-16　拉伸曲面效果

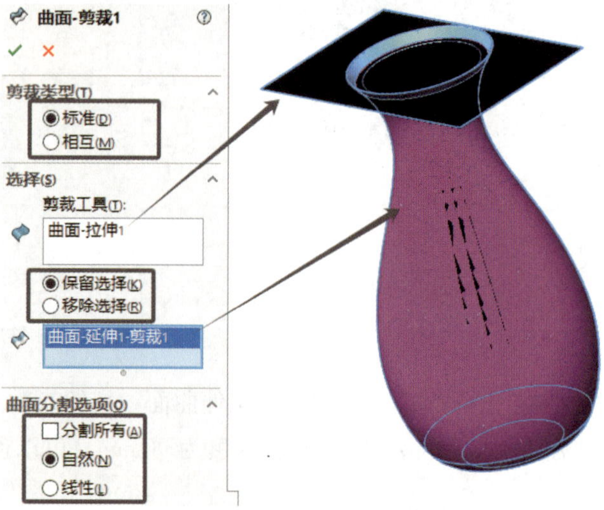

图 3-17　“曲面 – 剪裁 1”属性管理器与操作过程

（15）确认剪裁结果无误后，单击“确定”按钮✔确认剪裁曲面，同时隐藏拉伸曲面特征，如图 3-18 所示。

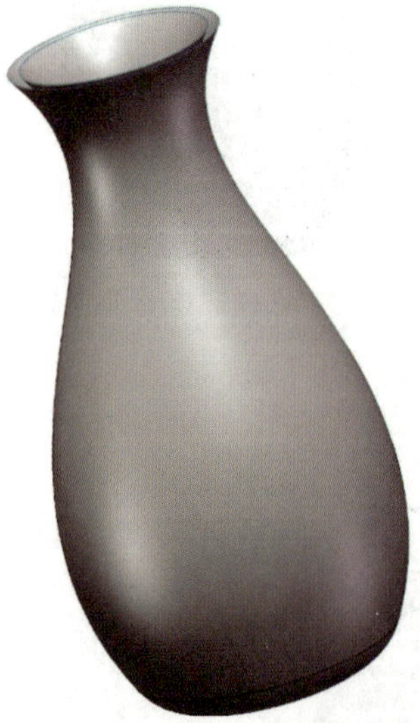

图 3-18　剪裁曲面效果

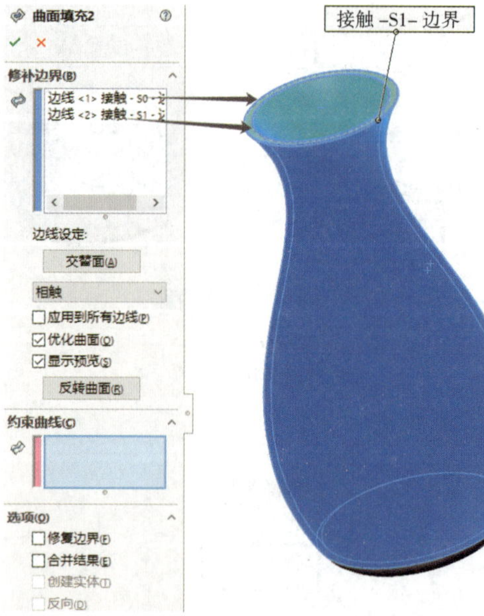

图 3-19　“曲面填充 2”属性管理器与操作过程

（16）单击曲面工具栏中的“填充曲面”按钮，依次选择图 3-19 中所示的 2 条边线，其他参数按默认设置不变，系统生成填充曲面结果，将 2 条边线之间用曲面填充。

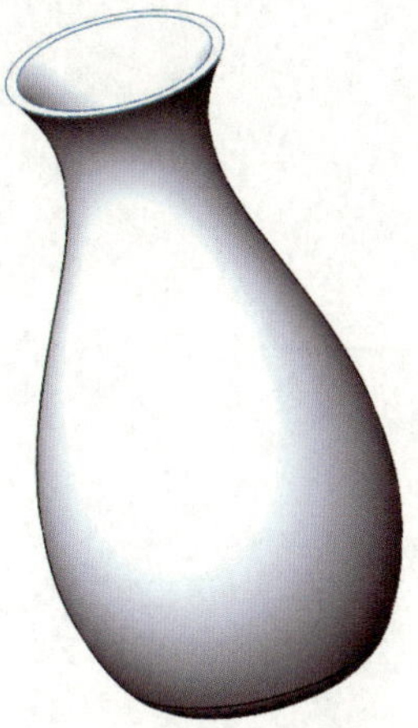

图 3-20　填充曲面效果

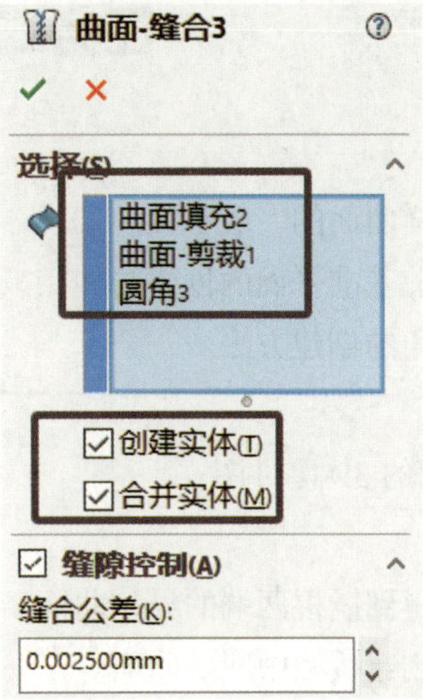

图 3-21 “曲面 – 缝合 3”属性管理器

（17）单击曲面工具栏中的“缝合曲面”按钮，系统弹出如图 3-21 所示的“曲面 – 缝合 3”对话框，在窗口区选择前面创建的填充曲面、裁剪曲面、圆角曲面，勾选“创建实体”和“合并实体”复选框，单击“曲面 – 缝合 3”对话框中的✔按钮，将前面创建的几个曲面（除拉伸曲面以外）缝合在一起并生成实体特征。

5. 任务总结

（1）拉伸曲面和旋转曲面的草图截面线允许是开放的轮廓。

（2）曲面建模的一般步骤如下：先创建出主体曲面，再在主体曲面的基础上做裁剪和填补，最后再将主体曲面和各填补曲面缝合。

（3）建议初学者从简单的曲面开始学习，以简单曲面为基础培养曲面设计的思路。

6. 任务拓展

完成如图 3-22 所示的模型。

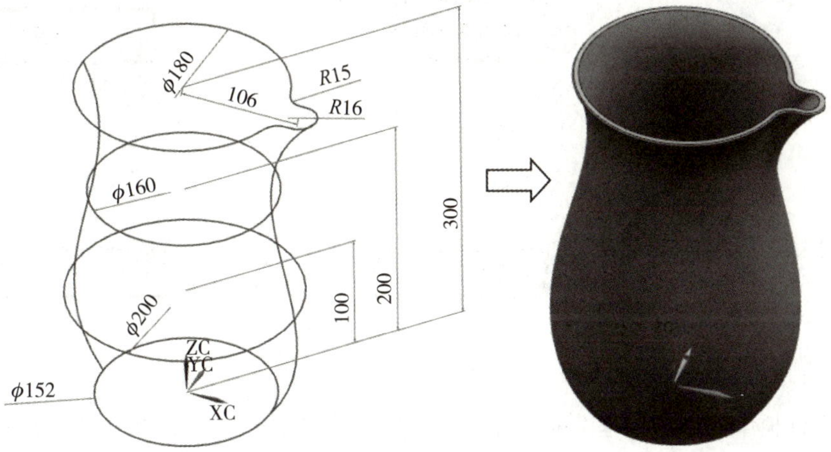

图 3-22　项目三任务一拓展练习

任务二　撬棍设计

导学视频

1. 目标知识点

（1）熟悉创建放样曲面的一般步骤。

（2）掌握基准轴、基准平面的创建与使用。

（3）熟悉曲面圆角的创建方法。

2. 任务介绍

完成图 3–23 所示的 3D 零件图。

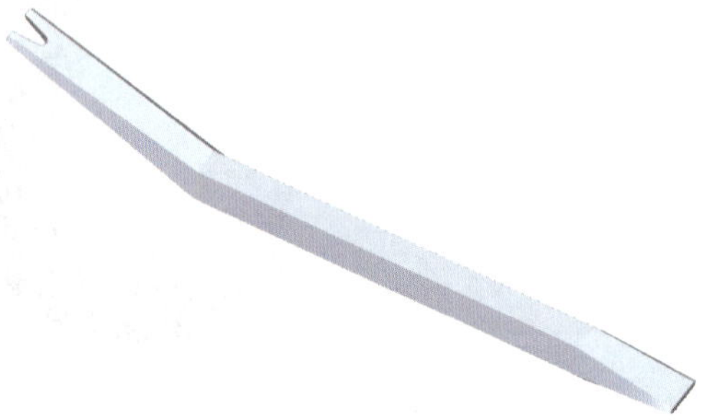

图 3–23　撬棍

3. 任务分析

（1）用放样曲面得到撬棍两端的异型曲面。

（2）用拉伸曲面创建撬棍中间的曲面。

（3）缝合曲面并实体化。

（4）对实体进行局部编辑修改。

4. 任务实施

（1）单击“新建”按钮，弹出“新建 SolidWorks 文件”对话框，双击“零件”按钮进入零件创建模块。

（2）单击特征工具栏的“基准面”按钮 基准面，选择前视基准面作为第一参考，并设置偏移距离为 100 mm，如图 3–24（a）所示，得到参考基准面 1。用同样的方法创建基准面 2、基准面 3，如图 3–24（b）（c）所示。创建的 3 个基准面如图 3–25 所示。

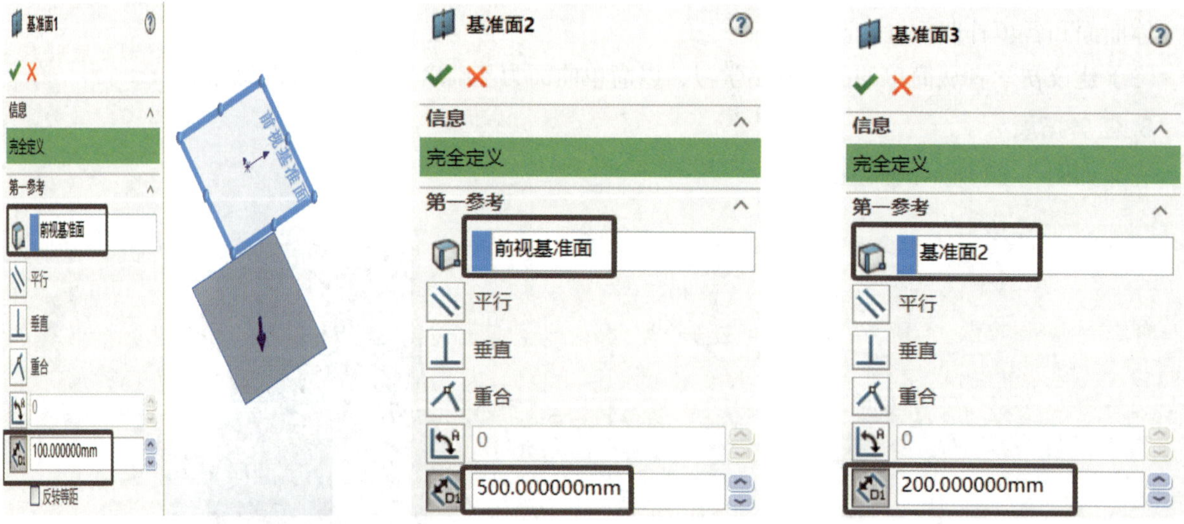

（a）　（b）　（c）

图 3–24　创建参考基准面

（3）在左侧设计树中选择前视基准面，在弹出的快捷菜单中选择“草图绘制”按钮，绘制如图 3–26 所示的草图轮廓线，绘制完成后单击“退出草图”按钮，退出草图环境，完成草图 1 的绘制。

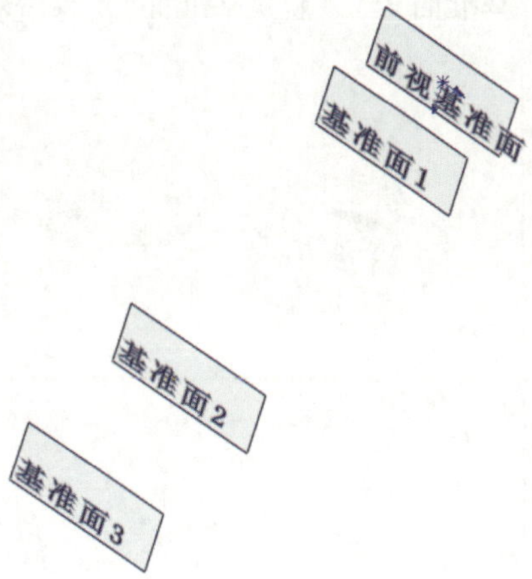

图 3–25　基准面效果

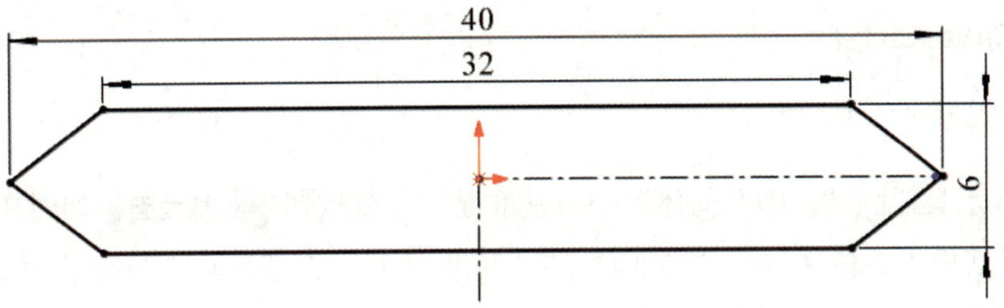

图 3–26　绘制草图 1

（4）在左侧设计树中选择基准面 1，在弹出的快捷菜单中选择“草图绘制”按钮，绘制一个以原点为中心、边长为 25 mm 的正六边形，如图 3–27 所示。绘制完成后单击“退出草图”按钮，退出草图环境，完成草图 2 的绘制。

（5）在左侧设计树中选择基准面 2，在弹出的快捷菜单中选择“草图绘制”按钮，用“转换实体引用”命令绘制一个与图 3–27 中一样大小的正六边形，如图 3–28 所示，绘制完成后单击“退出草图”按钮，退出草图环境，完成草图 3 的绘制。

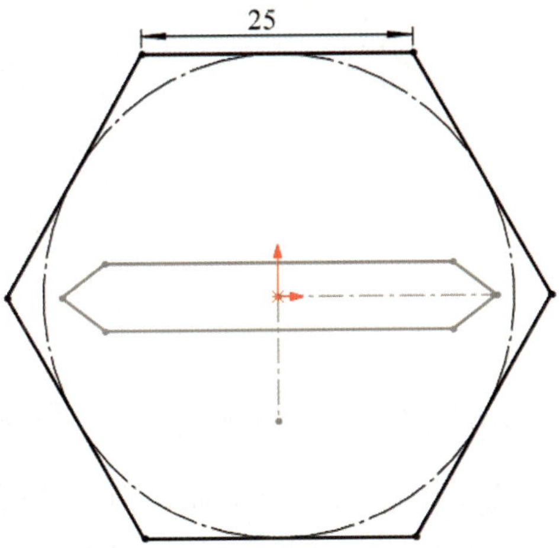

图 3–27　绘制草图 2

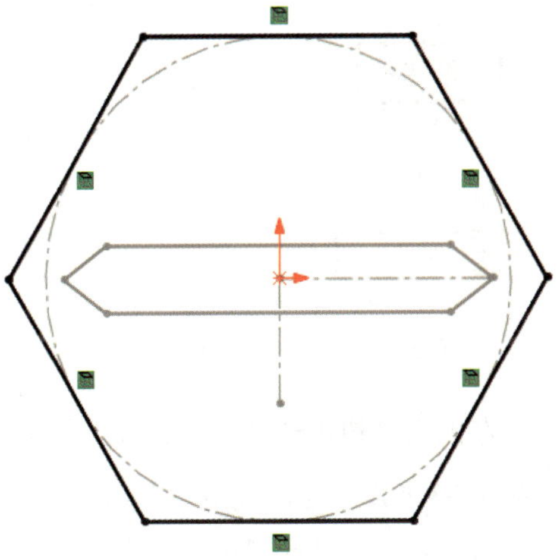

图 3–28　绘制草图 3

（6）单击特征工具栏的“参考几何体”→“基准轴”按钮 **基准轴**，如图 3–29 所示，在弹出的

“基准轴 1”对话框中，依次选择“基准面 3”“上视基准面”，系统将创建一条基准轴，如图 3–30 所示。

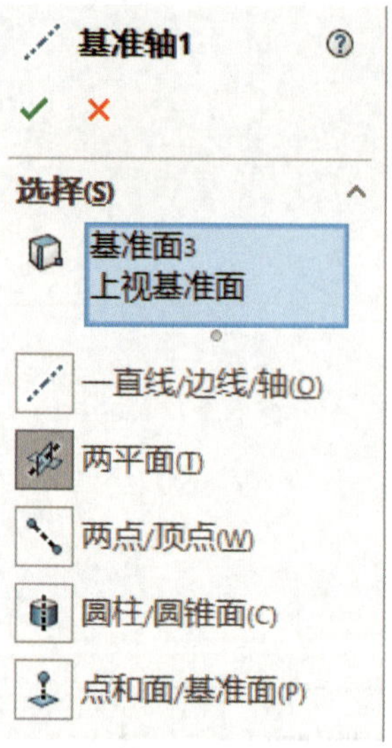

图 3–29 “基准轴 1”属性管理器

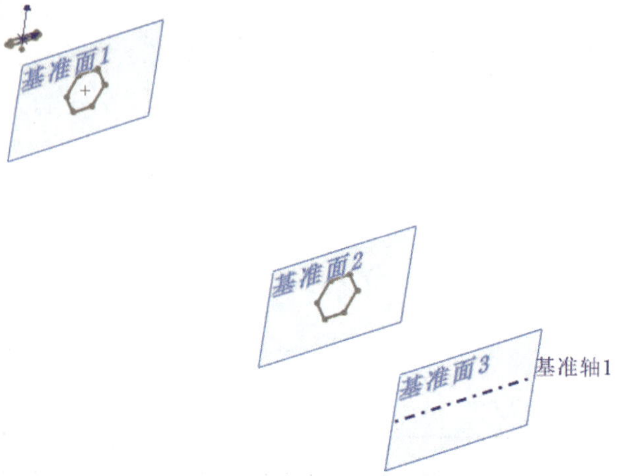

图 3–30 创建基准轴

（7）单击特征工具栏的“参考几何体”→“基准面”命令按钮 **基准面**，如图 3–31 所示，在弹出的“基准面 4”对话框中，依次选择“基准轴 1”“基准面 3”，将基准轴 1 与基准面 3 的夹角设置为 10 度，系统将创建一个基准面 4，如图 3–32 所示。

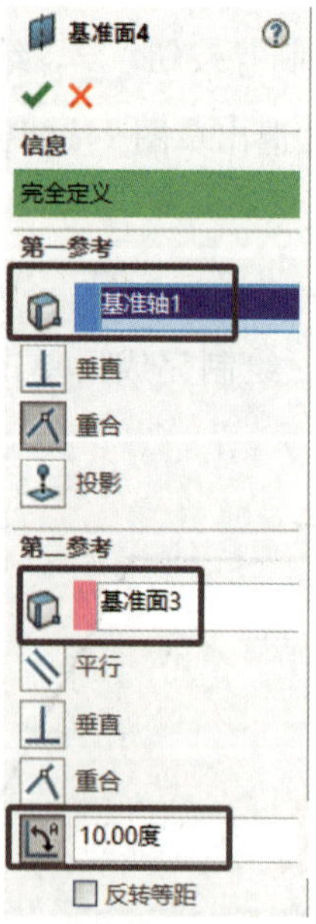

图 3–31 “基准面 4”属性管理器

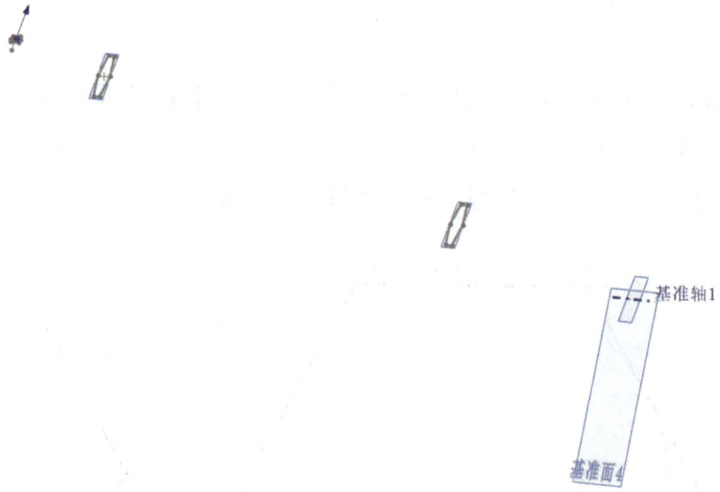

图 3–32 创建基准面 4

（8）在左侧设计树中选择基准面 4，在弹出的快捷菜单中选择“草图绘制”按钮，绘制一个六边形，如图 3–33 所示，绘制完成后单击“退出草图”按钮，退出草图环境，完成草图 4 的绘制。

（9）在窗口左侧的设计树中，依次选中“基准面 1”“基准面 2”“基准面 3”“基准面 4”“基准轴 1”，将其全部隐藏。

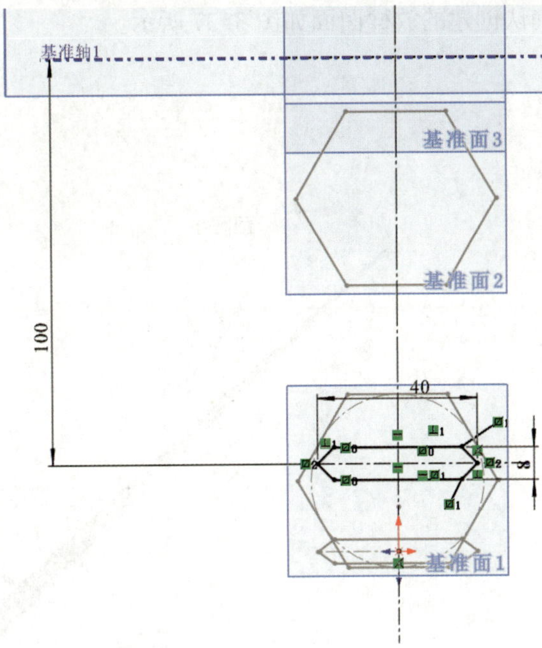

图 3-33　绘制草图 4

（10）单击曲面工具栏按钮的“放样”按钮，系统弹出的图 3-34 所示的“曲面 - 放样 1”对话框，在“轮廓”收集框中，依次选择“草图 1”“草图 2”作为轮廓线。注意，此处草图 1、草图 2 在选择的时候，轮廓线的起点应该方向一致，否则会出现放样曲面扭曲的情况。单击“曲面 - 放样”对话框中的“确定”按钮 ✔，确认创建的放样曲面，如图 3-35 所示。

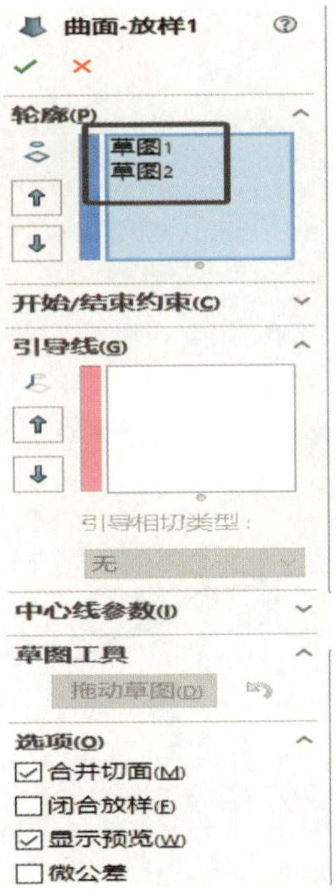

图 3-34　“曲面 - 放样 1”属性管理器

图 3-35　放样曲面效果

（11）再次单击曲面工具栏按钮的“放样”按钮，系统弹出的图 3-36 所示的“曲面 - 放样 2”对话框，在“轮廓”收集框中，依次选择“草图 3”“草图 4”作为轮廓线。同样需要注意，此处草图 3、草图 4 在选择的时候，轮廓线的起点应该方向一致，否则会出现放样曲面扭曲的情况。单击“曲面 - 放样 2”对话框中的“确定”按钮 ✓，确认创建的放样曲面如图 3–37 所示。

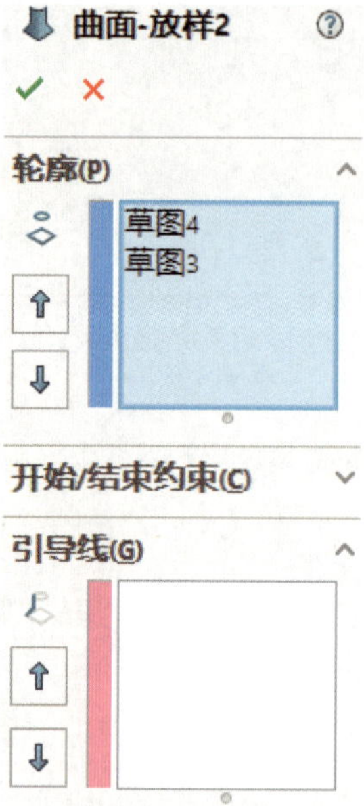

图 3–36 “曲面 – 放样 2”属性管理器

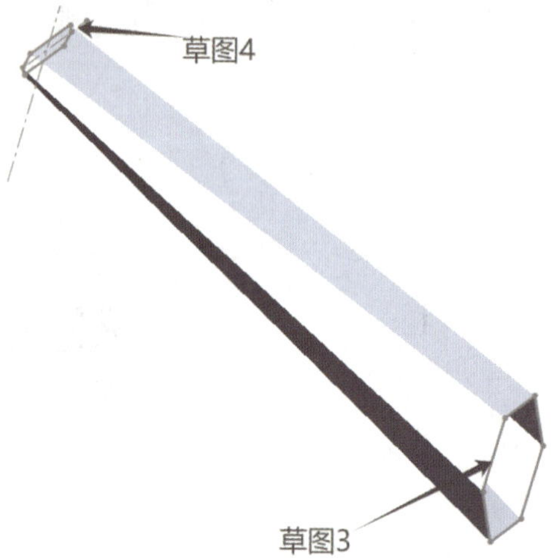

图 3–37 放样曲面效果

（12）在窗口左侧的设计树中，依次选中“草图 2”“草图 3”，将其显示。

（13）单击曲面工具栏中的“拉伸曲面”按钮，系统弹出“曲面 – 拉伸”对话框，在窗口区选择草图 3 作为轮廓线，设置拉伸方式为“成形到顶点”，并在窗口中选择“点 25@ 草图 2”，可以预览曲面生成效果，如图 3–38 所示。

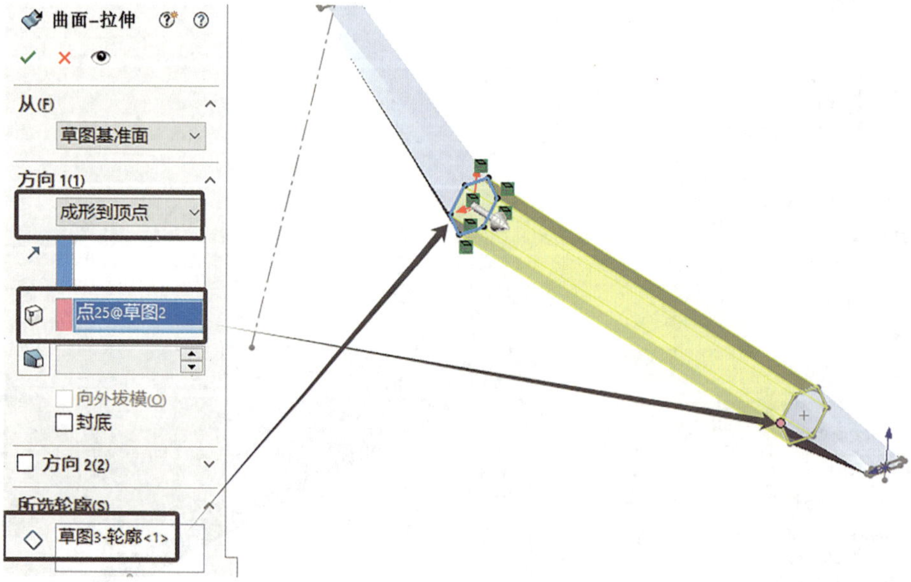

图 3–38 创建曲面效果

（14）隐藏所有的草图。单击曲面工具栏中的“缝合曲面”按钮，系统弹出“曲面 – 缝合 1”对话框，在窗口区选择“曲面 – 放样 2”“曲线 – 拉伸 1”，再单击“曲面 – 缝合 1”对话框中的“确定”按钮 ✓，将 2 个曲面缝合在一起，如图 3–39 所示。

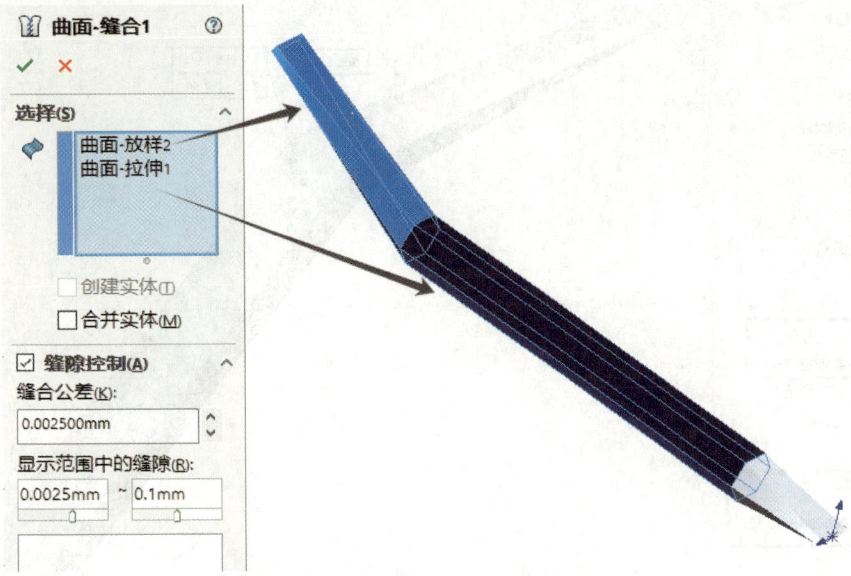

图 3-39　“曲面 – 缝合 1”属性管理器与设置过程

（15）单击曲面工具栏中的“圆角”按钮，系统弹出“圆角 1”对话框，依次选择前面创建的“拉伸曲面”的底面作为“面 1”、“放样曲面 2”的底面作为“面 2”，单击“反向”按钮，切换圆角的方向均为“向内”，如图 3-40 所示，勾选“切线延伸”“完整预览”选项，设置圆角半径为 50 mm，在放样曲面 2 与拉伸曲面之间过渡位置创建曲面圆角，可以预览圆角曲面结果。

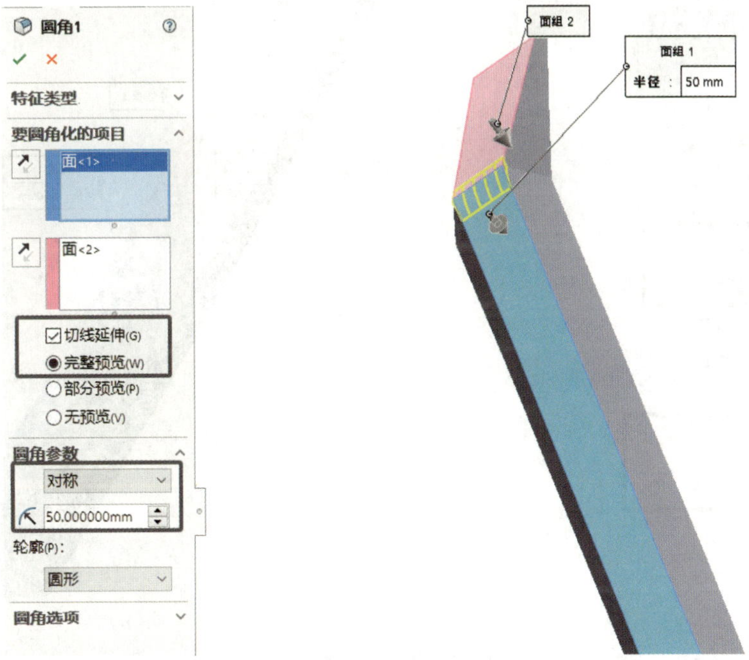

（a）　　　　（b）

图 3-40　创建圆角 1

（16）用同样的方法在放样曲面 2 与拉伸曲面之间的其他过渡位置（两侧）创建曲面圆角 2、圆角 3，分别如图 3-41、图 3-42 所示。

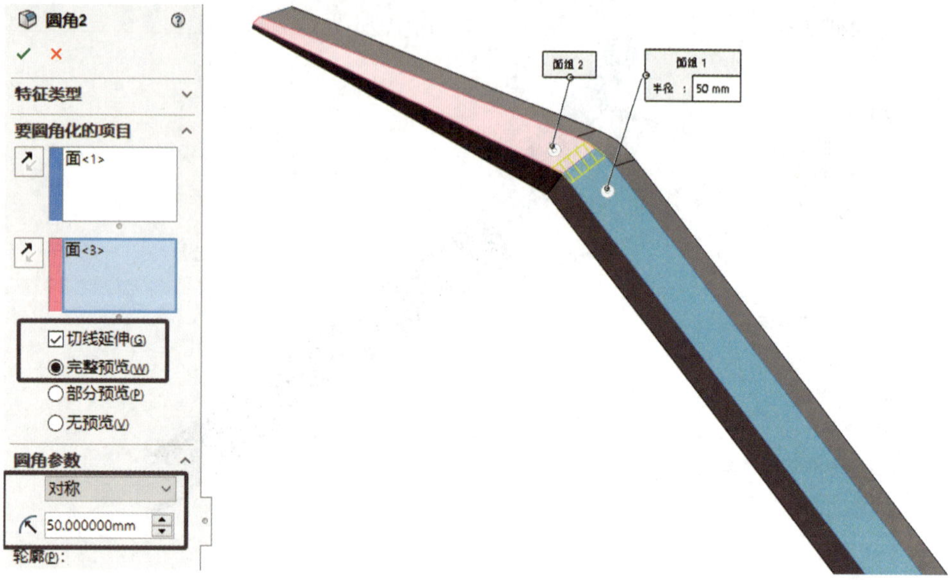

（a）　（b）

图 3–41　创建圆角 2

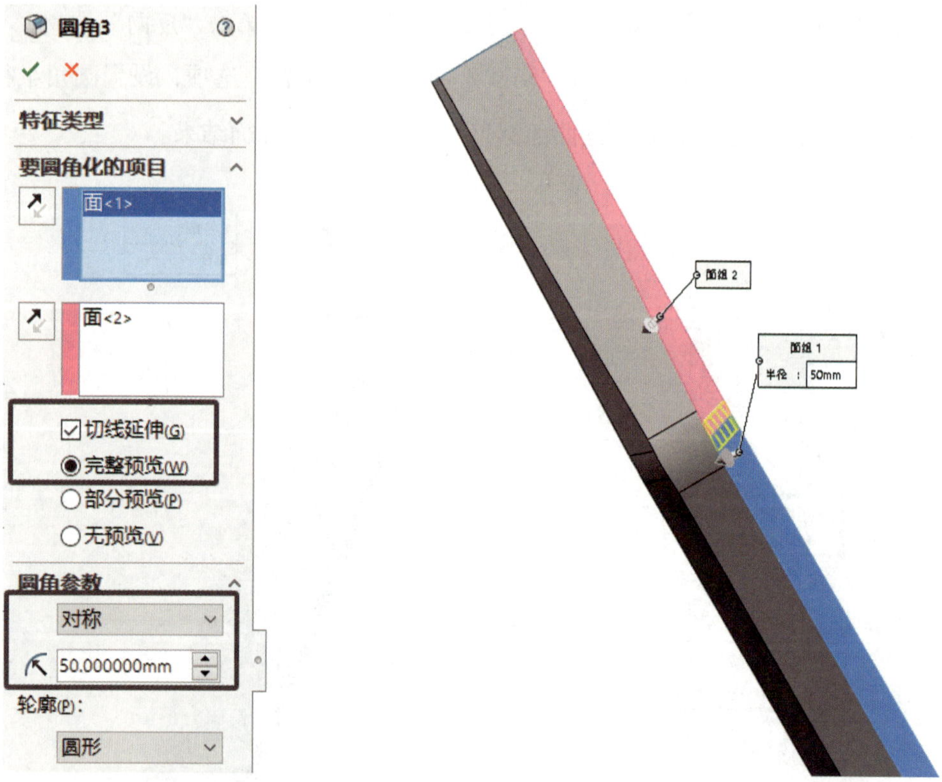

（a）　（b）

图 3–42　创建圆角 3

（17）单击曲面工具栏中的“平面”按钮，系统弹出“平面”对话框，依次选择放样曲面的 6 条边线，系统创建一个由 6 条边线封闭而成的平面，如图 3–43 所示。

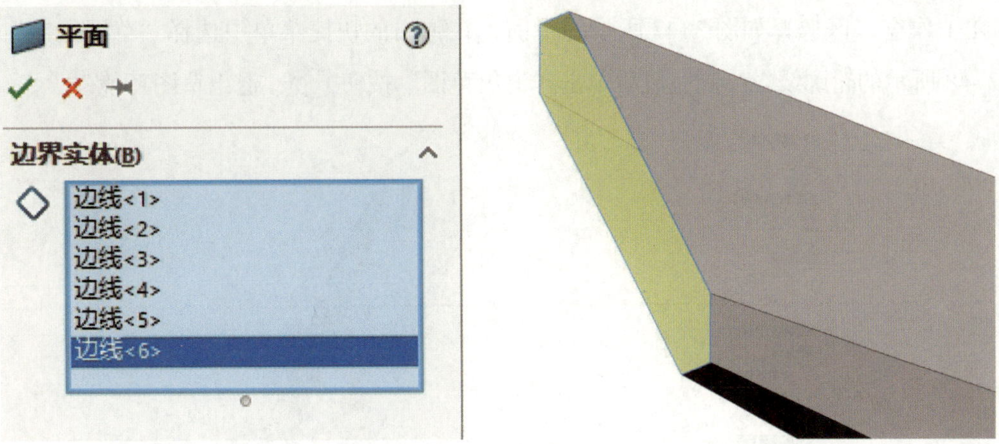

（a）　　　　（b）

图 3-43　创建封闭平面

用同样的方法在另一个放样曲面的端部创建一个封闭平面。

（18）单击曲面工具栏中的“缝合曲面”按钮，系统弹出如图 3-44 所示的“缝合曲面”对话框，在窗口区框选所有的曲面对象，勾选“创建实体”“合并实体”复选框，单击“曲面 - 缝合”对话框中的✓按钮，将前面创建的各个曲面缝合在一起，并生成实体特征。

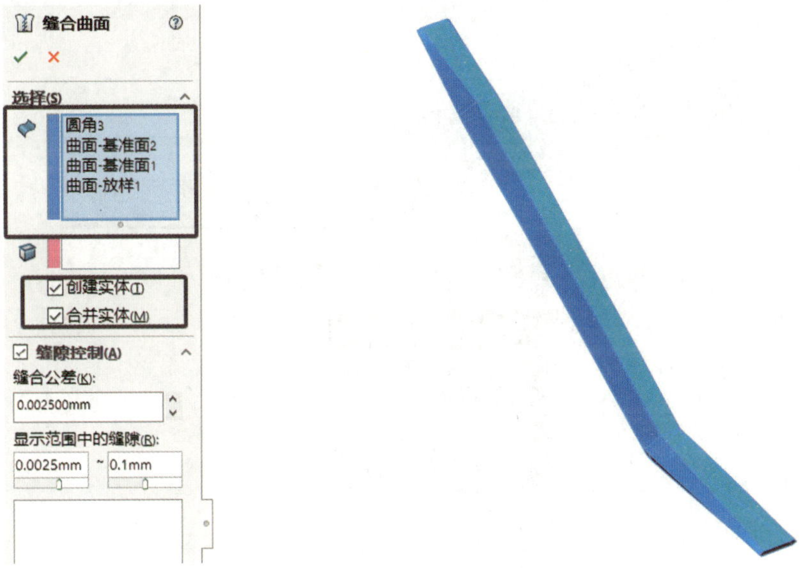

（a）　　　　（b）

图 3-44　各个曲面缝合

（19）单击工作窗口上方的视图工具按钮栏中的“剖面”按钮，如图 3-45 所示，打开剖视图。

图 3-45　“剖面”工具栏

系统弹出剖面视图对话框，如图 3-46 所示，选择“右视基准面”作为剖切平面，可以在窗口区看到实体化结果。注意：如果没有成功实体化，剖视图上会显示曲面内部是空的。

（20）再次单击工作窗口上方的视图工具按钮栏中的“剖面”按钮，关闭剖视图。

（21）在工作窗口区选择如图 3-47 所示的平面，在弹出的快捷菜单中选择“草图绘制”按钮，绘制如图 3-48 所示的轮廓线。绘制完成后单击“退出草图”按钮，退出草图环境。

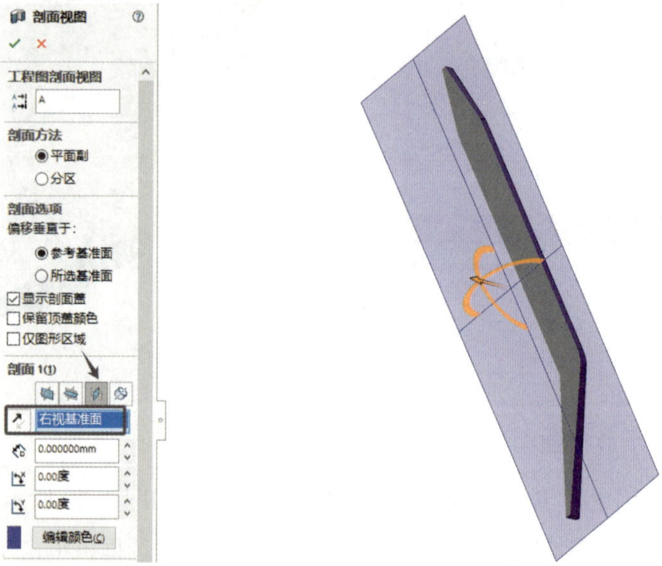

（a）　　　　　　（b）

图 3-46　实体化效果

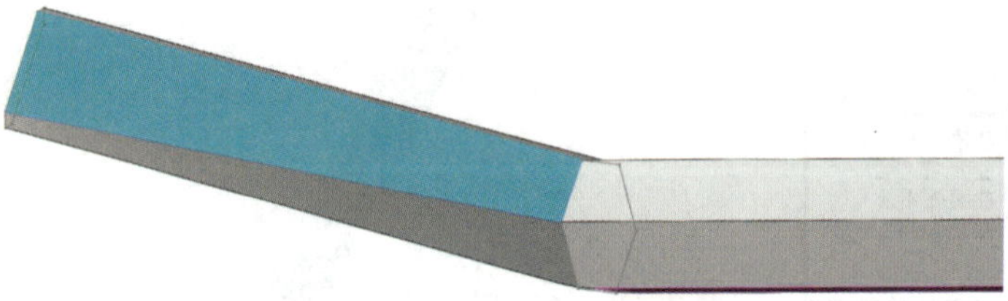

图 3-47　选择草图绘制平面

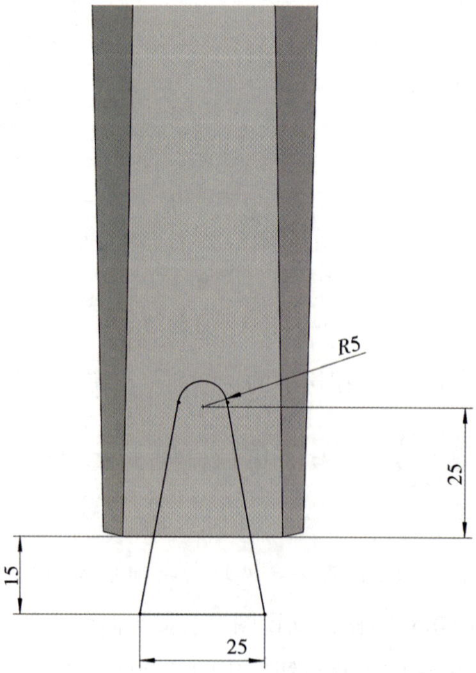

图 3-48　绘制草图

（22）在设计树中单击选中上一步绘制的草图，单击特征工具栏的“拉伸切除”按钮拉伸切除，在“方向 1”下选择“完全贯穿”，单击“确定”按钮✓，生成切除实体特征，如图 3-50 所示。

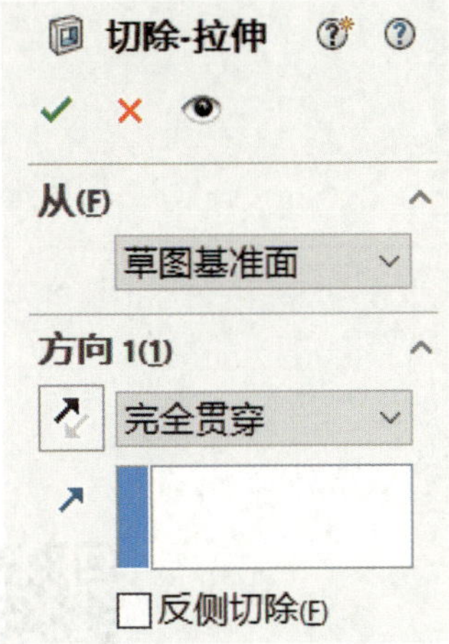

图 3-49 “切除 - 拉伸”属性管理器

图 3-50 切除实体效果

（23）对封闭实体化的两端边线分别进行倒圆角，圆角半径设置为 2 mm，如图 3-51 所示。

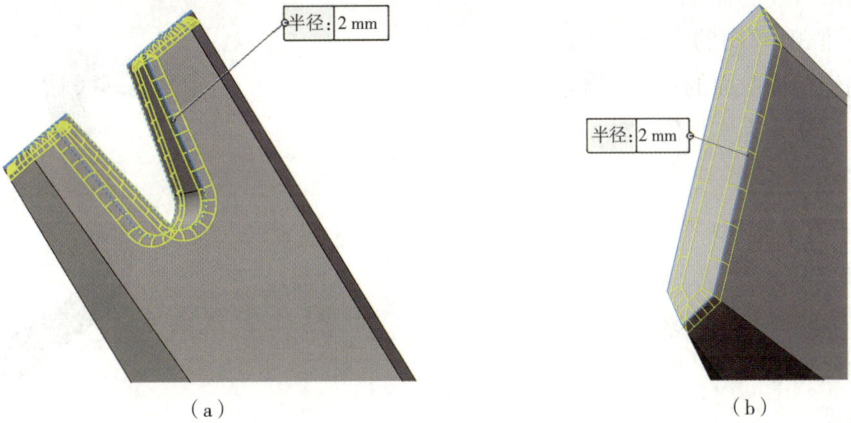

图 3-51 实体两端倒圆角

完成的撬棍模型如图 3-52 所示。

图 3-52 撬棍效果

6. 任务拓展

完成如图 3–53 所示的模型。

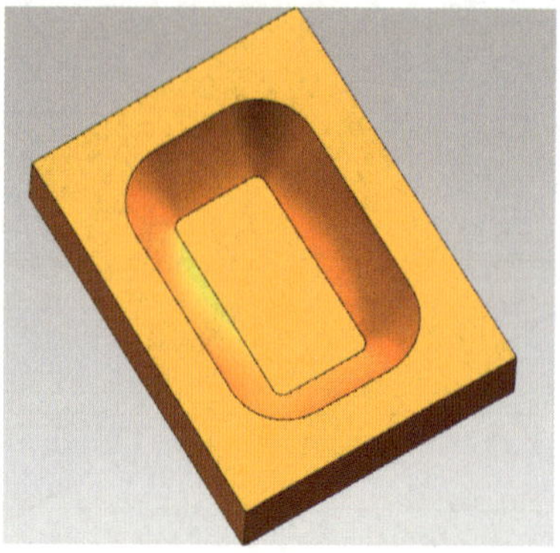

图 3–53　项目三任务二拓展练习

任务三　弯管设计

导学视频

1. 目标知识点

（1）熟悉创建 3D 草图的步骤。

（2）掌握创建扫描曲面的一般步骤。

（3）熟悉片体转化为实体的方法。

2. 任务介绍

完成图 3–54 所示的 3D 零件图。

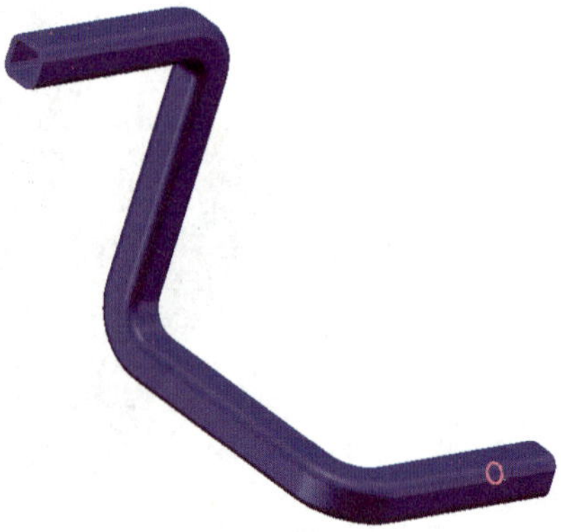

图 3–54　弯管

3. 任务分析

（1）用 3D 草图创建扫描路径。

（2）绘制扫描轮廓线。

（3）扫描曲面。

（4）片体加厚转化为薄板类实体。

4. 任务实施

（1）单击“新建”按钮，弹出“新建 SolidWorks 文件”对话框，双击“零件”按钮进入零件创建模块。

（2）单击草图工具栏的“3D 草图”按钮 3D 草图，进入 3D 草图环境。单击“直线”工具按钮，绘制 4 条空间直线，注意约束相邻的 2 条直线分别垂直，如图 3–55 所示。

注意：在绘制直线过程中，可以按“Tab”键切换直线所在的平面。

单击“倒圆角”按钮，对 3 个拐角分别进行倒圆角，结果如图 3–56 所示。

（3）单击“3D 草图”按钮，退出 3D 草图模式。注意，在草图模式或者 3D 草图模式下，可以直接按下快捷键“Ctrl+Q”键，退出草图环境。

（4）在左侧设计树中选择右视基准面，在弹出的快捷菜单中选择“草图绘制”按钮，绘制如图 3–57 所示的轮廓线。

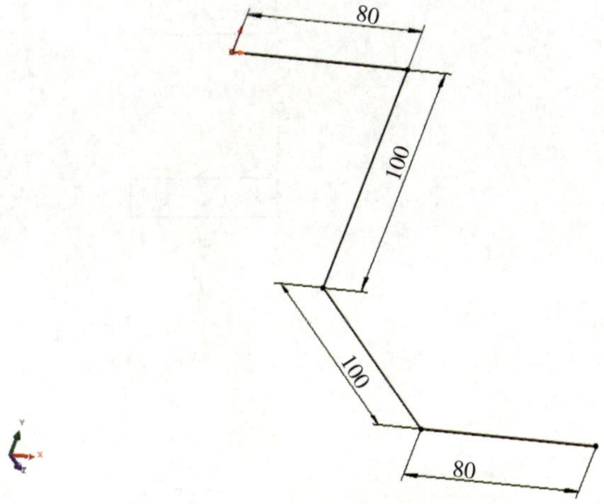

图 3-55　绘制 3D 草图

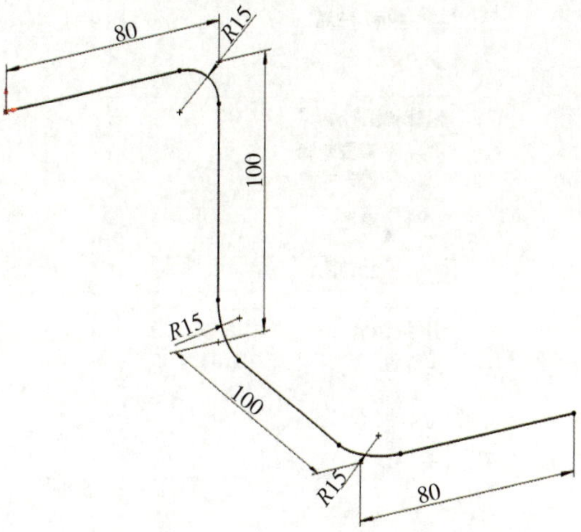

图 3-56　管道路径草图

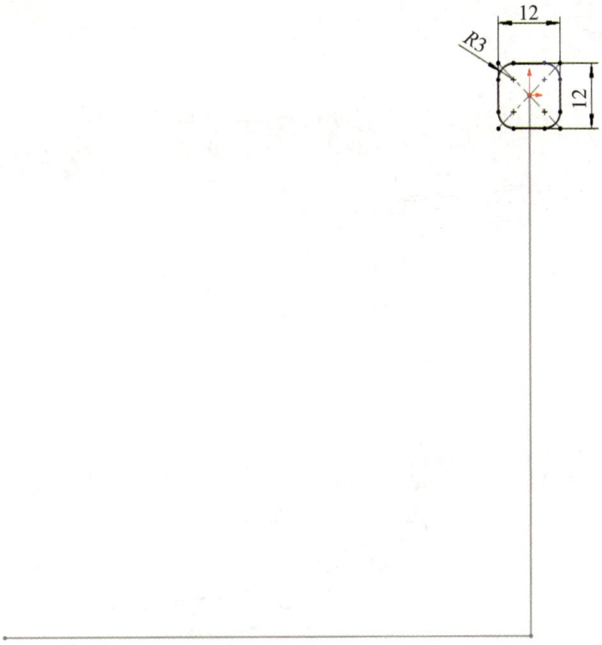

图 3-57　绘制管道截面草图

绘制完成后单击“退出草图”按钮，退出草图环境。

（5）单击曲面工具栏中的“扫描曲面”按钮，在弹出的图 3-58 所示的“曲面 - 扫描”对话框中，选择图 3-57 中所示的草图作为扫描轮廓，选择图 3-56 中所绘制的 3D 草图作为扫描路径。

（6）单击“曲面 - 扫描”对话框中的✔按钮（或者直接按下鼠标中键），确认扫描曲面的创建，如图 3-59 所示。

（7）在菜单栏选择“插入”→“凸台 / 基体”→“加厚”命令，如图 3-60 所示。系统弹出如图 3-61 所示的“加厚 1”对话框，选择上一步创建的扫描曲面，设置“厚度”模式为“加厚两侧”按钮，厚度值为 1 mm。

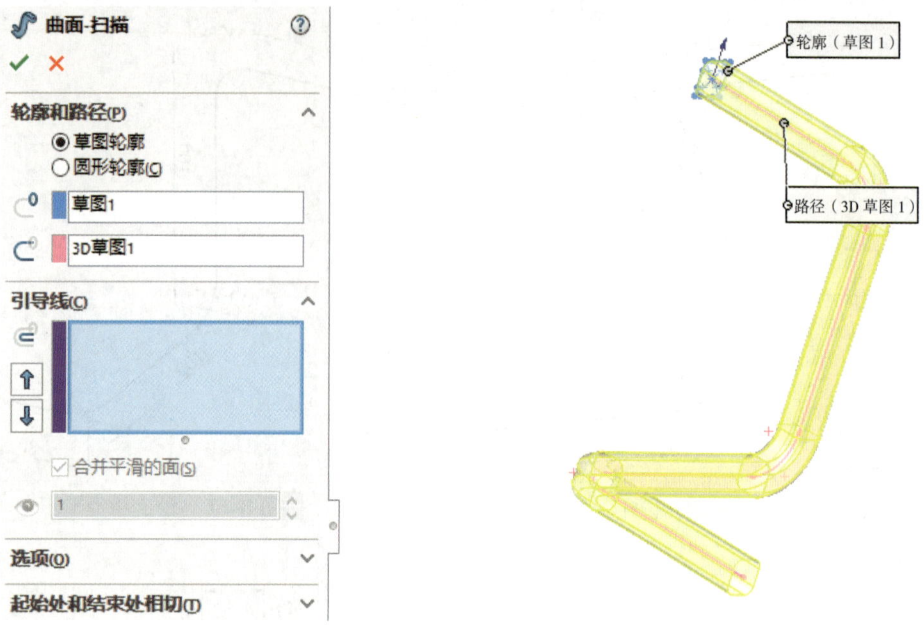

（a）　　　　　　　　　　（b）

图 3-58 “曲面 – 扫描”属性管理器与操作过程

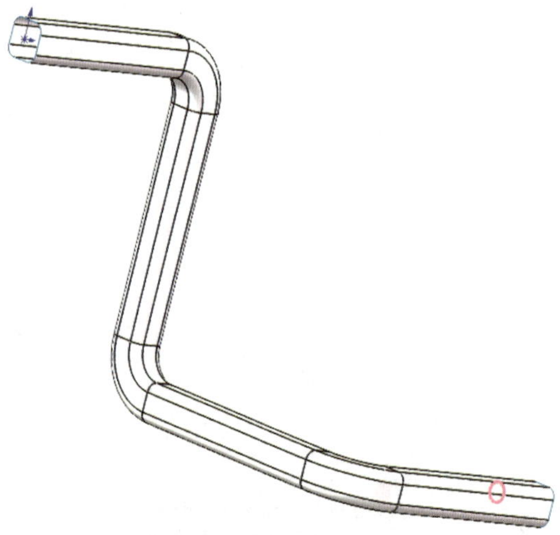

图 3-59 扫描成形效果

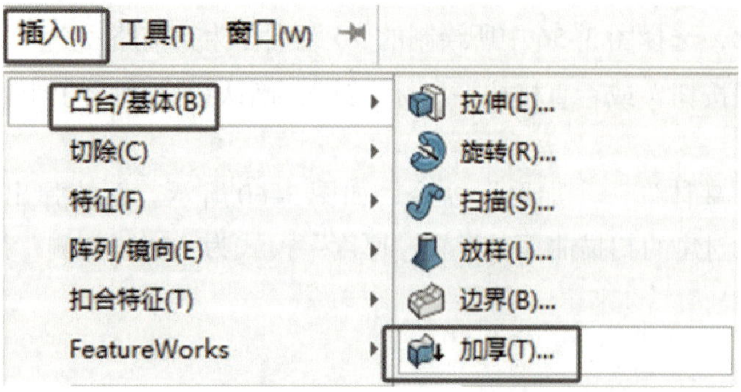

图 3-60 “加厚”命令

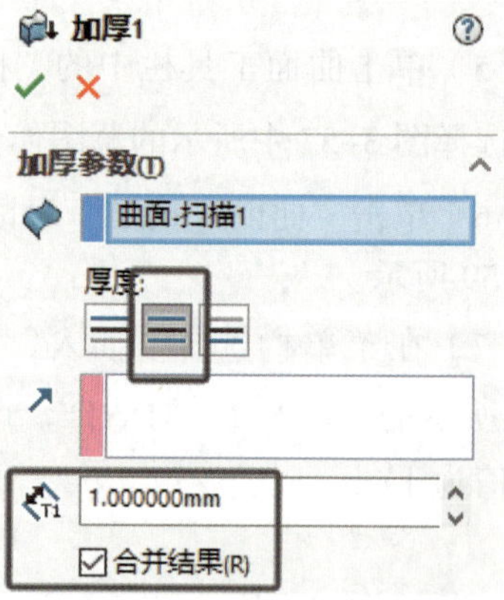

图 3-61 “加厚 1”属性管理器

（8）单击片体加厚对话框中的✔按钮，得到图 3-62 所示的弯管零件。

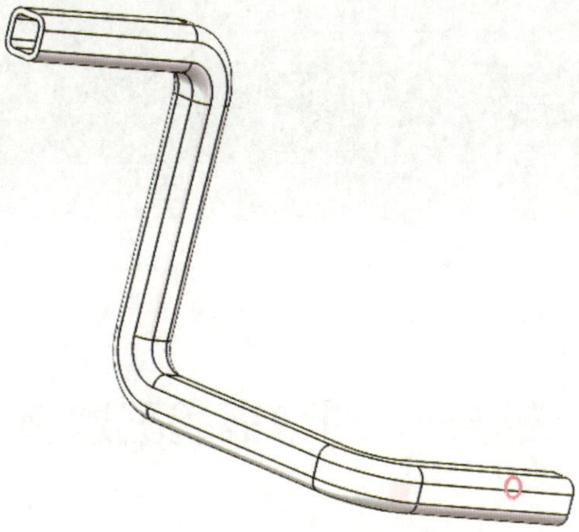

图 3-62　弯管效果

5. 任务总结

（1）在 3D 草图中，默认绘制平面为 *xy* 平面，按 Tab 键可快速切换至 *yz* 或 *zx* 平面。按住 Ctrl 键并单击任意平面 / 基准面，可临时锁定在该平面上绘图。手动添加几何关系：如水平、垂直、沿 *x/y/z* 轴，或与其他几何体对齐（如中点、重合）。使用“沿 *x/y/z* 方向”约束时应确保线段平行于坐标轴。

（2）曲面片体通过加厚转化为实体的时候，要求曲面必须是一个完整的、连续的几何体，不能有缝隙、孔洞或自相交。曲面的法线方向必须统一，否则加厚时会因方向冲突导致失败。如果加厚后几何体自相交或变形，可以尝试减小加厚厚度值。

6. 任务拓展

完成如图 3-63 所示的汽车方向盘模型，尺寸根据实际情况自定。

图 3-63　项目三任务三拓展练习

项目四

装配建模

任务一　对称板装配建模

导学视频

1. 目标知识点

（1）掌握装配环境下零部件的基本操作：插入、复制、移动与旋转、镜向等。

（2）理解同轴心、重合等装配约束类型。

（3）掌握创建装配体爆炸视图的方法。

2. 任务介绍

本项目利用 SolidWorks 软件的装配功能，完成对称板的装配模型，如图 4-1 所示。

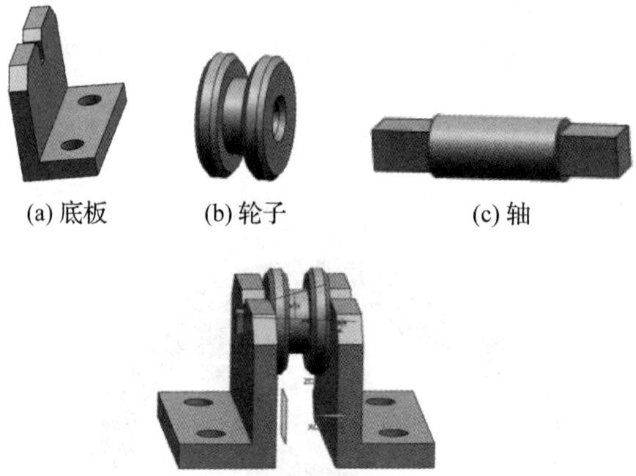

(a) 底板　(b) 轮子　(c) 轴

(d) 装配体

图 4-1　对称板组件与装配体

3. 任务分析

（1）首先确定底板作为装配体的基准零件。

（2）重合装配约束实现轴与底板的装配。

（3）同轴心配约束方法完成轮子与轴的装配。

（4）镜向装配。

（5）创建爆炸图。

4. 任务实施

（1）进入装配体建模环境。进入装配体环境有两种方法：第一种是新建文件时，执行“文件”→“新建”命令 ，系统弹出“新建 SolidWorks 文件”对话框，选择“装配体”模板，单击“确定”命令，

如图 4–2 所示，进入到装配体建模环境。第二种是在零件环境中，选择菜单栏“文件”→“从零件制作装配体”命令，切换到装配体建模环境。再单击“保存”按钮，在弹出的对话框中，设置保存路径为“D：\装配体\任务一对称板”文件名称为“对称板”，单击确定按钮。

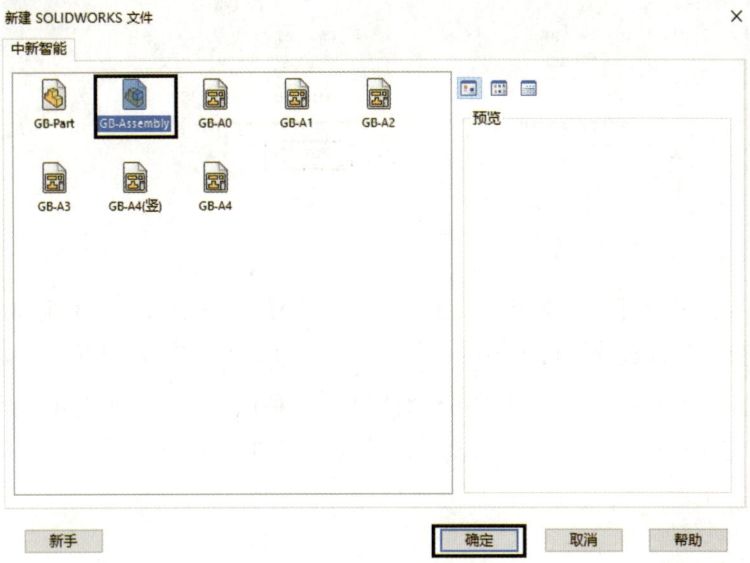

图 4–2　装配体建模环境

（2）确定装配基准零件。单击“装配体”工具栏中的“插入零部件”按钮，在系统弹出“打开”对话框中选择对称板装配组件“底板 .SLDPRT”，单击“打开”按钮，如图 4–3（a）所示。零件会随鼠标移动，在绘图区域中任意位置单击鼠标左键，放置底板，确定装配基准零件，如图 4–3（b）所示。

（a）　　　　　　　　　　（b）

图 4–3　导入基板

（3）装配轴零件。

①单击工具栏中的“插入零部件”命令按钮，弹出“打开”对话框，如图 4–4（a）所示。对话框中选择对称板装配组件“轴 .SLDPRT”，单击“打开”命令，然后在绘图区中单击鼠标左键导入轴零件，如图 4–4（b）所示。

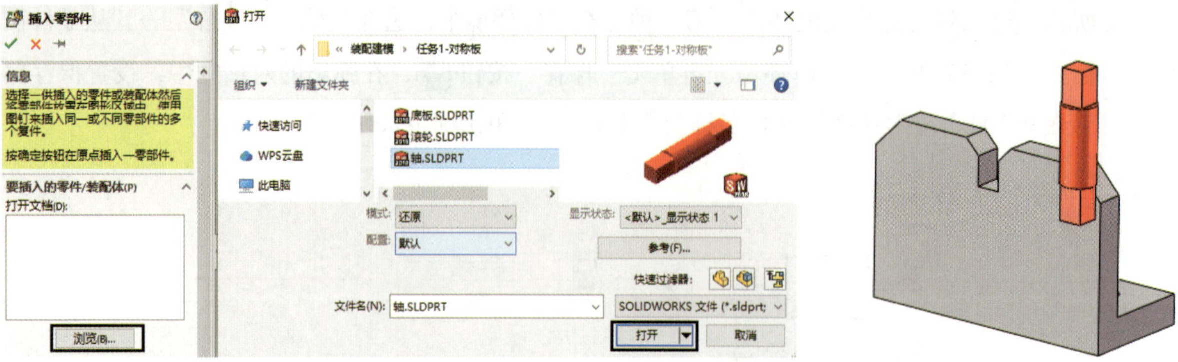

（a）　　　　（b）

图 4–4　导入轴

②添加配合关系。选择单击“装配体”工具栏中的“配合”按钮，系统弹出如图 4–5（a）所示的“重合 1”窗口，在“配合选择”选项组的显示框中，单击激活“配合选择”列表框，在“标准配合”选择约束关系“重合”按钮。按照顺序分别选择面 1 和面 2、面 3 和面 4、面 5 和面 6，如图 4–5（b）所示。单击“确定”按钮，完成轴与基板的装配，如图 4–5（c）所示。

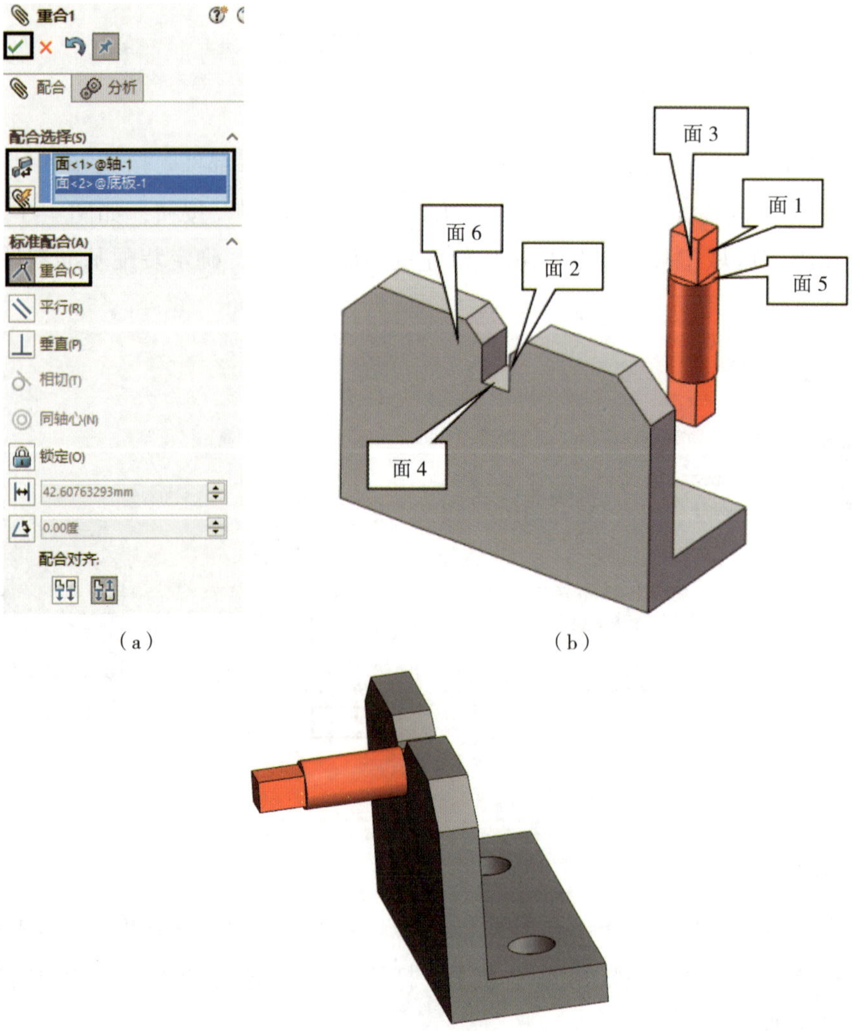

（a）　　　　（b）

（c）

图 4–5　装配轴

（4）装配滚轮。

①单击工具栏中的“插入零部件”命令，弹出“打开”对话框，如图 4–6（a）所示。对话框中选择对称板装配组件“滚轮 .SLDPRT”，单击“打开”命令，然后在绘图区中单击鼠标左键导入该零件，如图 4–6（b）所示。

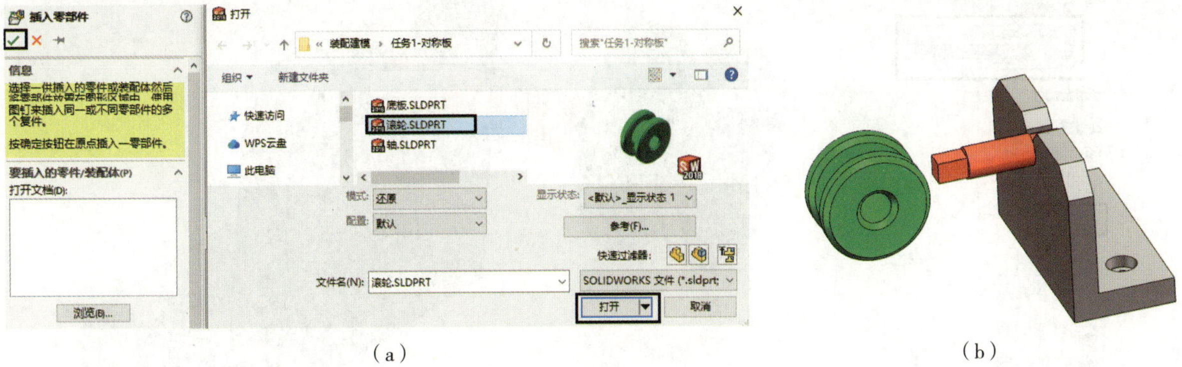

（a）　（b）

图 4–6　导入滚轮

②选择单击“装配体”工具栏中的“配合”按钮，在“配合选择”选项组的显示框中，单击激活“配合选择”列表框，在“标准配合”选择约束关系“同轴心”按钮，如图 4–7（a）所示。分别选择滚轮内孔面和轴外圆面，单击“确定”按钮，如图 4–7（b）所示。

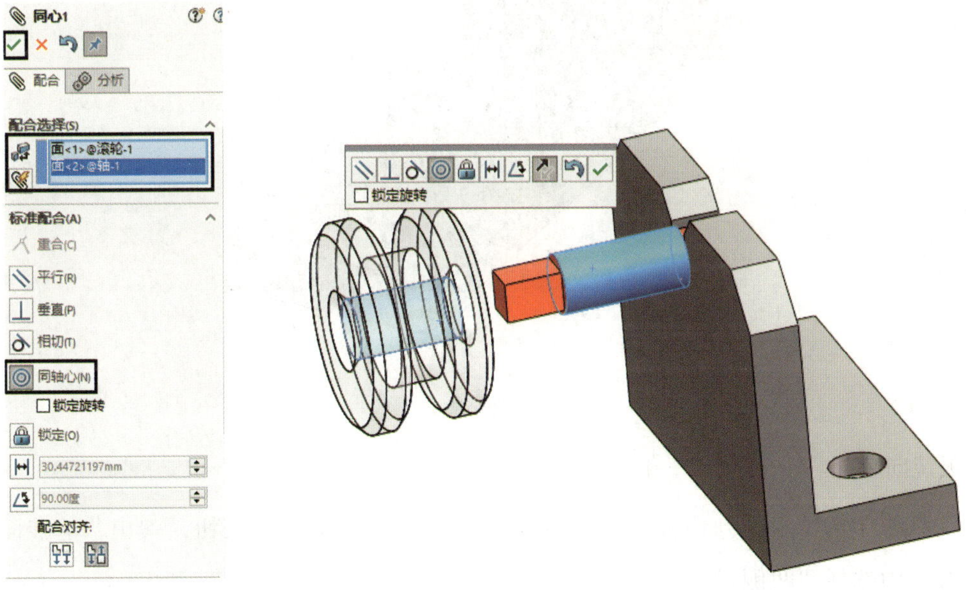

（a）　（b）

图 4–7　设置“同轴心”约束

③继续为滚轮和轴添加“宽度”约束命令。单击“配合”选项卡按钮下的“高级配合”选项区中的“宽度”按钮，如图 4–8（a）所示。按照顺序分别在“宽度选择”对话框中选择滚轮左右两侧面作为宽度参考，在“薄片选择”对话框中选择轴左右两侧面作为标签参考，如图 4–8（b）所示。单击“确定”按钮，完成滚轮装配。如图 4–8（c）所示。

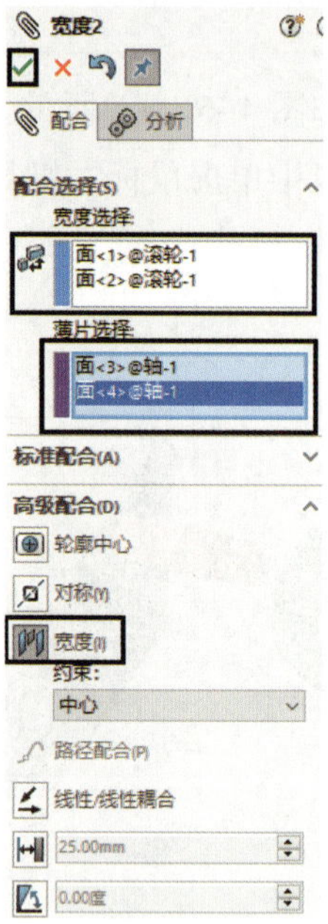

（a）

（b）

（c）

图 4-8　设置“宽度”约束

（5）底板镜向装配。

①单击工具栏中的“参考几何体”选项卡 ，选择“基准面”按钮，弹出“基准面”对话框，在“第一参考”中选择“两侧对称”，在“第二参考”中选择“两侧对称”，如图 4-9（a）所示。单击“确定”按钮✓，完成创建基准面 1，如图 4-9（b）所示。

②单击工具栏中的“线性零部件阵列”选项卡 ，选择“镜向零部件”按钮，弹出“镜向零部件”对话框，对话框中“镜向基准面”选择“基准面 1”，“要镜向的零部件”选择“底板 -1”，如图 4-10（a）所示。单击“确定”按钮✓，完成底板镜向装配，如图 4-10（b）所示。

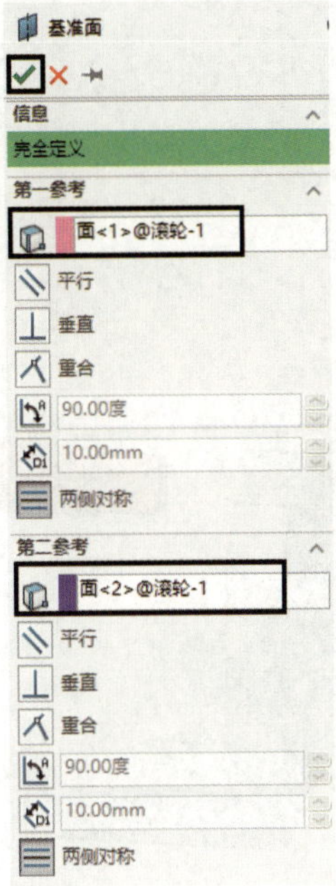

（a）

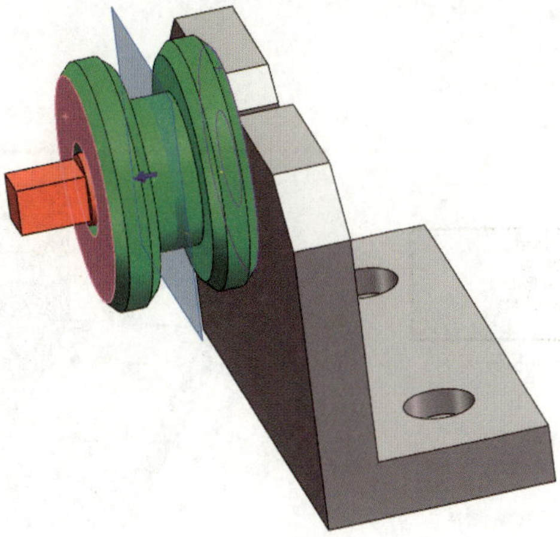

（b）

图 4-9　创建基准面

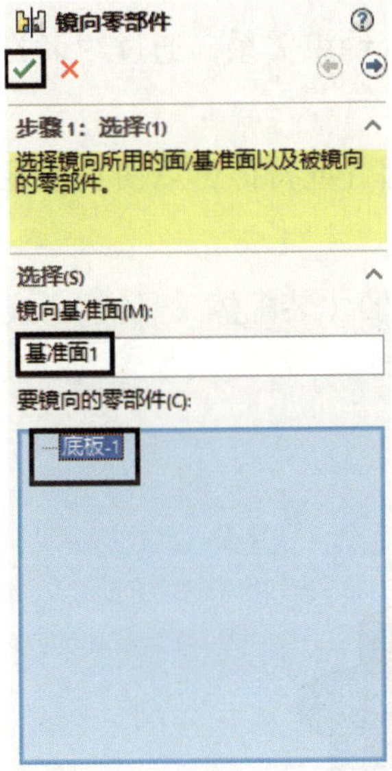

（a）

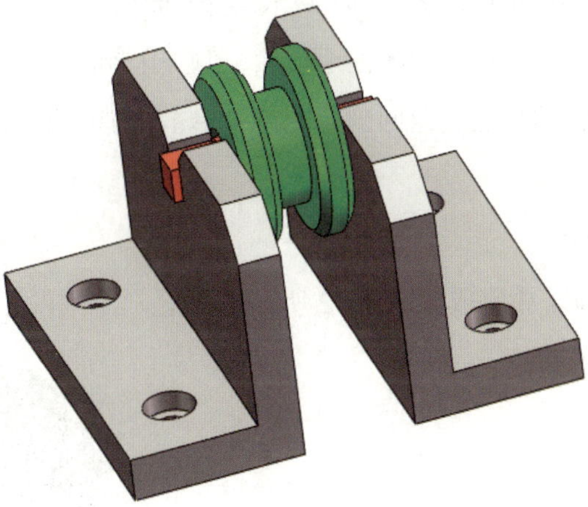

（b）

图 4-10　对称板装配结果

（6）创建对称板爆炸图。单击工具栏中的“爆炸视图”命令按钮，弹出“爆炸”对话框，在对话框中“设定”选项区中选择所有零部件，如图 4-11（a）所示。选择零部件并进行适当方向的拖动，单击“确定”按钮，即可创建爆炸视图，如图 4-11（b）所示。

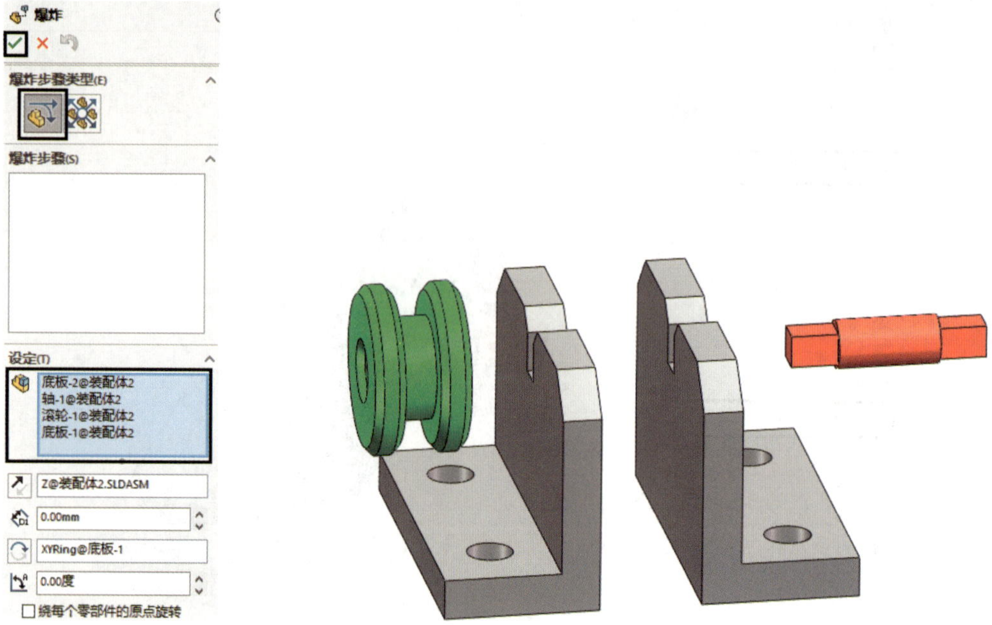

（a）　　　　（b）

图 4-11　对称板的爆炸视图

5. 任务总结

（1）一般来讲，机械零部件装配主要在各个零件之间添加配合约束关系，通过约束关系限制零件的相关自由度，从而模拟出真实的装配过程。

（2）在一个装配体中隐藏或压缩零部件或特征。隐藏一个零部件或特征可以使其不显示，而压缩就是从激活的装配体中将其功能性地移除，但并未删除它。

（3）若想将编辑焦点返回到装配体，单击以消除编辑零部件 （装配体工具栏），或在确认角落中单击 。

6. 任务拓展

在 SolidWorks 中完成如图 4-12 所示的模型。

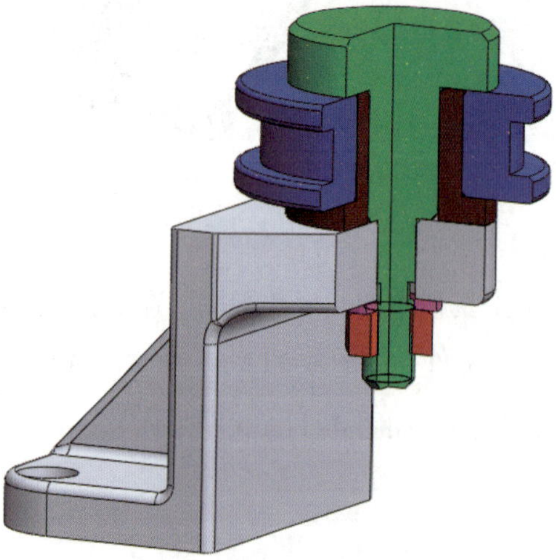

图 4-12　项目四任务一拓展练习

任务二　机用虎钳装配建模

导学视频

1. 目标知识点

（1）掌握创建新的装配体。

（2）掌握利用阵列、等装配方法。

（3）理解镜向装配方法。

2. 任务介绍

本项目在 SolidWorks 软件中建立机用虎钳装配模型，如图 4–13 所示。

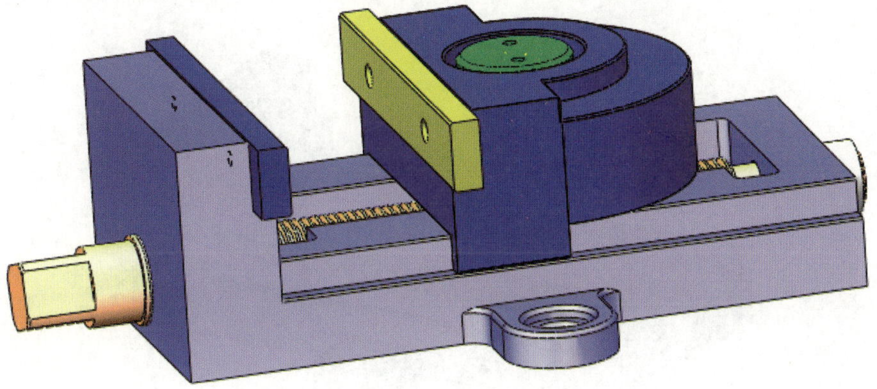

图 4–13　机用虎钳

3. 任务分析

（1）确定固定钳身作为装配体的基准零件。

（2）用重合和宽度配合方法实现螺母滑块与固定钳身的装配。

（3）用同轴心和重合配合方法完成垫圈 1、垫圈 1、螺杆与固定钳身的装配。

（4）创建活动钳身子装配体。

（5）用同轴心和重合配合方法完成活动钳身子装配体的装配。

（6）用同轴心和重合配合方法完成钳口板、挡圈与固定钳身的装配。

（7）用同轴心和距离配合方法完成销钉与螺杆的装配。

4. 任务实施

（1）进入装配环境。打开 SolidWorks 软件，执行“文件”→“新建”命令，系统弹出“新建 SolidWorks 文件”对话框，执行“装配体”模型，单击“确定”命令。进入 SolidWorks 软件装配图主界面。

（2）确定装配基准零件。在“开始装配体”对话框中单击“浏览”命令，在弹出的“打开”对话框中选择机用虎钳装配组件中的“固定钳身 .SLDPRT”，单击“打开”按钮，如图 4–14（a）所示。零件会随鼠标移动，在绘图区域中任意位置单击鼠标左键，放置固定钳身，确定装配基准零件，如图 4–14（b）所示。

（3）装配螺母滑块零件。

①单击工具栏中的“插入零部件”按钮 ，弹出“打开”对话框，如图 4–15（a）所示。对话框中选择机用虎钳装配组件“螺母滑块 .SLDPRT”，单击“打开”命令，然后在绘图区中单击鼠标左键导入该零件，如图 4–15（b）所示。

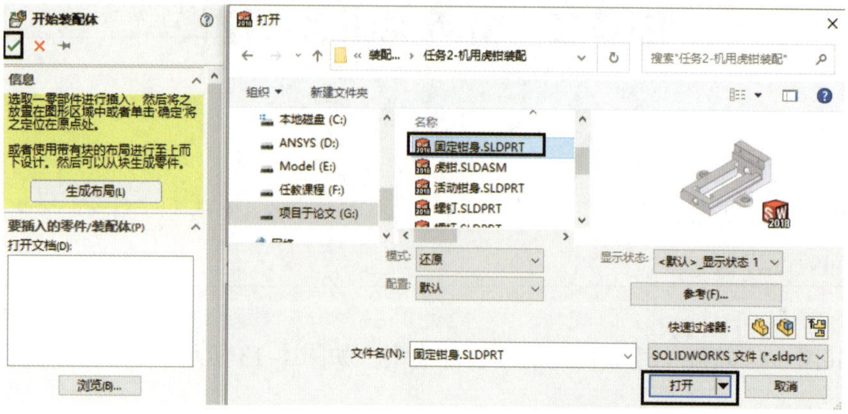

（a）

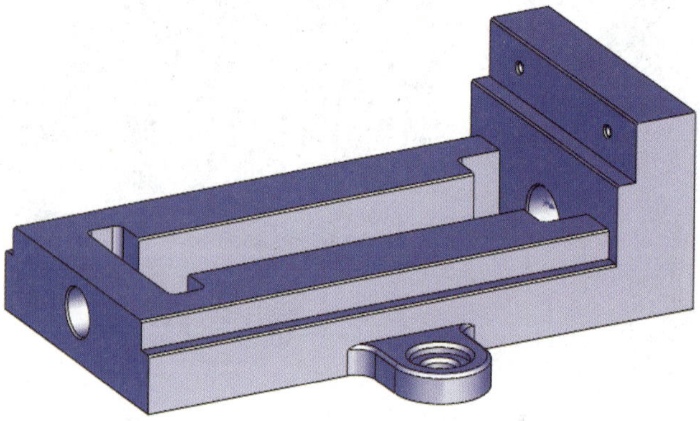

（b）

图 4-14　导入固定钳身

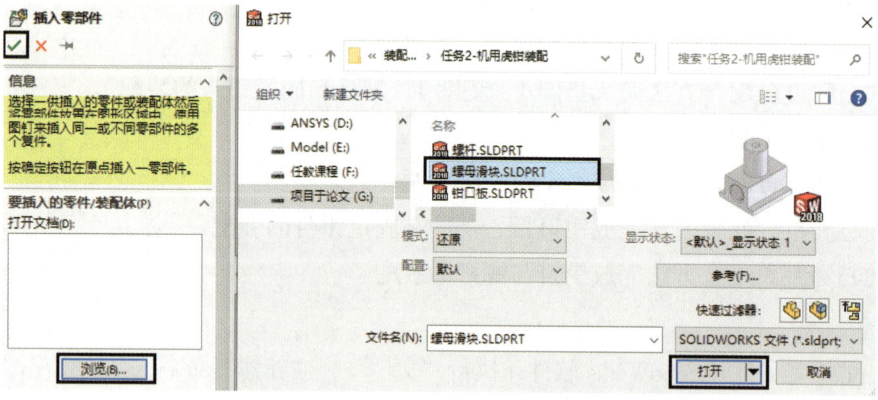

（a）

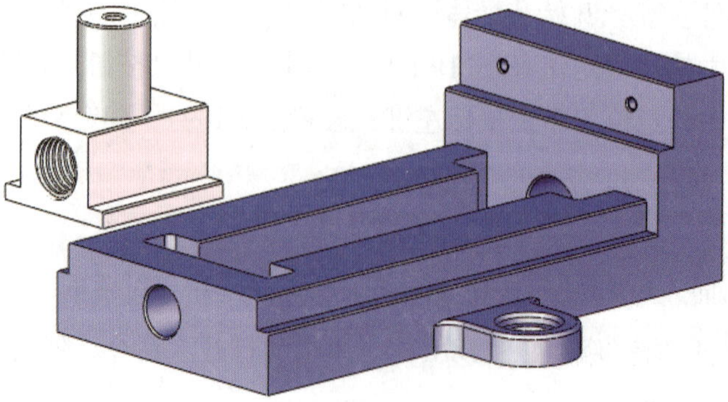

（b）

图 4-15　导入螺母滑块

②添加重合约束关系。选择单击“重合 1”对话框下的“配合”按钮，出现如图 4–16（a）所示的界面，在“配合选择”选项组的显示框中，单击激活“配合选择”列表框，在“标准配合”工具栏单击“重合”按钮，选择面 1 和面 2，如图 4–16（b）所示。单击“确定”按钮，完成添加重合约束关系。

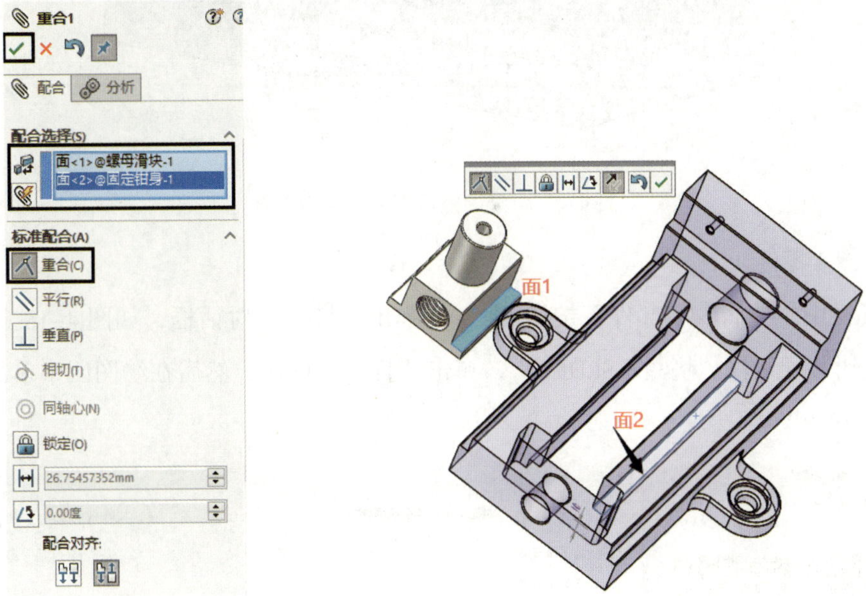

（a）　　　　　　　　（b）

图 4–16　装配螺母滑块零件步骤②

③继续为螺母滑块和固定钳身添加“宽度”约束命令，单击“配合”选项卡按钮，选择“高级配合”选项区域中“宽度”约束命令按钮，如图 4–17（a）所示。按照顺序分别在“宽度选择”对话框中选择螺母滑块两侧作为宽度参考，在“薄片选择”对话框中选择固定钳身内侧面作为标准参考，如图 4–17（b）所示。单击按钮，完成螺母滑块装配，如图 4–17（c）所示。

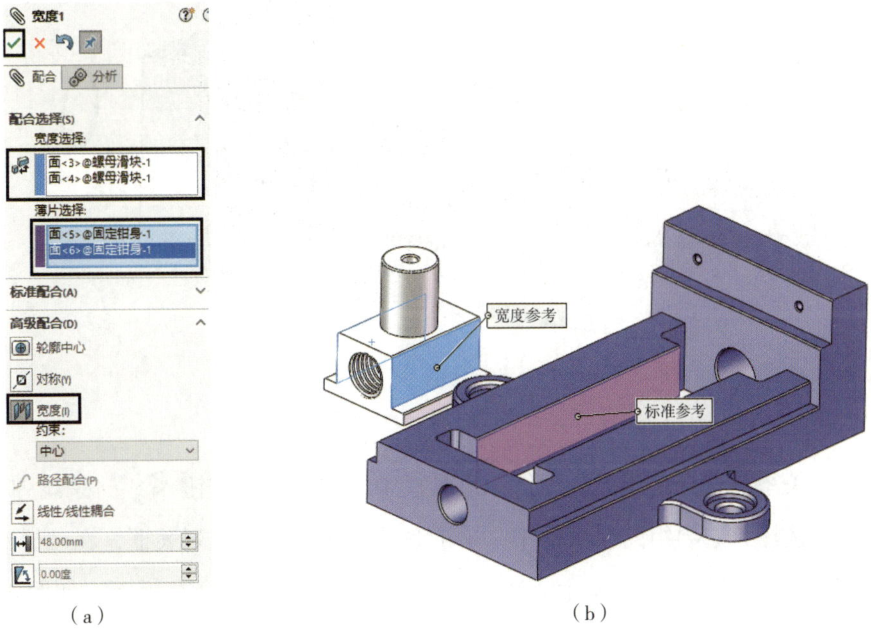

（a）　　　　　　　　（b）

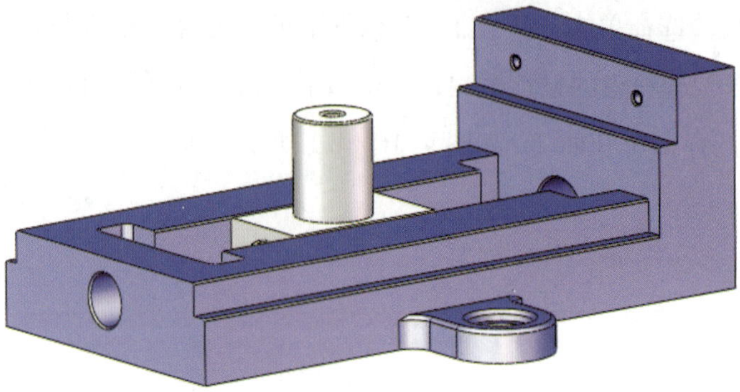

（c）

图 4-17　装配螺母滑块零件步骤③

（4）装配垫圈 1 零件。

①单击工具栏中的“插入零部件”按钮 ，弹出“打开”对话框，如图 4-18（a）所示。对话框中选择机用虎钳装配组件“垫圈 1.SLDPRT”，单击“打开”按钮，然后在绘图区中单击鼠标左键导入该零件，如图 4-18（b）所示。

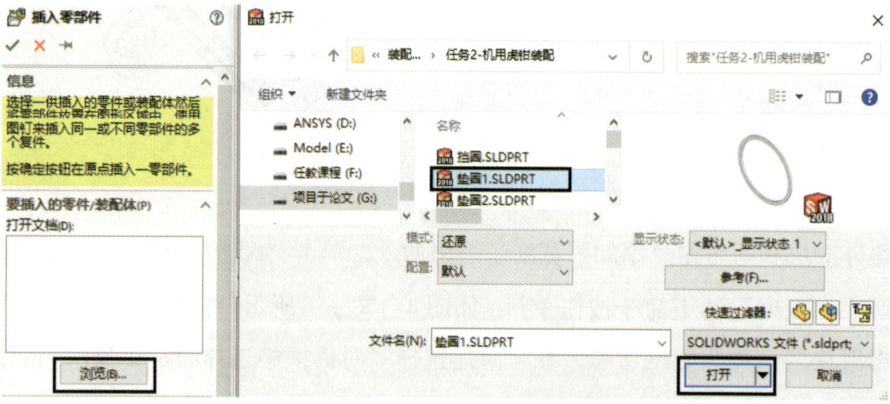

（a）

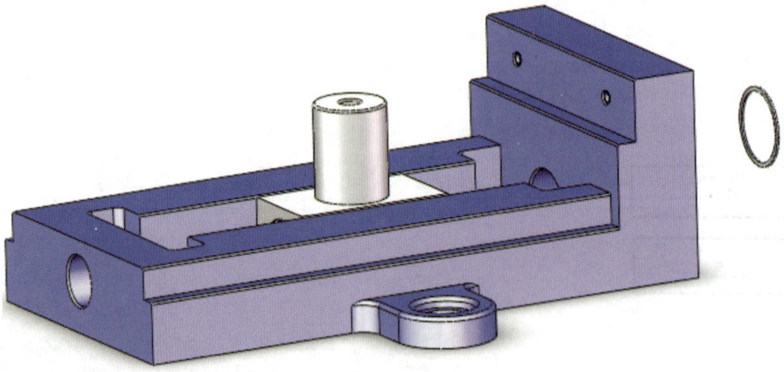

（b）

图 4-18　导入垫圈 1

②添加重合约束关系。选择单击“装配体”工具栏中的“配合”按钮 ，系统弹出“重合 2”属性管理器，在“配合选择”选项组的显示框中，单击激活“配合选择”列表框，在“标准配合”栏中单击“重合”按钮 ，如图 4-19（a）所示。选择垫圈 1 侧面和固定钳身右侧面，如图 4-19（b）所示。

单击“确定”按钮✓，完成添加重合约束关系。

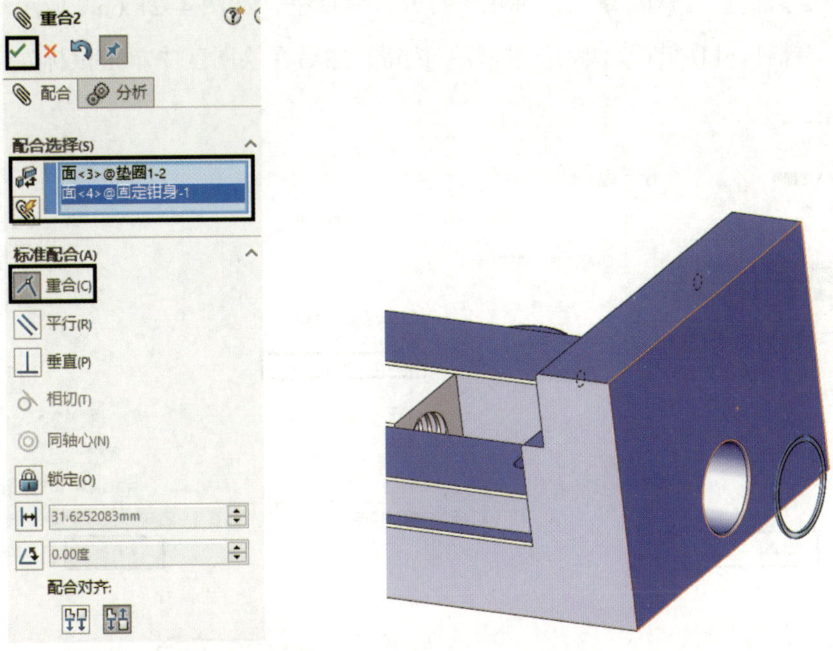

（a）　　　　　　（b）

图 4-19　装配垫圈 1 零件步骤②

③继续为垫圈 1 和固定钳身添加“同轴心”约束命令，单击“配合”选项卡，系统弹出“同心 2”属性管理器，在“配合选择”选项组的显示框中，单击激活“配合选择”列表框，在“标准配合”栏中单击“同轴心”按钮，如图 4-20（a）所示。分别选择垫圈 1 内孔面和固定钳身内圆面，单击“确定”按钮✓，完成装配，如图 4-20（b）所示。

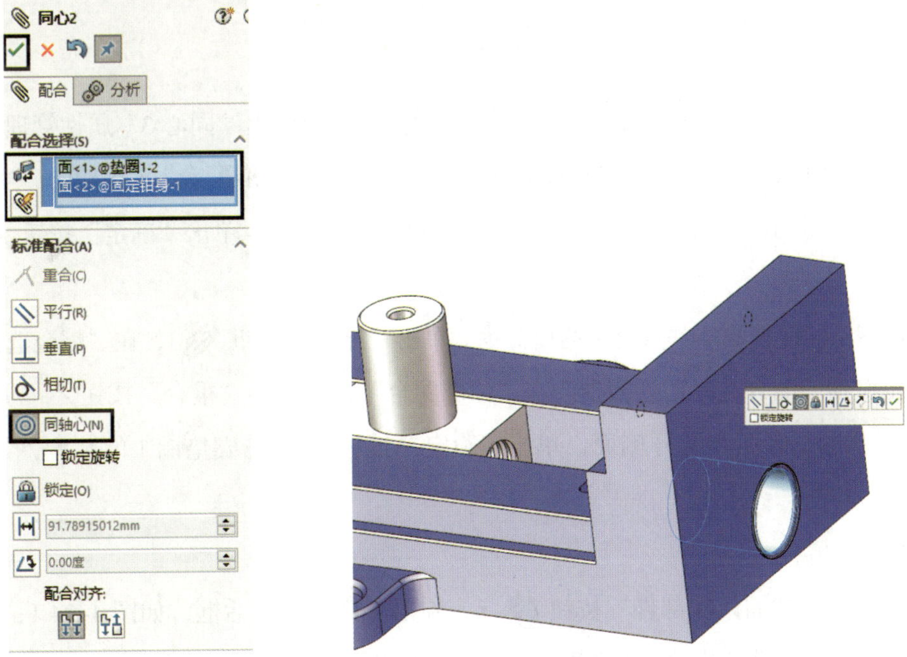

（a）　　　　　　（b）

图 4-20　装配垫圈 1 零件步骤③

（5）装配螺杆零件。

①单击“插入零部件”按钮 ，弹出“打开”对话框，如图 4-21（a）所示。对话框中选择机用虎钳装配组件“螺杆.SLDPRT”，单击“打开”按钮，然后在绘图区中单击鼠标左键导入该零件，如图 4-21（b）所示。

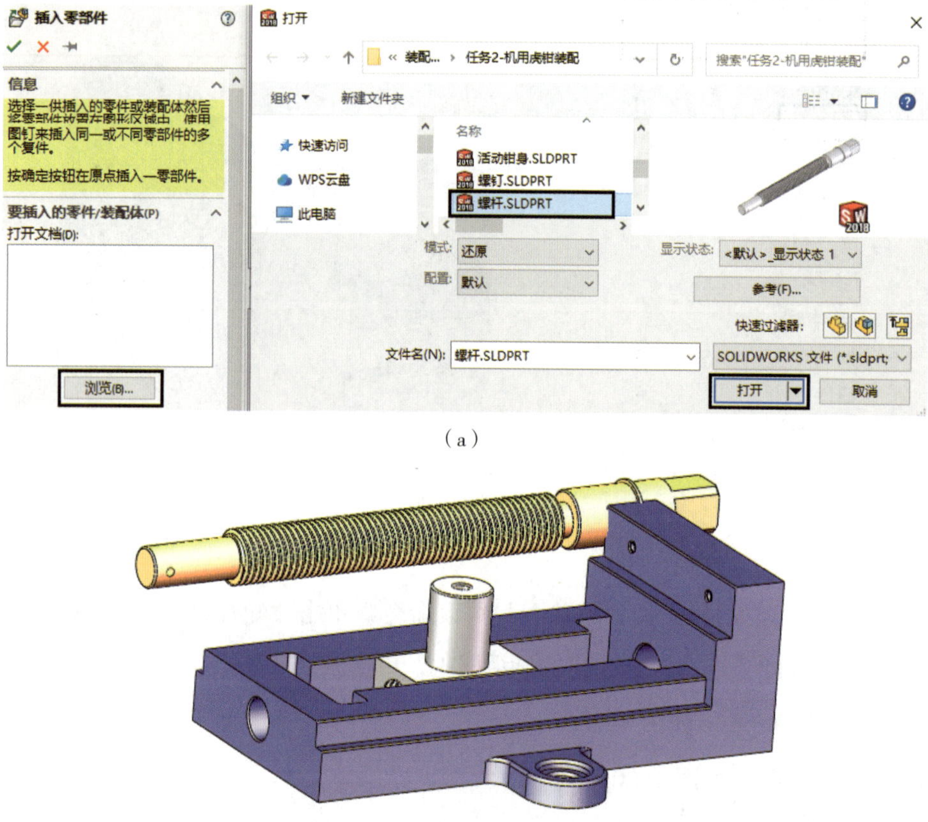

（a）

（b）

图 4-21 导入螺杆

②选择单击“装配体”工具栏中的“配合”按钮 ，系统弹出“同心 3”属性管理器，在“配合选择”选项组的显示框中，单击激活“配合选择”列表框，在“标准配合”栏中单击“同轴心”按钮 ，如图 4-22（a）所示。分别选择固定钳身内孔面和螺杆外圆面，单击“确定”按钮 ，如图 4-22（b）所示。

③继续为垫圈 1 和螺杆添加“重合”约束命令。单击“配合”按钮 ，在“配合选择”选项组的显示框中，单击激活“配合选择”列表框，在“标准配合”栏中单击“重合”按钮 ，如图 4-23（a）所示。分别选择垫圈 1 侧面和螺杆侧面，单击“确定”按钮 ，完成垫圈 1 的装配，如图 4-23（b）所示。

（6）装配垫圈 2 零件。

①单击工具栏中的“插入零部件”按钮 ，弹出“打开”对话框，如图 4-24（a）所示。对话框中选择机用虎钳装配组件“垫圈 2.SLDPRT”，单击“打开”按钮，然后在绘图区中单击鼠标左键导入该零件，如图 4-24（b）所示。

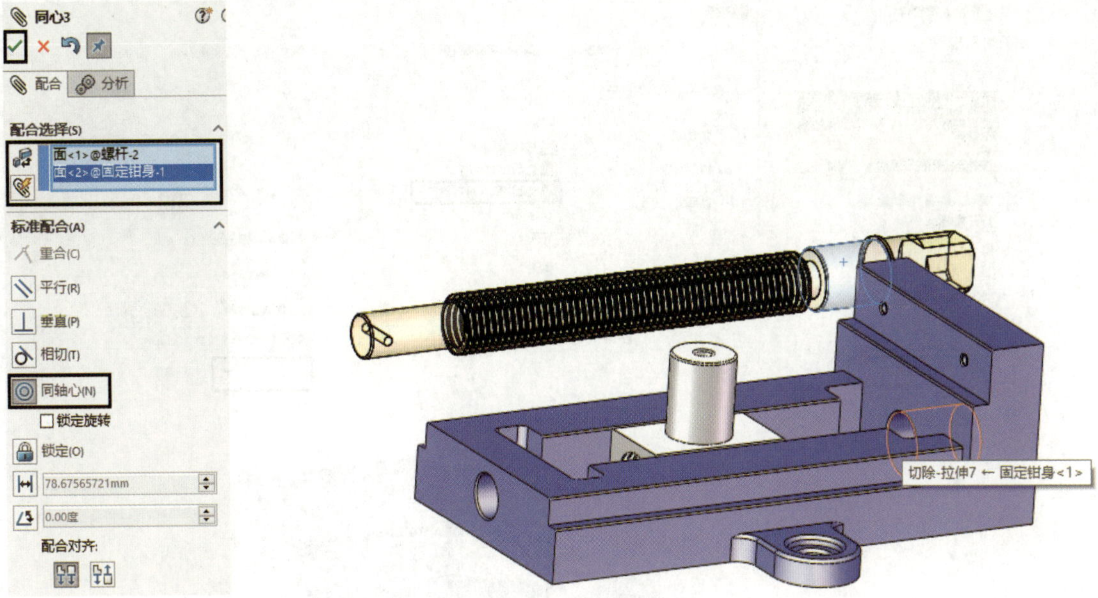

（a）　　（b）

图 4–22　装配螺杆零件步骤②

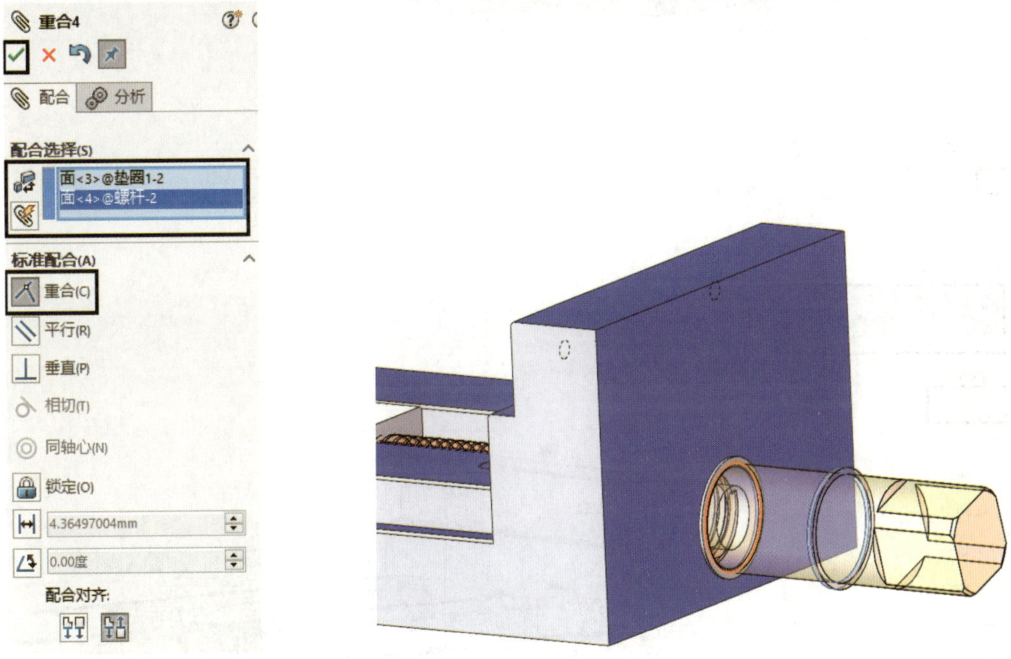

（a）　　（b）

图 4–23　装配螺杆零件步骤③

②添加重合约束关系。选择单击“装配体”工具栏中的“配合”按钮，在“配合选择”选项组的显示框中，单击激活“配合选择”列表框，在“标准配合”栏中单击“重合”按钮，如图 4–25（a）所示。选择垫圈 2 侧面和固定钳身左侧面，如图 4–25（b）所示。单击“确定”按钮，完成添加重合约束关系。

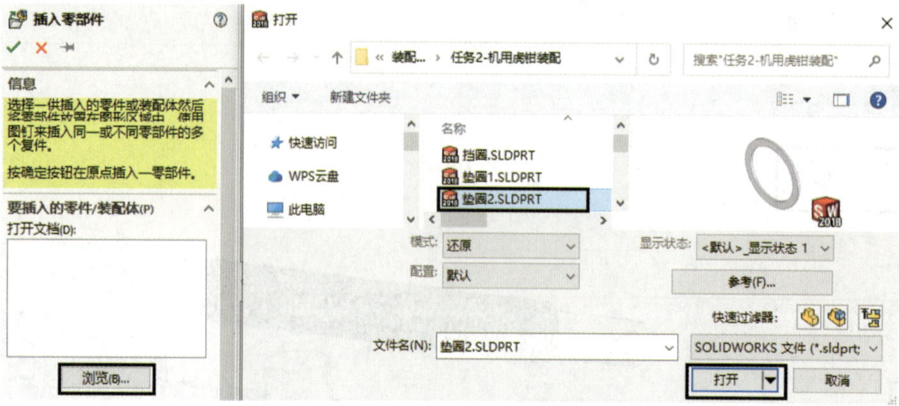

（a）

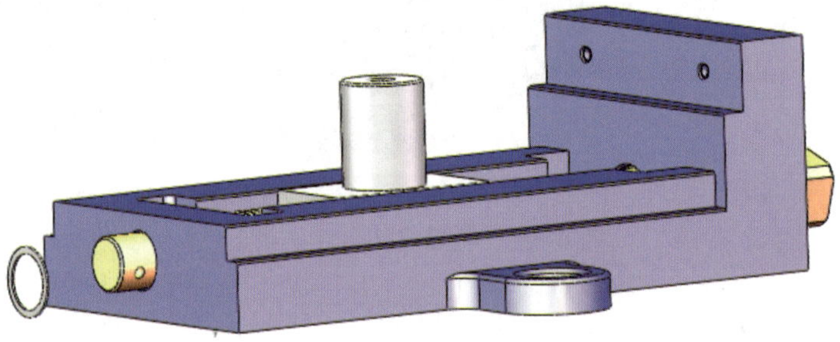

（b）

图 4-24　导入垫圈 2

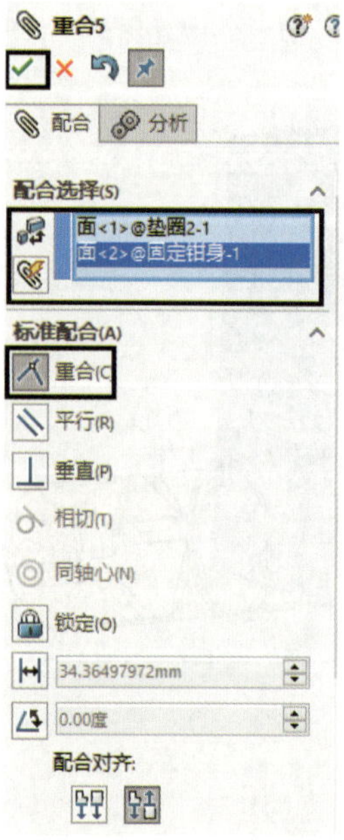

（a）

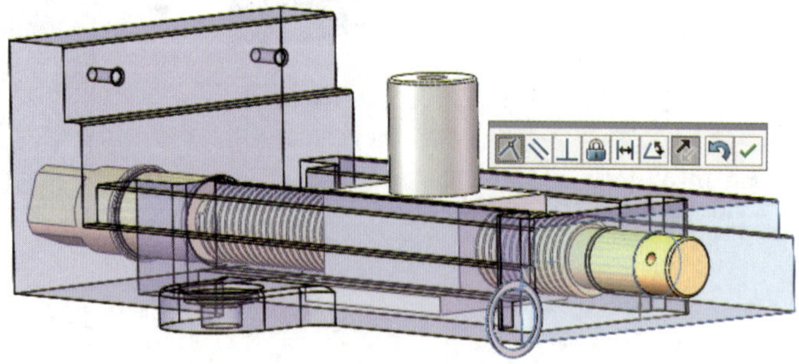

（b）

图 4-25　装配垫圈 2 零件步骤②

③继续为垫圈 2 和螺杆添加“同轴心”约束命令，单击“配合”选项卡，在“配合选择”选项组的显示框中，单击激活“配合选择”列表框，在“标准配合”栏中单击“同轴心”按钮◎，如图 4-26（a）所示。分别选择垫圈 2 内孔面和螺杆内圆面，单击“确定”按钮✓，完成垫圈 2 装配，如图 4-26（b）所示。

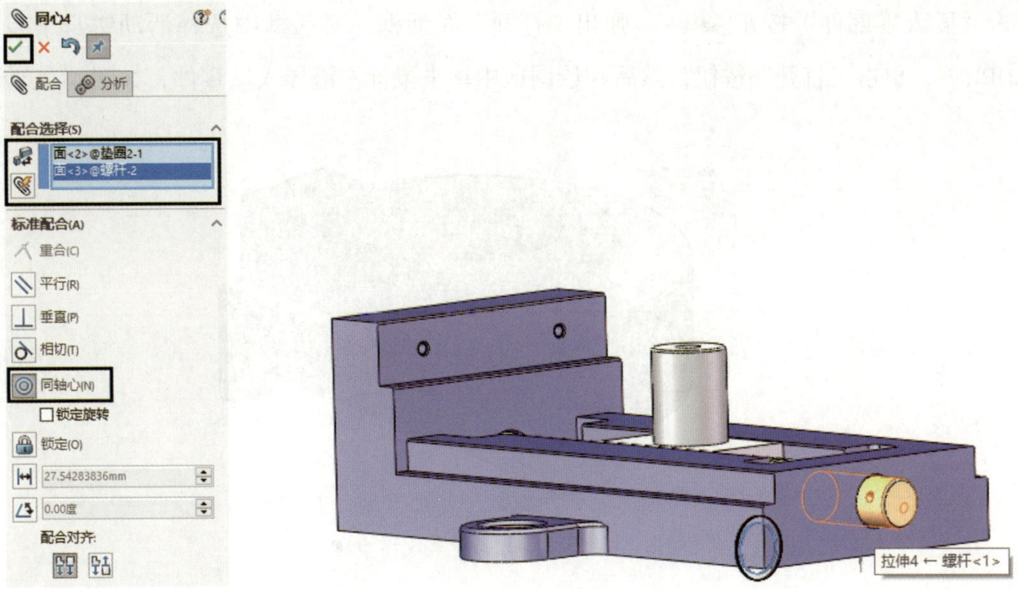

（a）　　　　　　　　　　　　（b）

图 4–26　装配垫圈 2 零件步骤③

（7）创建活动钳身子装配体。

①进入装配环境。打开 SolidWorks 软件，执行“文件”→“新建”命令，系统弹出“新建 SolidWorks 文件”对话框，执行“装配体”模型，单击“确定”命令。进入 SolidWorks 软件装配图主界面。

②单击“插入零部件”按钮 ，弹出“打开”对话框，如图 4–27（a）所示。对话框中选择活动钳身子装配体组件“活动钳身主体 .SLDPRT”，单击“打开”按钮，然后在绘图区中单击鼠标左键导入该零件，如图 4–27（b）所示。

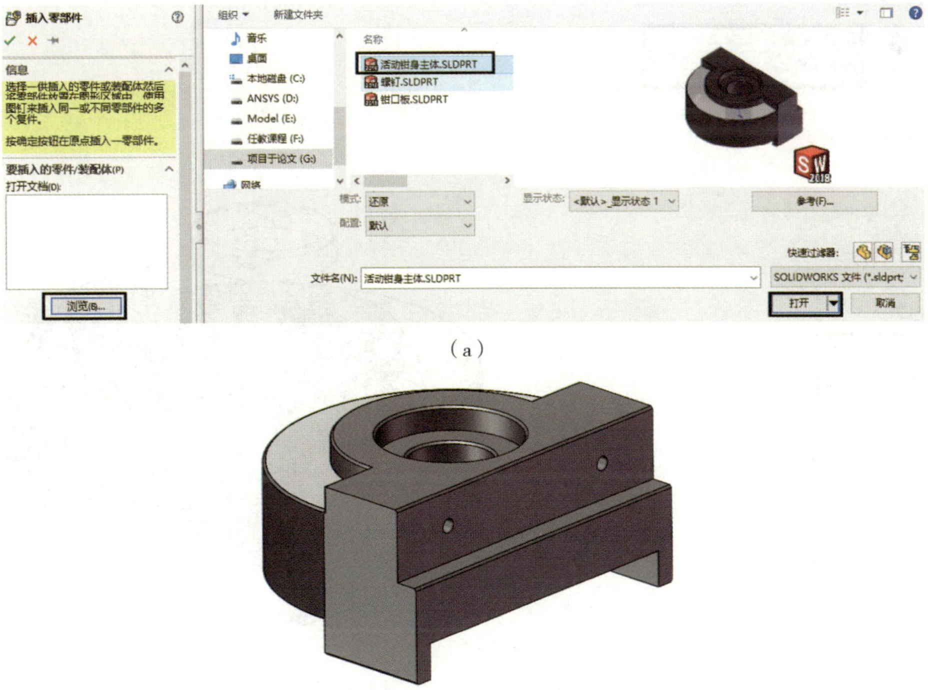

（a）

（b）

图 4–27　创建活动钳身子装配体步骤②

③单击“插入零部件”按钮，弹出“打开”对话框。对话框中选择活动钳身子装配体组件“螺钉.SLDPRT”，单击“打开”按钮，然后在绘图区中单击鼠标左键导入该零件，如图 4–28 所示。

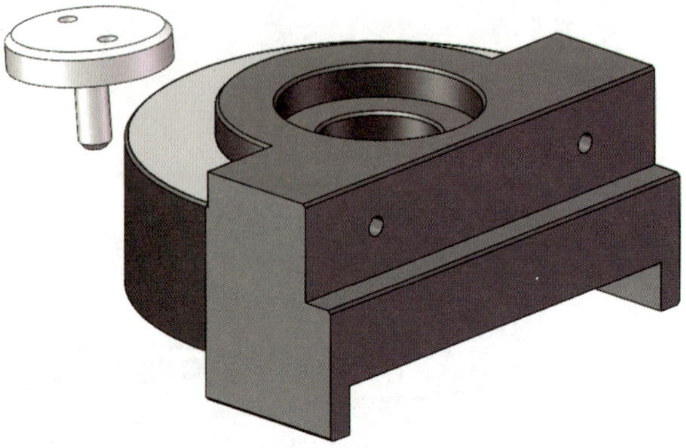

图 4–28　创建活动钳身子装配体步骤③

④为活动钳身主体和螺钉添加“同轴心”约束命令。单击“配合”选项卡，在“配合选择”选项组的显示框中，单击激活“配合选择”列表框，在“标准配合”栏中单击“同轴心”按钮，如图 4–29（a）所示。分别选择活动钳身主体内孔面和螺钉外圆面，单击“确定”按钮✓，如图 4–29（b）所示。

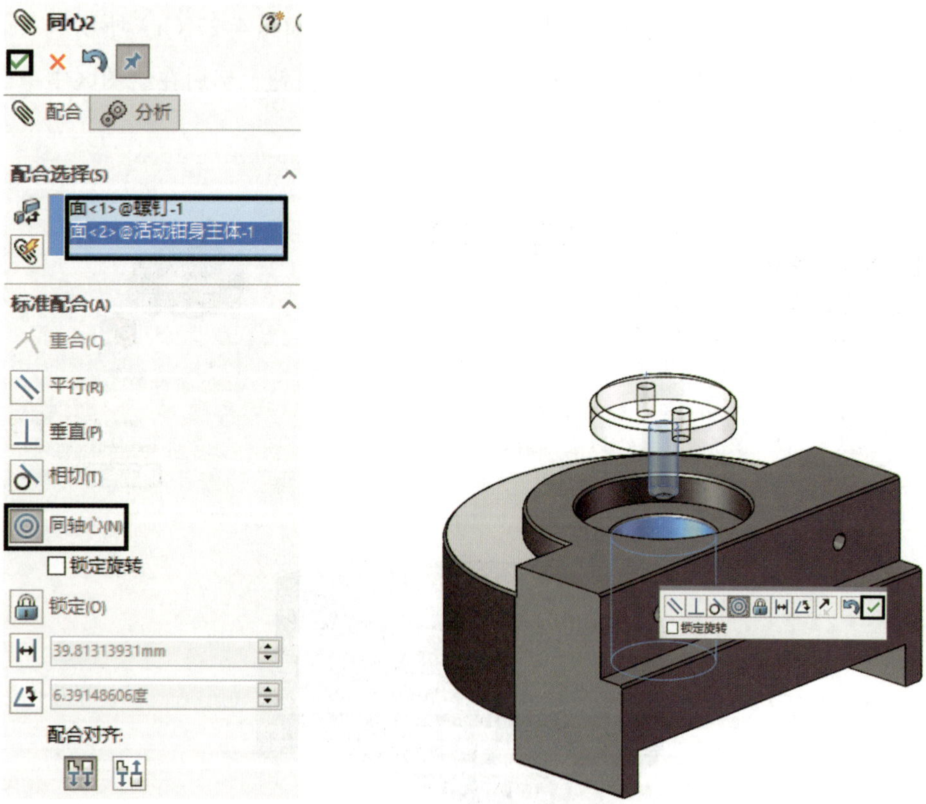

（a）　　　　（a）

图 4–29　创建活动钳身子装配体步骤④

⑤添加“重合”约束命令。在“配合选择”选项组的显示框中，单击激活“配合选择”列表框，在“标准配合”栏中单击“重合”按钮，如图 4-30（a）所示。选择活动钳身主体凹面和螺钉下表面，如图 4-30（b）所示。单击“确定”按钮，完成添加重合约束关系。

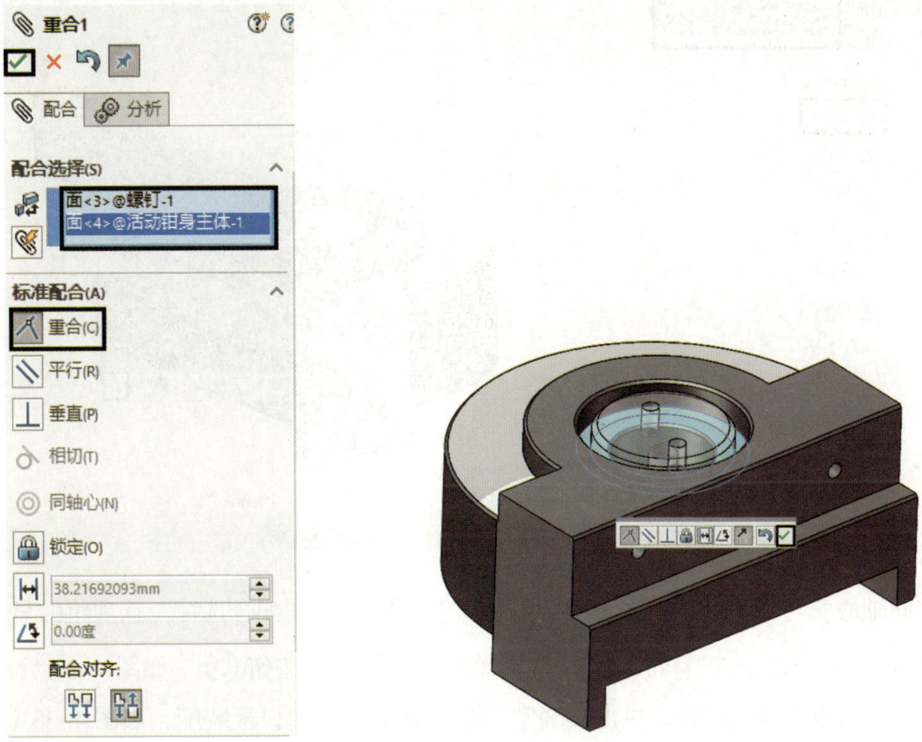

（a）　　　　（b）

图 4-30　创建活动钳身子装配体步骤⑤

⑥单击工具栏中的“插入零部件”按钮，弹出“打开”对话框。对话框中选择活动钳身子装配体组件“钳口板 .SLDPRT”，单击“打开”按钮，然后在绘图区中单击鼠标左键导入该零件，如图 4-31 所示。

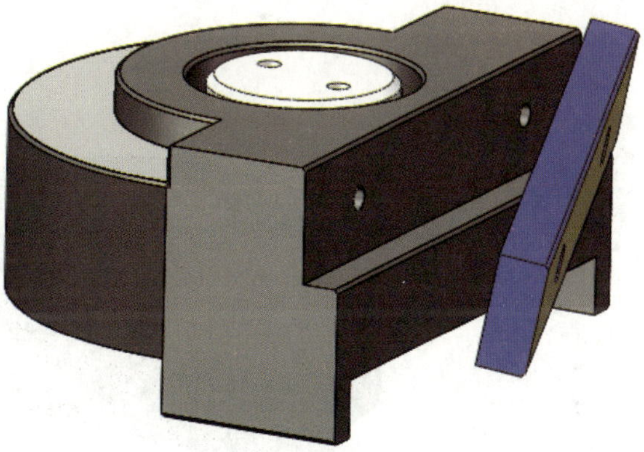

图 4-31　创建活动钳身子装配体步骤⑥

⑦添加“重合”约束命令。在“配合选择”选项组的显示框中，单击激活“配合选择”列表框，在“标准配合”栏中单击“重合”按钮，如图 4-32（a）所示。选择钳口板和活动钳身主体，如图 4-32（b）所示。单击“确定”按钮，完成添加重合约束关系。

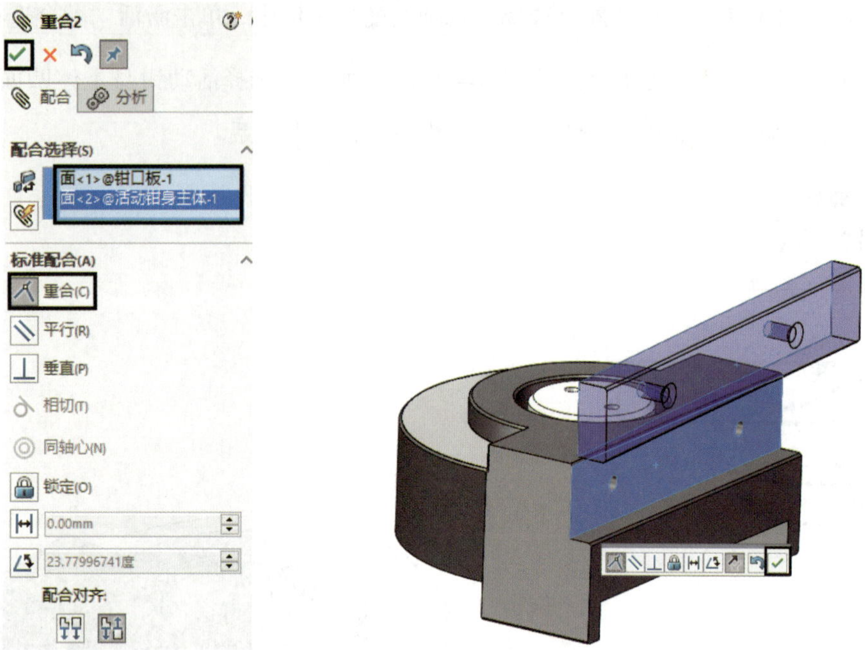

（a）　　　　　　（b）

图 4-32　创建活动钳身子装配体步骤⑦

⑧添加“同轴心”约束命令。单击“配合”选项卡，在“配合选择”选项组的显示框中，单击激活“配合选择”列表框，在“标准配合”栏中单击“同轴心”按钮，如图 4-33（a）所示。选择钳口板圆孔和活动钳身主体螺纹孔，单击“确定”按钮，完成钳口板装配，如图 4-33（b）所示。

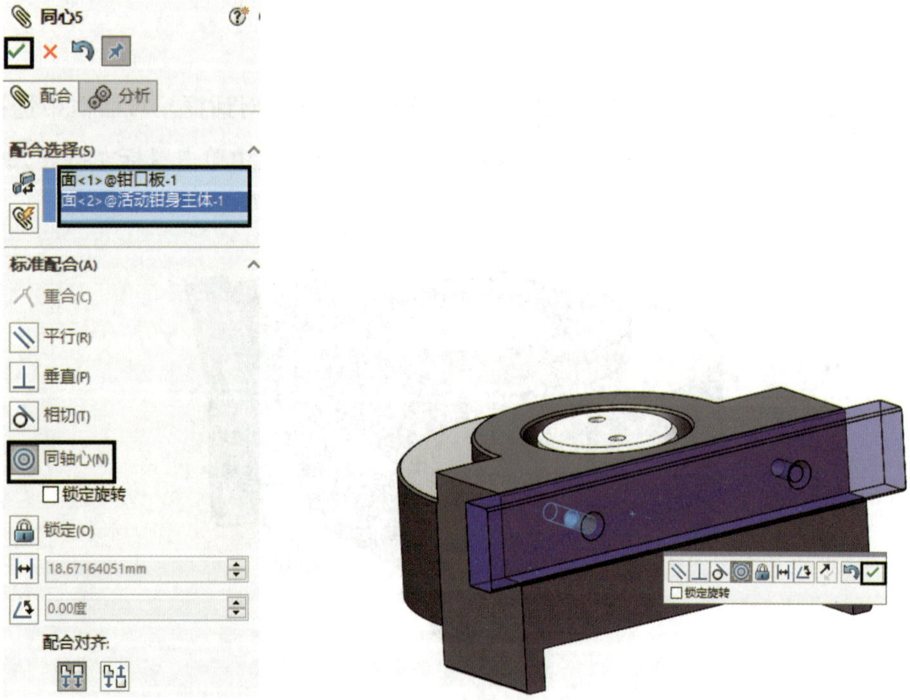

（a）　　　　　　（b）

图 4-33　创建活动钳身子装配体步骤⑧

⑨添加“平行”约束命令。在“配合选择”选项组的显示框中，单击激活“配合选择”列表框，在“标准配合”栏中单击“平行”按钮，如图 4–34（a）所示。选择活动钳身主体凸台上表面和钳口板下表面，如图 4–34（b）所示。单击“确定”按钮，完成添加平行约束关系。

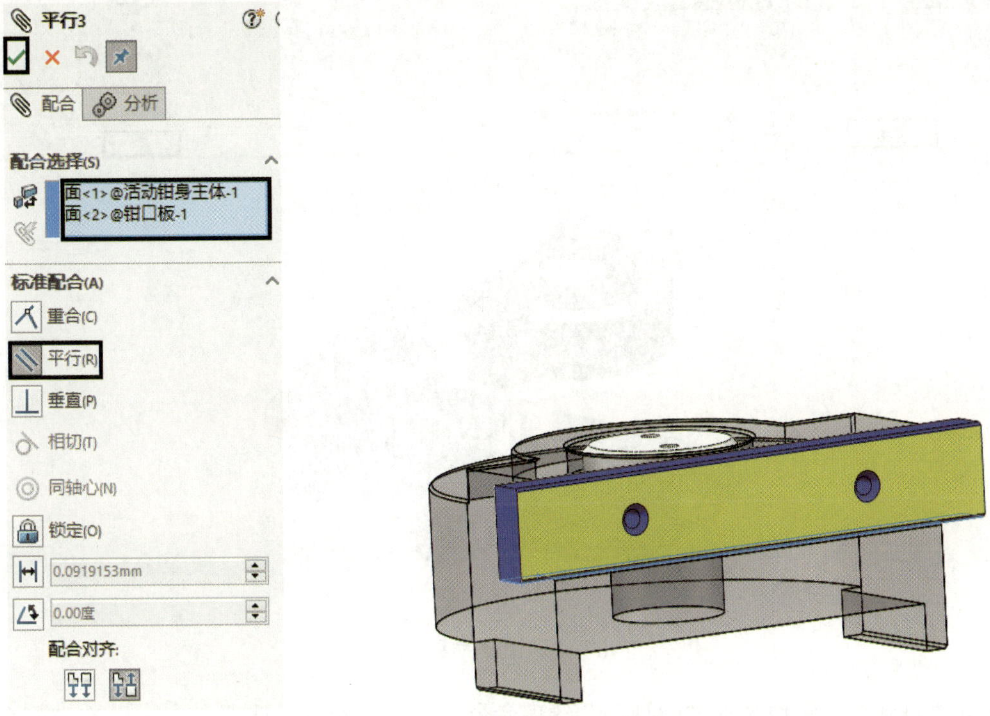

（a）　　（b）

图 4–34　创建活动钳身子装配体步骤⑨

⑩保存本项目，完成后的模型如图 4–35 所示。

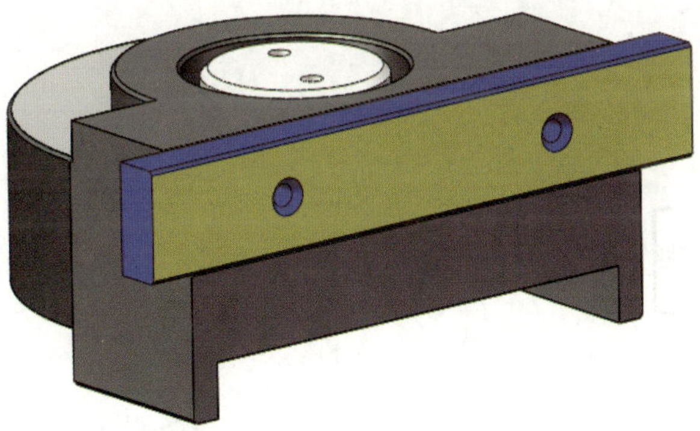

图 4–35　活动钳身子装配体效果

（8）装配活动钳身。

①单击工具栏中的“插入零部件”按钮，弹出“打开”对话框，如图 4–36（a）所示。在对话框中选择机用虎钳装配组件“活动钳身 .SLDASM”，单击“打开”按钮，然后在绘图区中单击鼠标左键导入该零件，如图 4–36（b）所示。

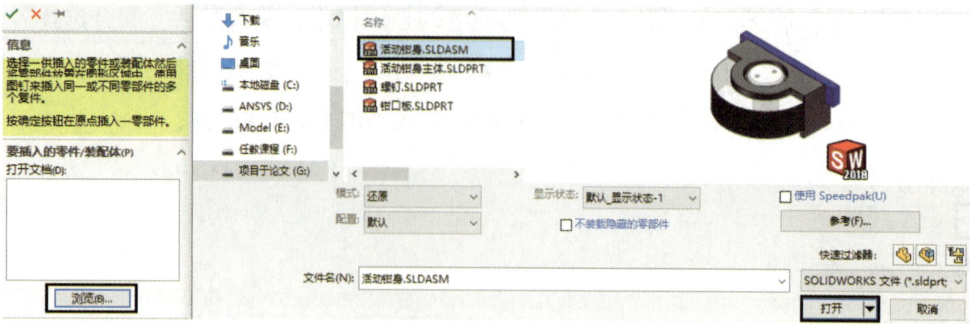

（a）

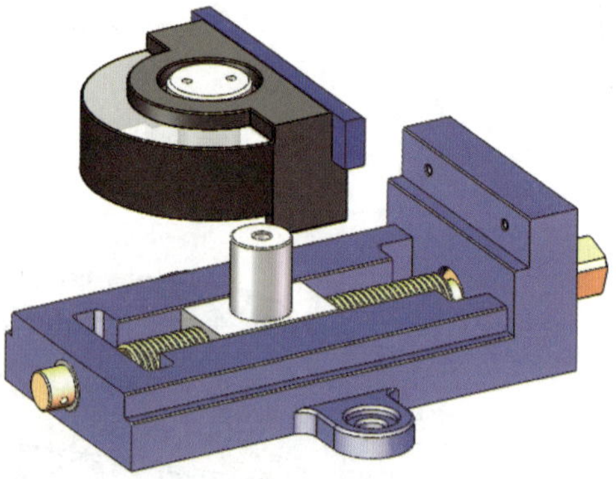

（b）

图 4-36　导入活动钳身

②为活动钳身和螺母滑块添加“同轴心”约束命令。单击“配合”选项卡 ，在“配合选择”选项组的显示框中，单击激活“配合选择”列表框，在“标准配合”栏中单击“同轴心”按钮 ，如图 4-37（a）所示。分别选择活动钳身内孔面和螺母滑块外圆面，单击“确定”按钮 ，完成垫圈 2 装配，如图 4-37（b）所示。

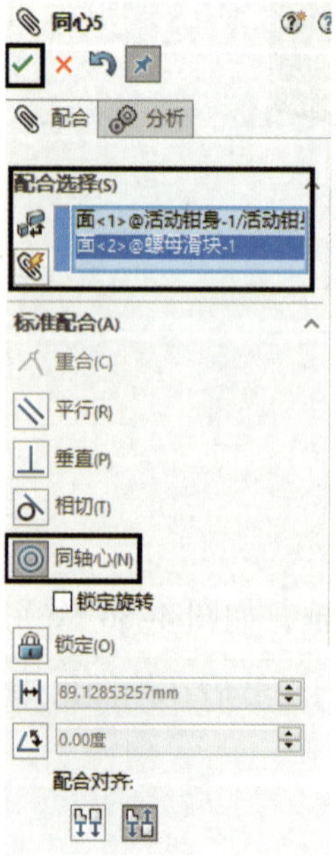

（a）

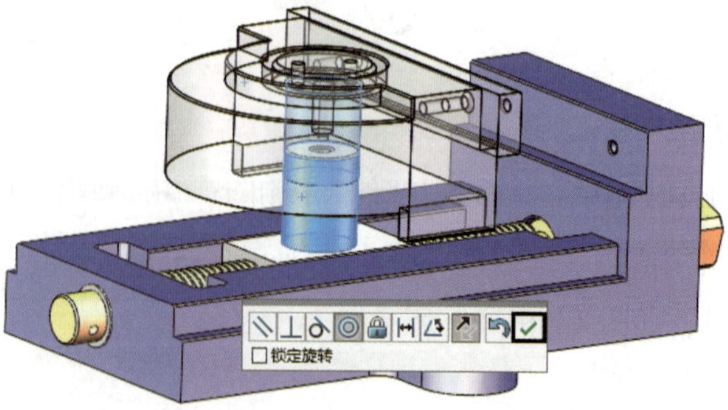

（b）

图 4-37　装配活动钳身步骤②

③添加“重合”约束命令。在“配合选择”选项组的显示框中，单击激活“配合选择”列表框，在“标准配合”栏中单击“重合”按钮，如图 4–38（a）所示。选择活动钳身底面和螺母滑块上表面，如图 4–38（b）所示。单击“确定”按钮✔，完成添加重合约束关系。

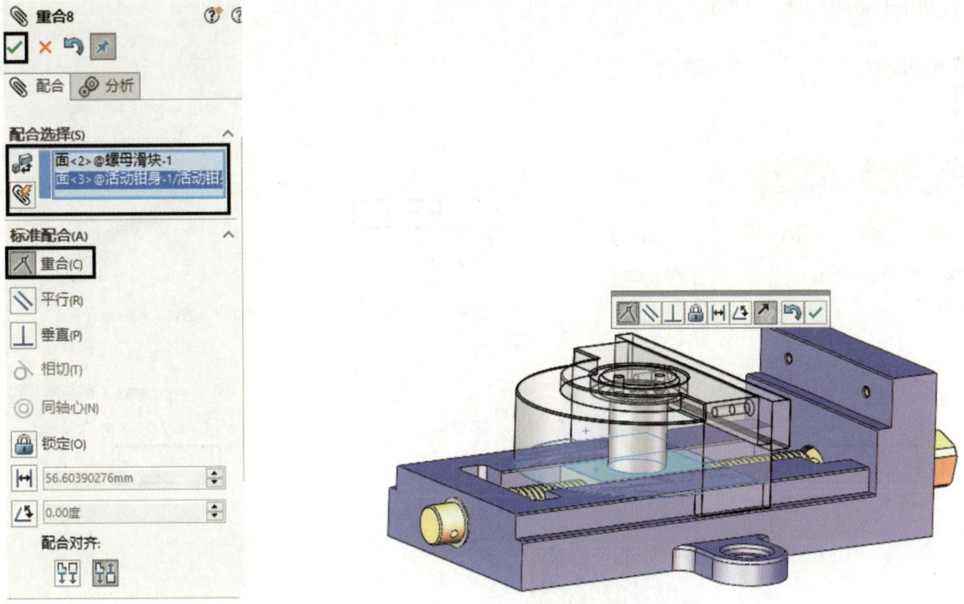

（a）　　　　（b）

图 4–38　装配活动钳身步骤③

④继续添加“重合”约束命令。在“配合选择”选项组的显示框中，单击激活“配合选择”列表框，在“标准配合”栏中单击“重合”按钮，如图 4–39（a）所示。选择活动钳身底侧面和固定钳身滑道侧面，如图 4–39（b）所示。单击“确定”按钮✔，完成活动钳身装配。

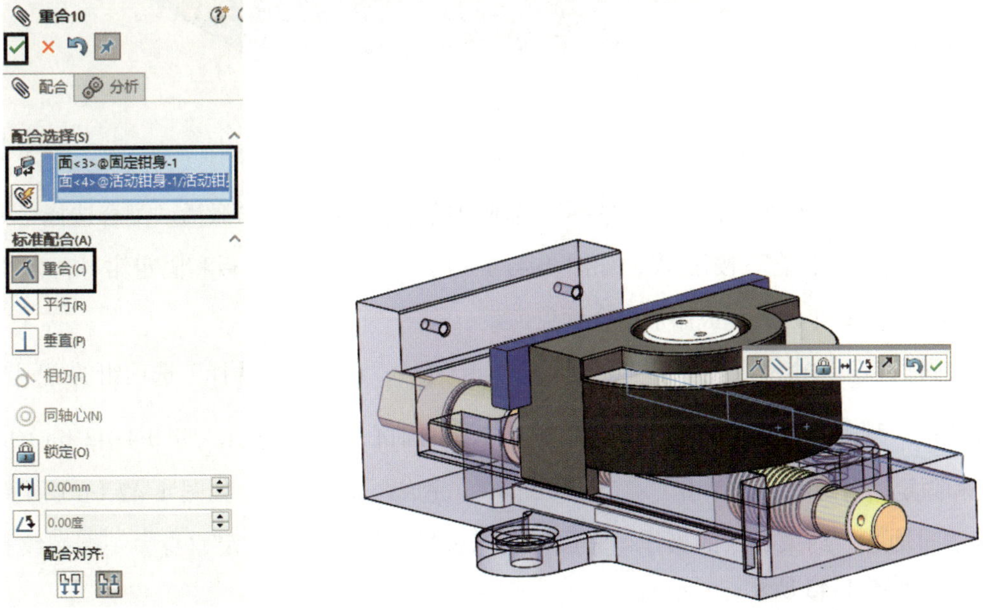

（a）　　　　（b）

图 4–39　装配活动钳身步骤④

（9）装配钳口板。

①单击工具栏中的“插入零部件”按钮 ，弹出“打开”对话框，如图 4–40（a）所示。在对话框中选择机用虎钳装配组件“钳口板 .SLDPRT”，单击“打开”按钮，然后在绘图区中单击鼠标左键导入该零件，如图 4–40（b）所示。

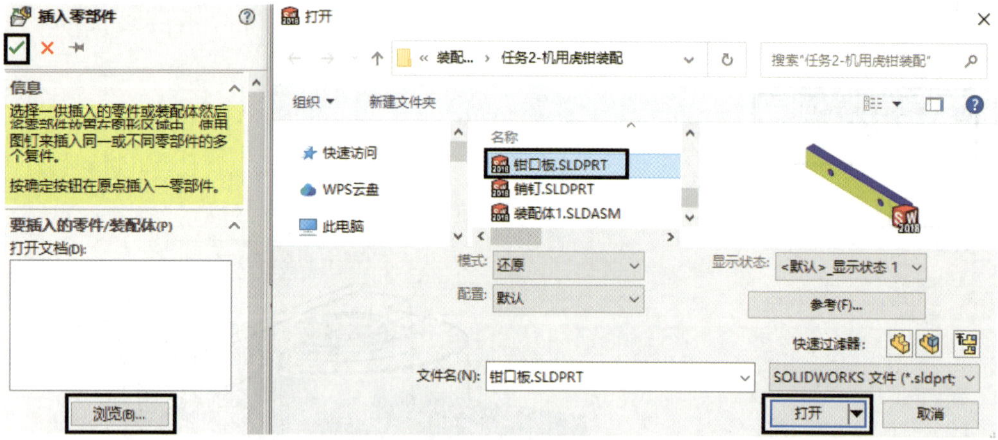

（a）

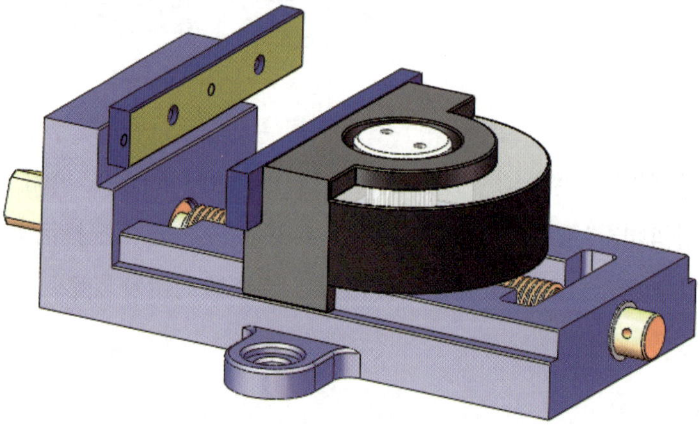

（b）

图 4–40　导入钳口板

②添加“重合”约束命令。在“配合选择”选项组的显示框中，单击激活“配合选择”列表框，在“标准配合”栏中单击“重合”按钮，如图 4–41（a）所示。选择钳口板和固定钳身，如图 4–41（b）所示。单击“确定”按钮，完成添加重合约束关系。

③添加“同轴心”约束命令。单击“配合”选项卡，在“配合选择”选项组的显示框中，单击激活“配合选择”列表框，在“标准配合”栏中单击“同轴心”按钮，如图 4–42（a）所示。选择钳口板圆孔和固定钳身螺纹孔，单击“确定”按钮，完成钳口板装配，如图 4–42（b）所示。

④重复“同轴心”约束命令的操作，完成对钳口板另一端圆孔的固定钳身另一端螺纹孔的“同轴心”约束命令，如图 4–43 所示。

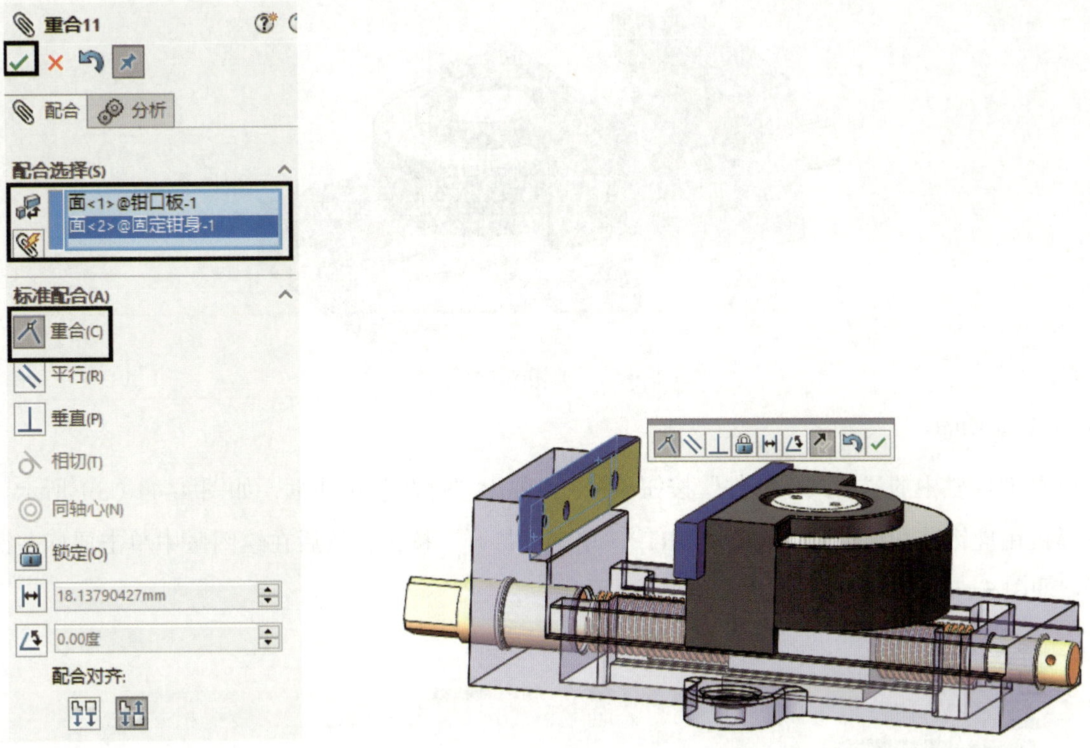

（a）　　（b）

图 4–41　装配钳口板步骤②

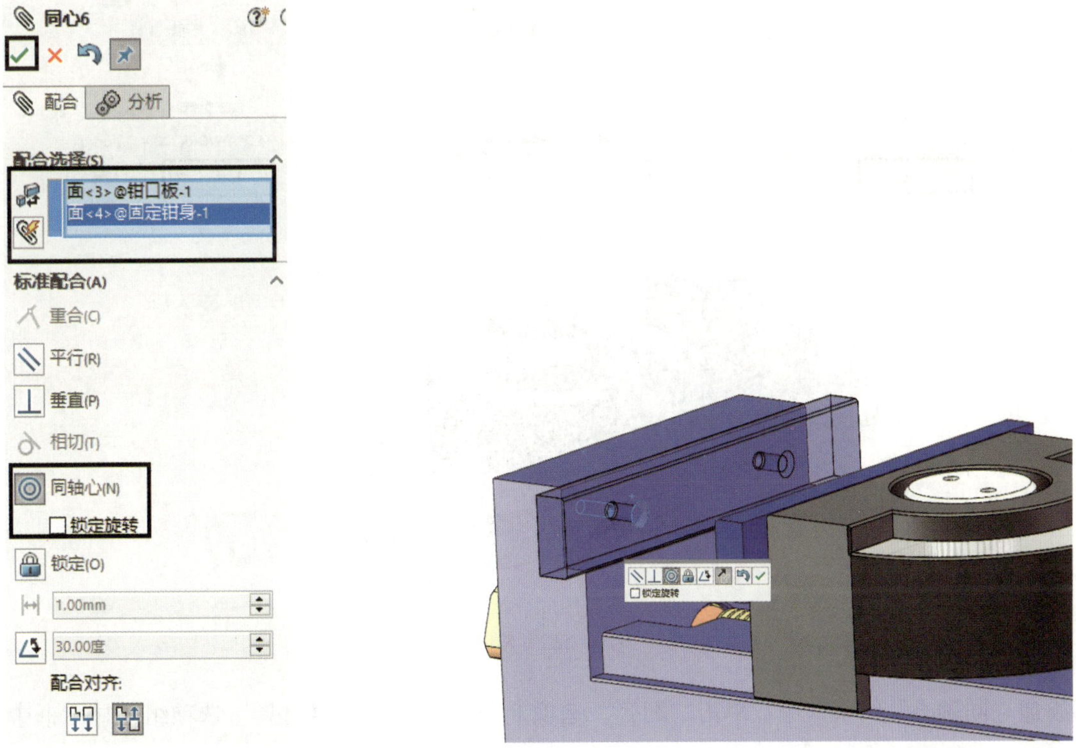

（a）　　（b）

图 4–42　装配钳口板步骤③

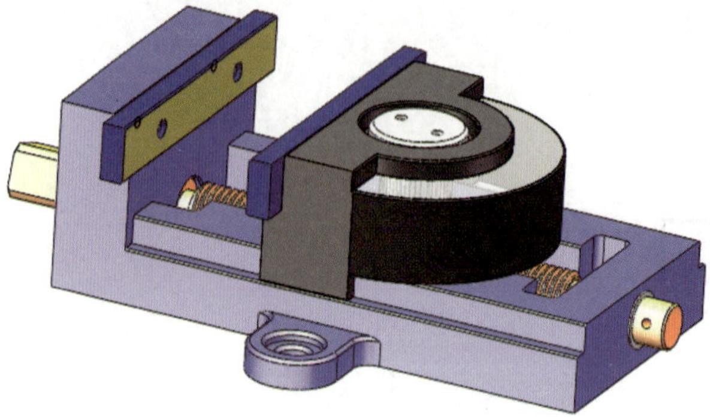

图 4-43　装配钳口板步骤④

（10）装配挡圈。

①单击工具栏中的“插入零部件”按钮 ，弹出“打开”对话框，如图 4-44（a）所示。对话框中选择机用虎钳装配组件“挡圈 .SLDPRT”，单击“打开”按钮，然后在绘图区中单击鼠标左键导入该零件，如图 4-44（b）所示。

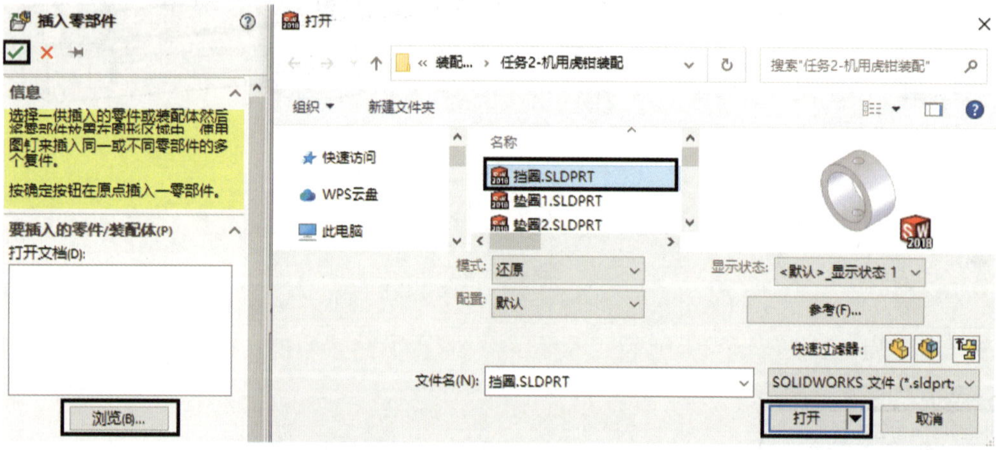

（a）

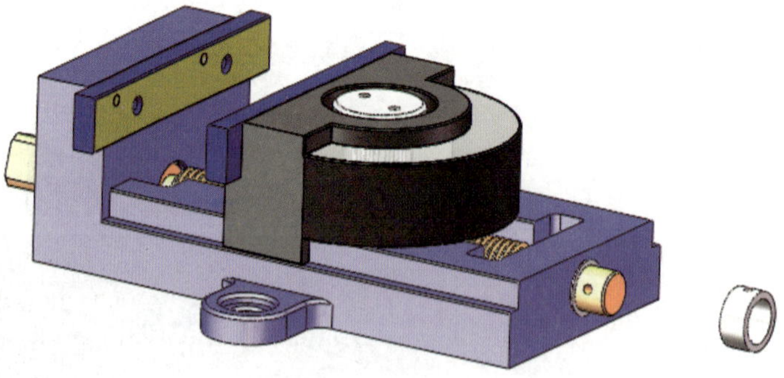

（b）

图 4-44 导入挡圈

②添加“同轴心”约束命令。单击“配合”选项卡 ，在“配合选择”选项组的显示框中，单击激活“配合选择”列表框，在“标准配合”栏中单击“同轴心”按钮 ，如图 4-45（a）所示。选择挡圈内孔和螺杆外圆，单击“确定”按钮 ，如图 4-45（b）所示。

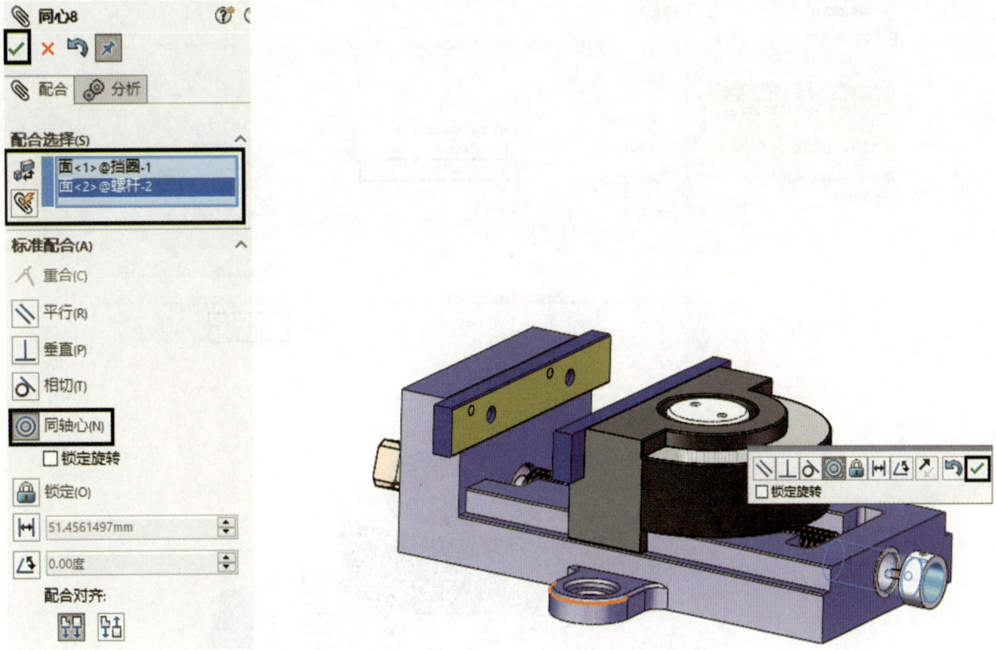

（a）　　　　　　　　　　（b）

图 4-45　装配挡圈步骤②

③重复“同心轴”约束命令的操作，完成对挡圈销钉孔和螺杆销钉孔的“同轴心”约束命令，如图 4-46 所示。

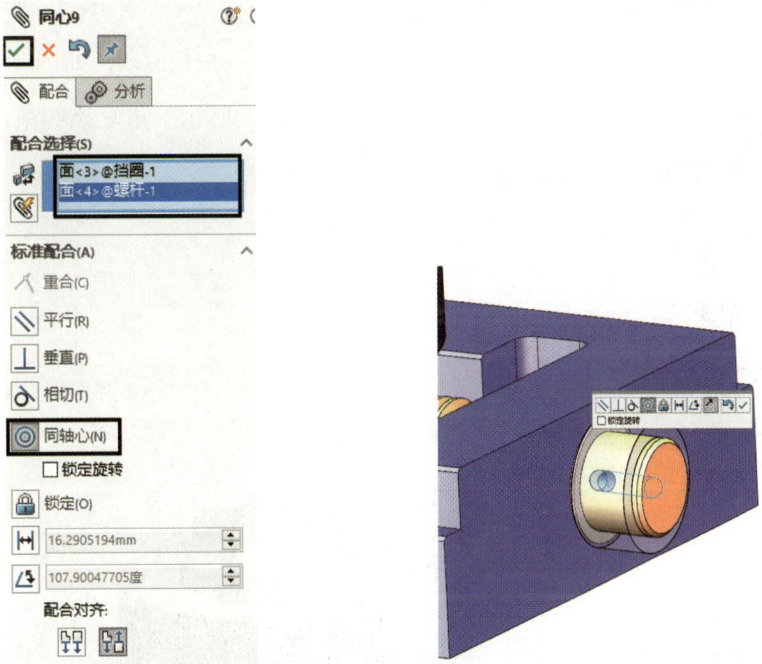

（a）　　　　　　　　　　（b）

图 4-46　装配挡圈步骤③

（11）装配销钉。

①单击工具栏中的“插入零部件”按钮 ，弹出“打开”对话框，如图 4-47（a）所示。对话框中选择机用虎钳装配组件“销钉 .SLDPRT”，单击“打开”按钮，然后在绘图区中单击鼠标左键导入该零件，如图 4-47（b）所示。

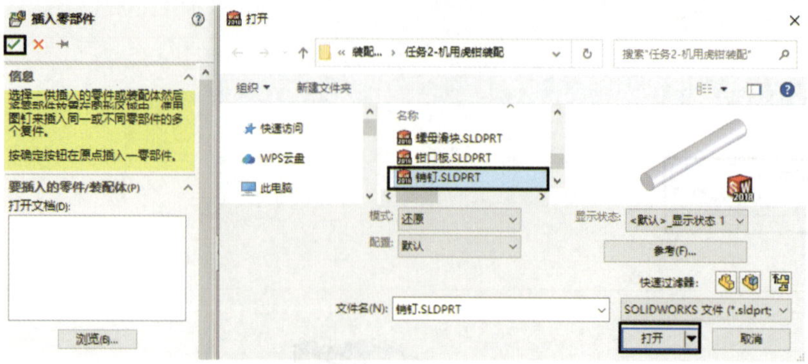

(a)

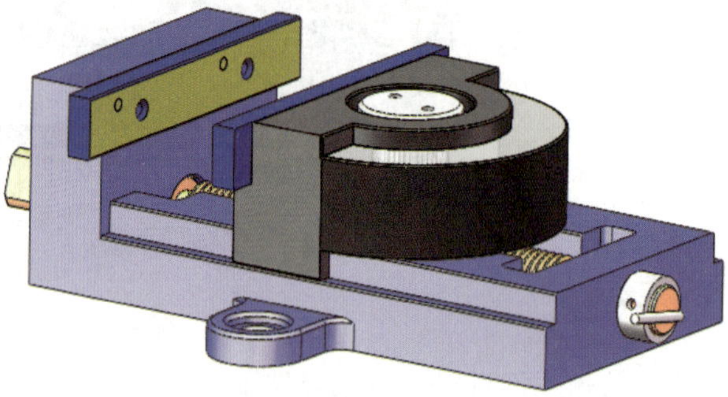

(b)

图 4-47　导入销钉

②添加“同轴心”约束命令。单击“配合”选项卡，在“配合选择”选项组的显示框中，单击激活“配合选择”列表框，在“标准配合”栏中单击“同轴心”按钮，如图 4-48（a）所示。选择销钉外圆和挡圈销钉孔，单击“确定”按钮✓，如图 4-48（b）所示。重复该约束命令操作，完成对销钉外圆和挡圈销钉孔的“同轴心”约束命令。

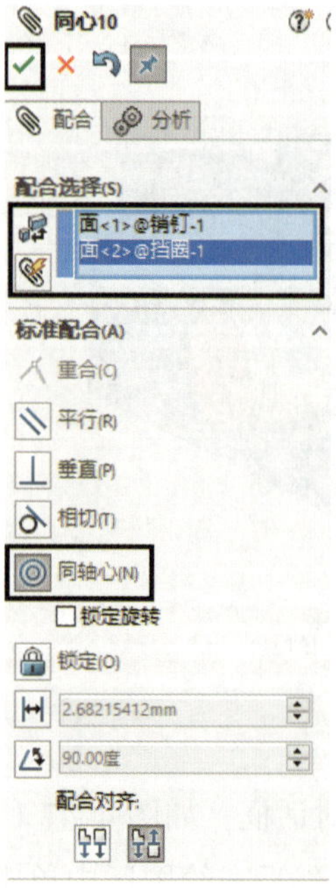

(a)

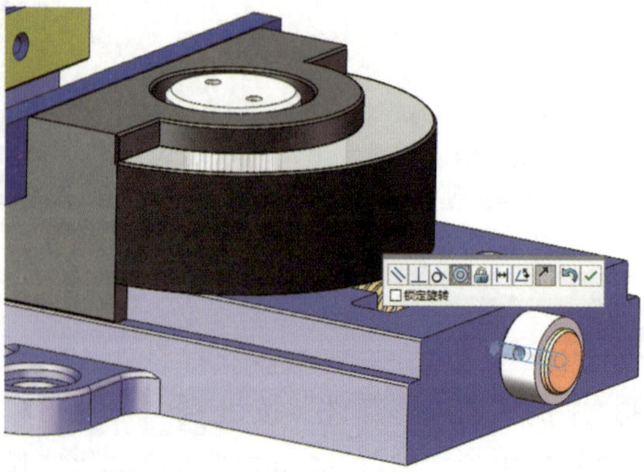

(b)

图 4-48　装配销钉步骤②

③添加“距离”约束命令。单击“配合”选项卡，在“配合选择”选项组的显示框中，单击激活“配合选择”列表框，在“标准配合”栏中单击“距离”按钮并输入“17.50 mm”，如图 4-49（a）所示。选择销钉端面和挡圈上视基准面，单击“确定”按钮，如图 4-49（b）所示。

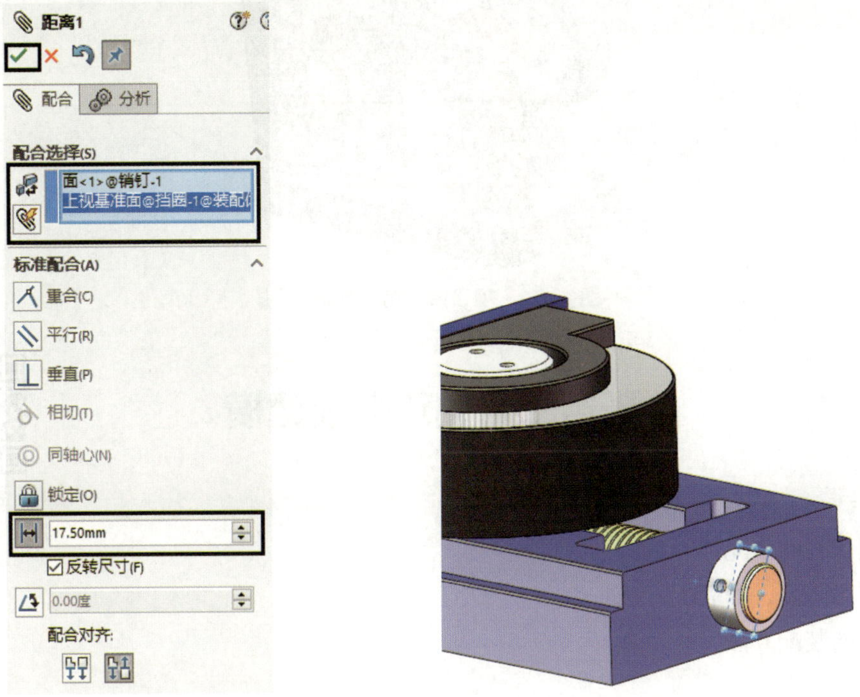

（a）　　（b）

图 4-49　装配销钉步骤③

5. 任务总结

（1）在添加“配合”约束命令时，单击要配合的面或线等，系统会在装配环境中弹出如图 4-50 的快捷工具栏，可从中快速选择“配合”按钮。

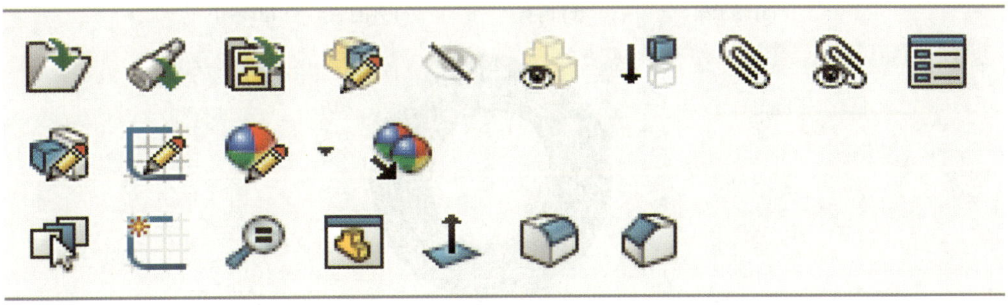

图 4-50　“配合”快捷工具栏

（2）装配设计的基本操作：装配环境下零部件的调入、复制、删除、隐藏与显示、移动与旋转等；配合关系的添加与编辑。

6. 任务拓展

在 SolidWorks 中完成如图 4–51 所示的模型。

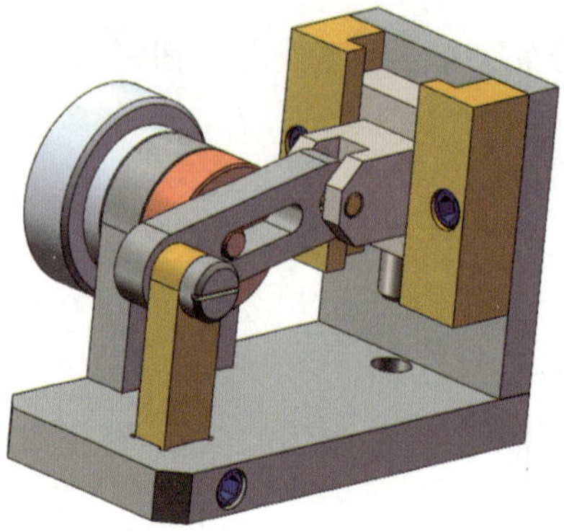

图 4–51 项目四任务二拓展练习

任务三 轴承装配建模

导学视频

1. 目标知识点

（1）掌握创建新的装配体。

（2）掌握利用阵列、等装配方法。

（3）理解镜向装配方法。

2. 任务介绍

在 SolidWorks 软件中建立轴承装配模型，如图 4–52 所示。

(a) 轴承架　(b) 内圈　(c) 外圈　(d) 滚子

(e) 装配体

图 4–52 轴承

3. 任务分析

（1）确定轴承架作为装配体的基准零件。

（2）用同轴心和宽度配合方法实现内圈与轴承架的装配。

（3）用相切和同轴心配合方法完成滚子与内圈、轴承架的装配。

（4）利用圆周阵列将滚子均匀分布内圈上。

（5）用同轴心和宽度配合方法实现外圈与轴承架的装配。

4. 任务实施

（1）进入装配体建模环境。进入装配体环境有两种方法：第一种是新建文件时，执行“文件”→“新建”命令，系统弹出“新建 SolidWorks 文件”对话框，选择“装配体”模板，单击“确定”命令，进入装配体建模环境。

（2）确定装配基准零件。在“开始装配体”对话框中单击“浏览”命令，在弹出的“打开”对话框中选择轴承装配组件“轴承架.SLDPRT”，单击“打开”按钮，如图 4–53（a）所示。零件会随鼠标移动，在绘图区域中任意位置单击鼠标左键，放置轴承架，确定装配基准零件，如图 4–53（b）所示。

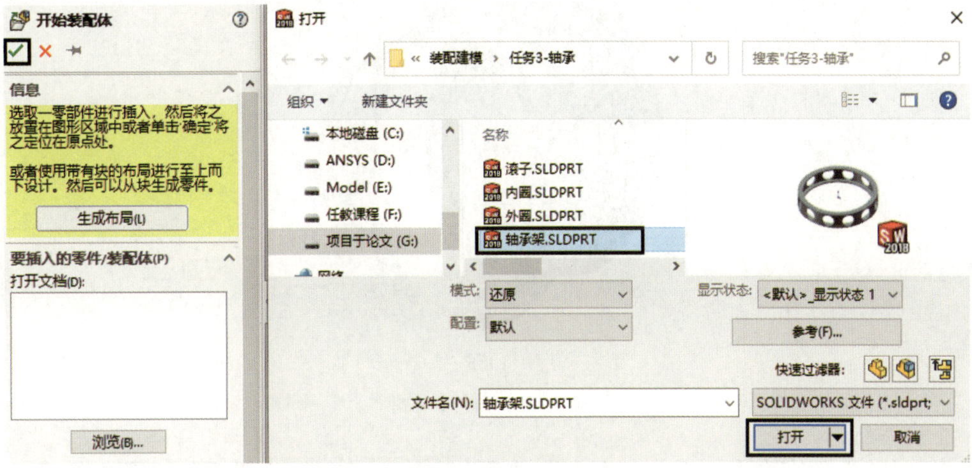

（a）

（b）

图 4–53　导入轴承架

（3）装配内圈。

①在“开始装配体”对话框中单击“浏览”命令，在弹出的“打开”对话框中选择轴承装配组件“内圈.SLDPRT”，单击“打开”按钮，如图 4–54（a）所示。零件会随鼠标移动，在绘图区域中任意位置单击鼠标左键，放置内圈，如图 4–54（b）所示。

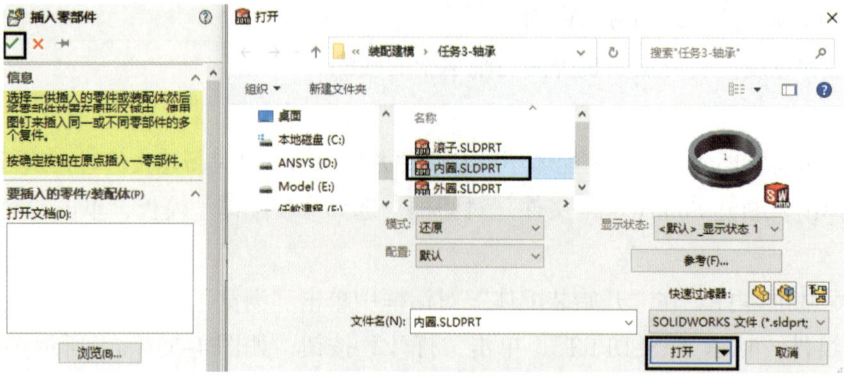

（a）

（b）

图 4–54　导入内圈

②添加“同轴心”约束命令。单击“配合”选项卡，在“配合选择”选项组的显示框中，单击激活“配合选择”列表框，在“标准配合”栏中单击“同轴心”按钮，如图 4–55（a）所示。选择内圈内圆和轴承架外圆，单击“确定”按钮，如图 4–55（b）所示。

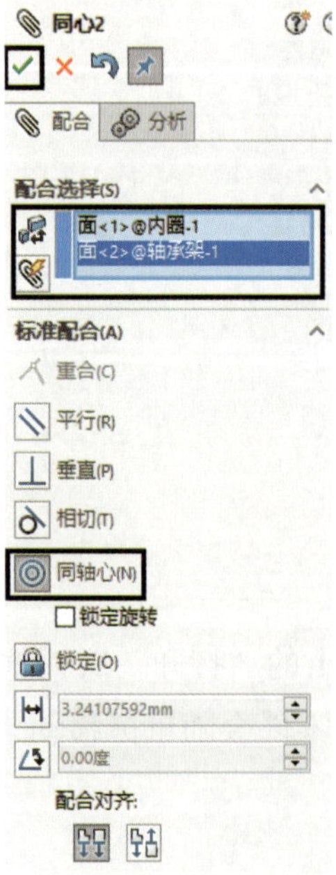

（a）

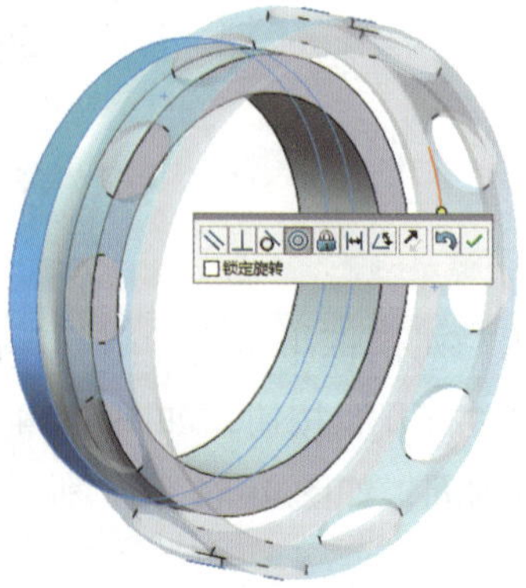

（b）

图 4–55　装配内圈步骤②

③为内圈和轴承架添加“宽度”约束命令，单击“配合”选项卡，选择“高级配合”选项区域中“宽度”约束命令，如图 4–56（a）所示。按照顺序分别在“宽度选择”对话框中选择内圈两侧作为宽度参考，在“薄片选择”对话框中选择轴承架两侧面作为标准参考，如图 4–56（b）所示。单击“确定”按钮，完成内圈装配。

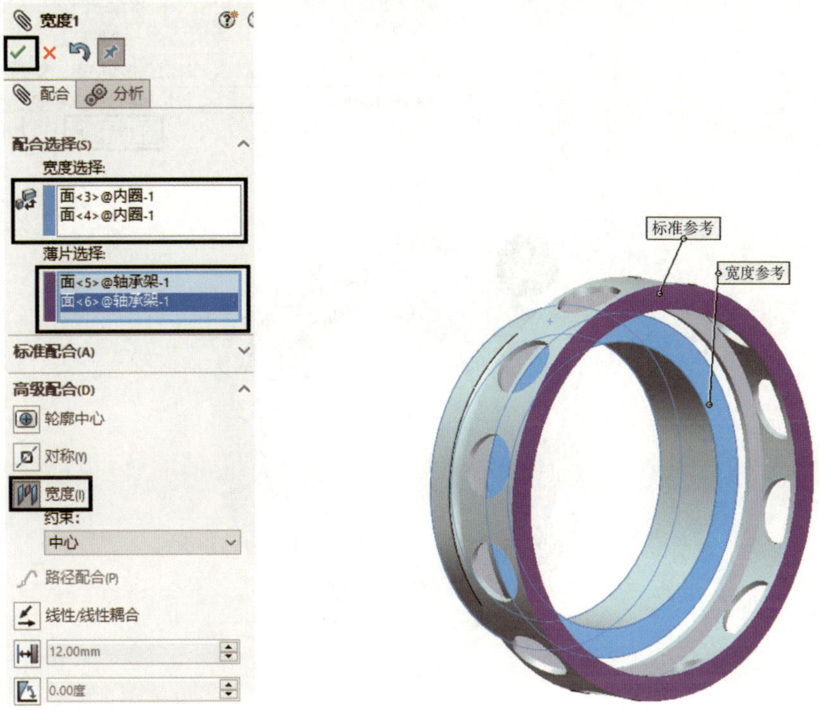

（a）　　　　（b）

图 4–56　装配内圈步骤③

（4）装配滚子。

①在“开始装配体”对话框中单击“浏览”命令，在弹出的“打开”对话框中选择轴承装配组件“滚子 .SLDPRT”，单击“打开”按钮，如图 4–57（a）所示。零件会随鼠标移动，在绘图区域中任意位置单击鼠标左键，放置内圈，如图 4–57（b）所示。

②添加“同轴心”约束命令。单击“配合”选项卡，在“配合选择”选项组的显示框中，单击激活“配合选择”列表框，在“标准配合”栏中单击“同轴心”按钮，如图 4–58（a）所示。选择滚子表面和轴承架圆孔，单击“确定”按钮，如图 4–58（b）所示。

③添加“相切”约束命令。单击“配合”选项卡，在“配合选择”选项组的显示框中，单击激活“配合选择”列表框，在“标准配合”栏中单击“相切”按钮，如图 4–59（a）所示。选择滚子表面和内圈滚槽表面，单击“确定”按钮，如图 4–59（b）所示。

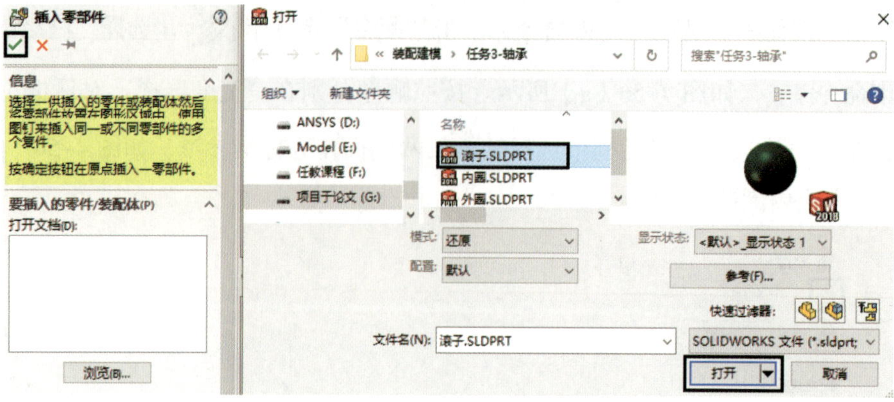

（a）

（b）

图 4–57　导入滚子

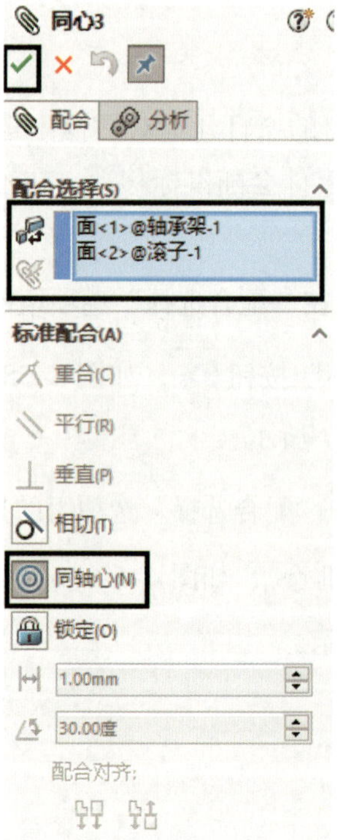

（a）

（b）

图 4–58　装配滚子步骤②

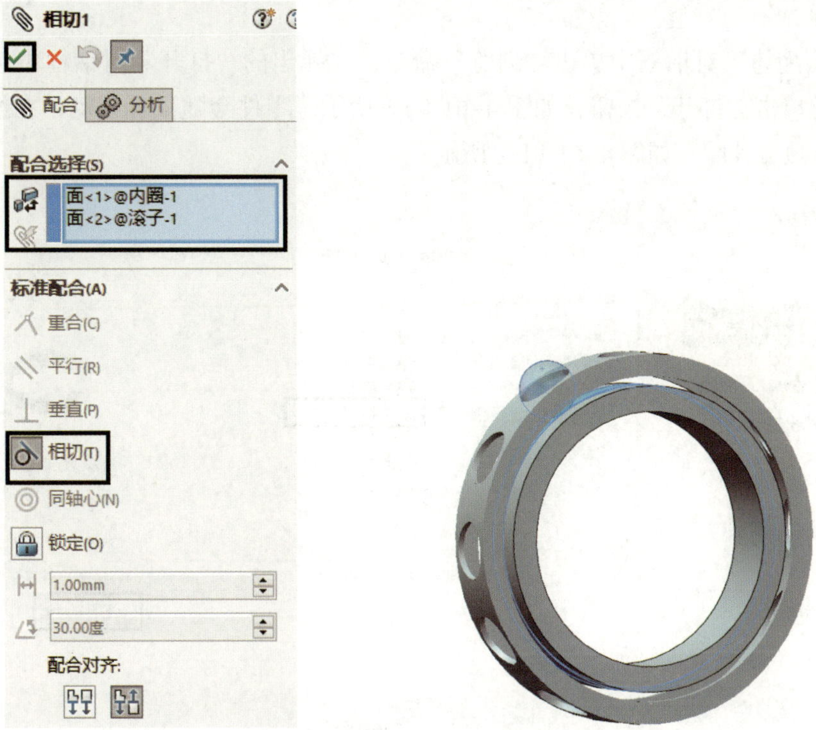

（a）　　　　　　　　　　　　　　（b）

图 4-59　装配滚子步骤③

④滚子圆周阵列分布。单击“装配体”工具栏中“线性零部件阵列”下的“圆周零部件阵列”按钮，系统弹出“圆周阵列”属性管理器，在“参数”选项组中，单击轴承架边线，设置角度为 30 度，数量为 12，在“要阵列的零部件”中选择滚子，如图 4-60（a）所示。单击“确定”按钮，如图 4-60（b）所示。

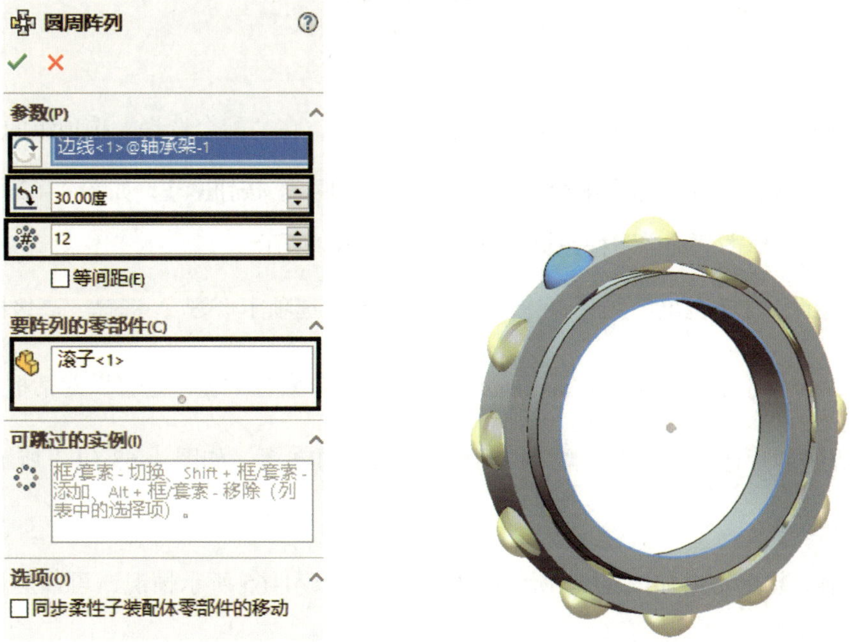

（a）　　　　　　　　　　　　　　（b）

图 4-60　滚子阵列装配

（5）装配外圈。

①在“开始装配体”对话框中单击“浏览”命令，在弹出的“打开”对话框中选择轴承装配组件“外圈 .SLDPRT”，单击“打开”按钮，如图 4-61（a）所示。零件会随鼠标移动，在绘图区域中任意位置单击鼠标左键，放置外圈，如图 4-61（b）所示。

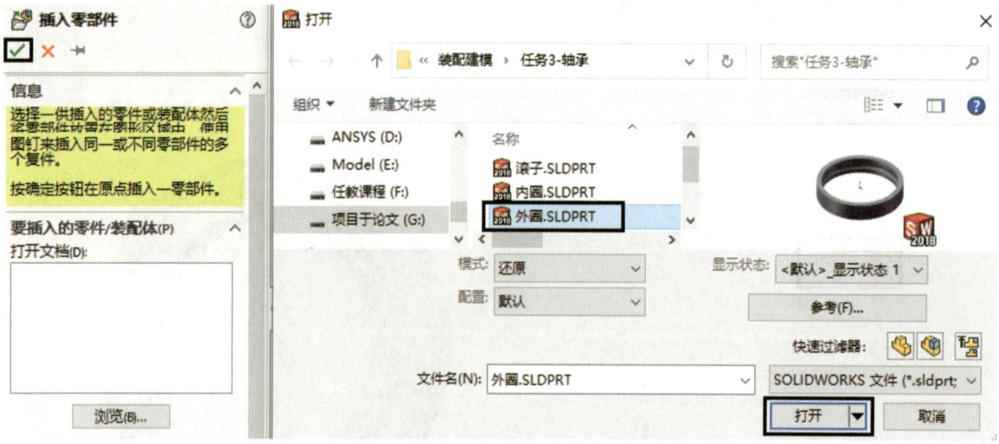

（a）

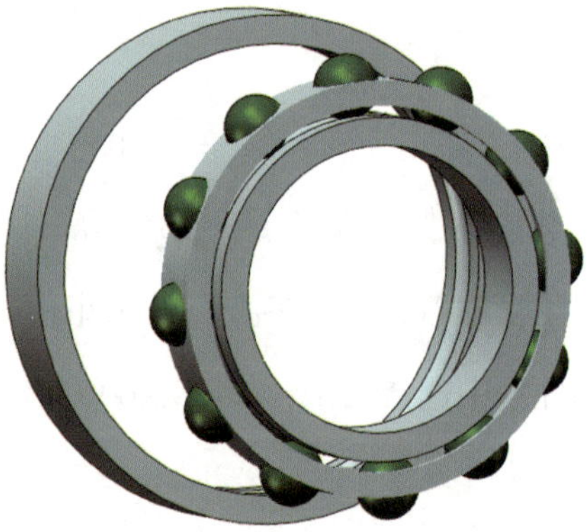

（b）

图 4-61　导入外圈

②添加“同轴心”约束命令。单击“配合”选项卡，在“配合选择”选项组的显示框中，单击激活“配合选择”列表框，在“标准配合”栏中单击“同轴心”按钮，如图 4-62（a）所示。选择外圈外圆和内圈内圆，单击“确定”按钮✓，如图 4-62（b）所示。

③为外圈和内圈添加“宽度”约束命令。单击“配合”选项卡，选择“高级配合”选项区域中“宽度”约束命令，如图 4-63（a）所示。按照顺序分别在“宽度选择”对话框中选择外圈两侧作为宽度参考，在“薄片选择”下方选择内圈两侧面作为标准参考，如图 4-63（b）所示。单击“确定”按钮✓，完成外圈装配。

保存文件，轴承装配结果如图 4-64 所示。如果出现如图 4-65 所示情况，可以尝试改变配合对齐方式。

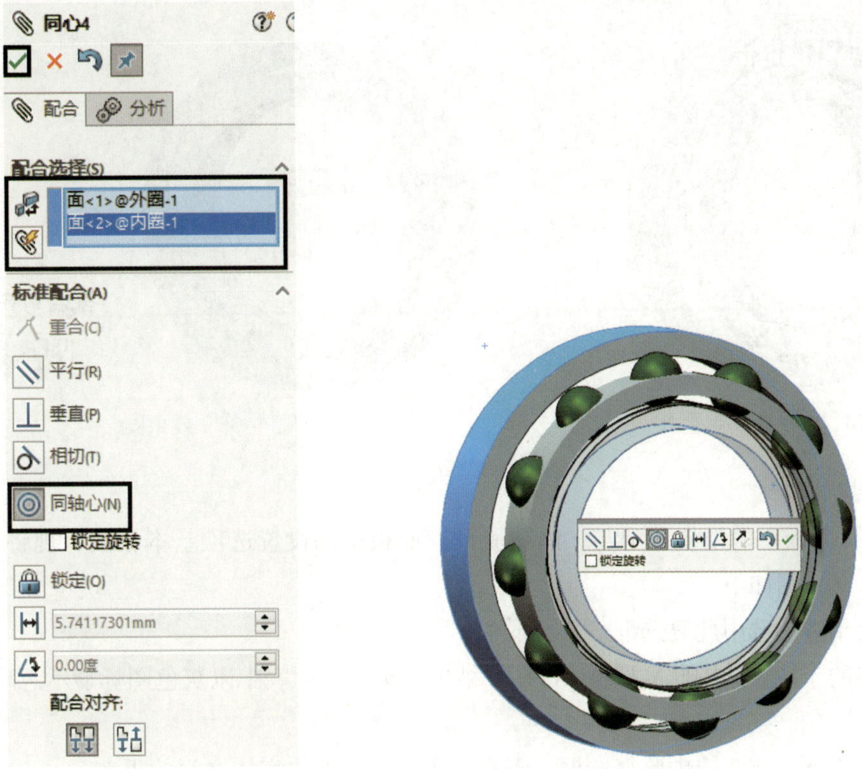

（a）　　　　（b）

图 4-62　装配外圈步骤②

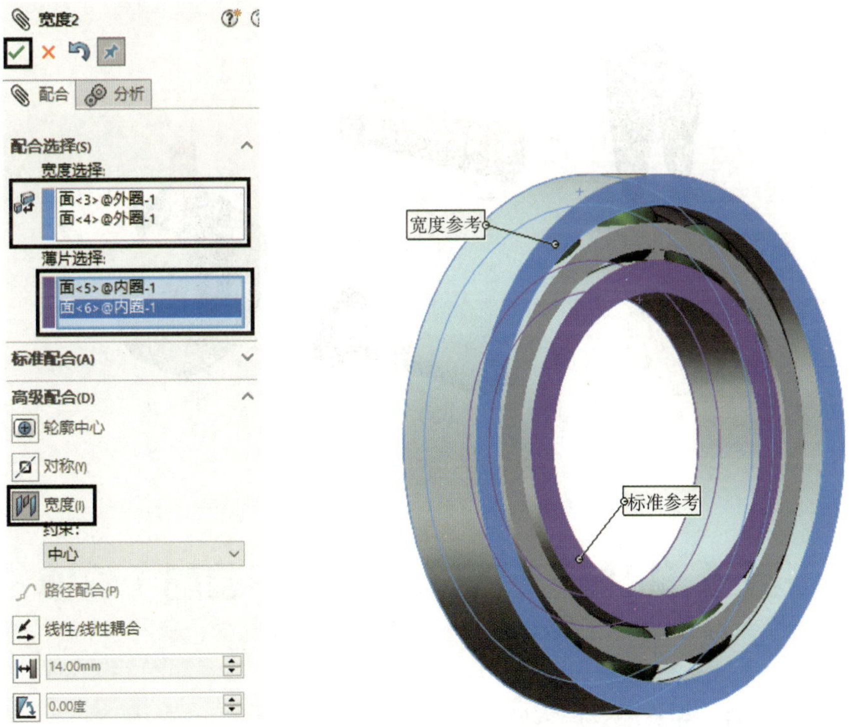

（a）　　　　（b）

图 4-63　装配外圈步骤③

图 4-64 轴承装配效果图

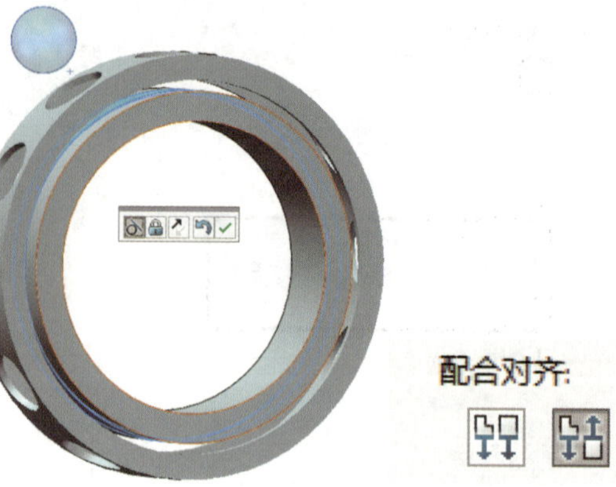

图 4-65 效果图

5. 任务总结

“干涉检查”面板中的设置选项与“间隙验证”面板中的设置选项基本相同，现将“选项”选项区中不同的选项含义介绍如下。

①视重合为干涉：选中此复选框，将零部件重合视为干涉。

②显示忽略的干涉：选中此复选框，将在“结果”选项区列表中以灰色图标显示忽略的干涉。反之，则不显示。

③包括多体零件干涉：选中此复选框，将报告多实体零件中实体之间的干涉。

6. 任务拓展

在 SolidWorks 中完成如图 4-66 所示的模型。

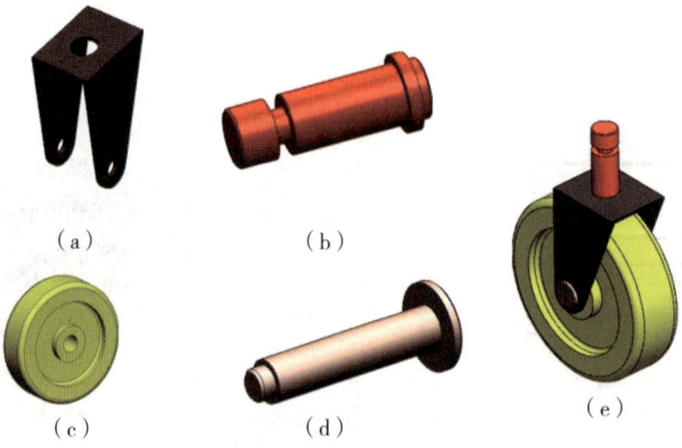

图 4-66 项目四任务三拓展练习

任务四 机械臂装配（自顶向下装配）建模

导学视频

1. 目标知识点

（1）掌握装配设计思路：先装配、后零件，零件关联。

（2）注意自顶向下装配与自下而上装配方法的不同。

2. 任务介绍

根据图 4-67（a）（b）（c）所示组件，完成图 4-67（d）所示的机械臂装配。

3. 任务分析

（1）在装配环境中利用“草图”与“实体”创建底座、关节 1、连接杆 1 模型设计。

（2）利用同轴心、宽度、重合配合方法完成关节 2（关节 1 模型）、连接杆 2（连接杆 1 模型）装配。

（a）底座

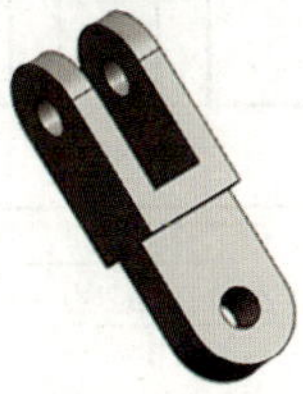

（b）关节

（c）连接件

（d）机械臂装配体

图 4–67　机械臂组件与装配体

4. 任务实施

（1）进入装配环境。

①打开 SolidWorks 软件，执行“文件”→“新建”命令，系统弹出“新建 SolidWorks 文件”对话框，执行“装配体”→“确定”命令。进入 SolidWorks 软件装配图主界面。

②保存新建装配体，点击保存按钮，将创建的新装配体另保存到素材文件夹中，命名为“机械臂装配体”，单击“保存”。

（2）装配环境中创建底座模型。

①单击“装配体”工具栏中的“插入零部件”选项卡“新零件”按钮，指针变成✓形状，在装配体绘制区域单击鼠标左键。鼠标右键单击设计树的“零件 1^机械臂装配体”，将命名为“底座”。然后单击“编辑”按钮，设计树“底座^机械臂装配体”变成蓝色状态，如图 4–68 所示。

②单击“设计树”中的“底座^机械臂装配体”选项卡，下拉菜单单击“前视基准面”→“草图绘制”命令，进入装配环境下底座草图绘制状态，如图 4–69（a）所示。通过“草图”和“实体”建模命令，创建底座模型，如图 4–69（b）所示。

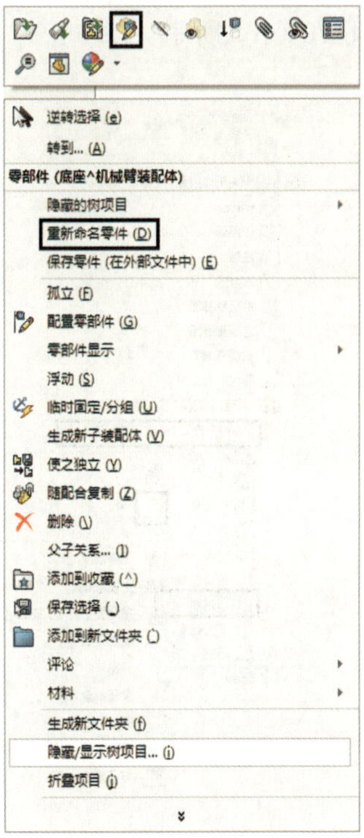

图 4–68　创建新零件

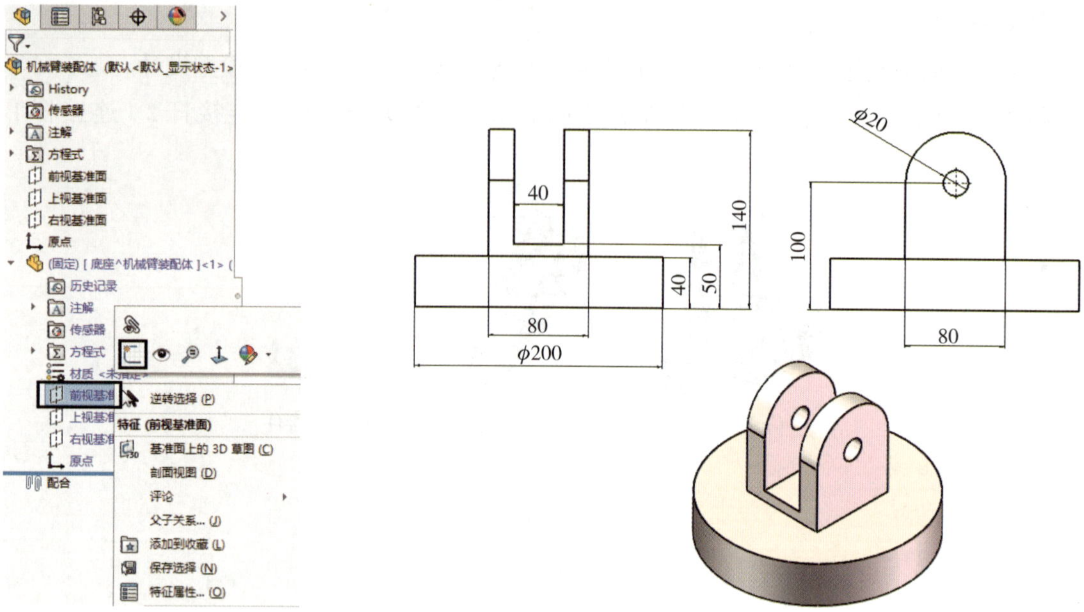

（a）　　（b）

图 4-69　创建底座模型

（3）装配环境中创建关节模型。

①单击“装配体”工具栏中的“插入零部件”按钮，再点击“新零件”按钮，指针变成✓形状，在装配体绘制区域单击鼠标左键。鼠标右键单击设计树的“零件 2^ 机械臂装配体”，将命名为“关节”。然后单击“编辑”按钮，设计树“关节 ^ 机械臂装配体”变成蓝色状态。

②单击“设计树”中的“关节 ^ 机械臂装配体”选项卡，在下拉菜单上单击“上视基准面”→“草图绘制”命令，如图 4-70（a）所示。通过“草图”和“实体”建模命令，创建关节模型，如图 4-70（b）所示。

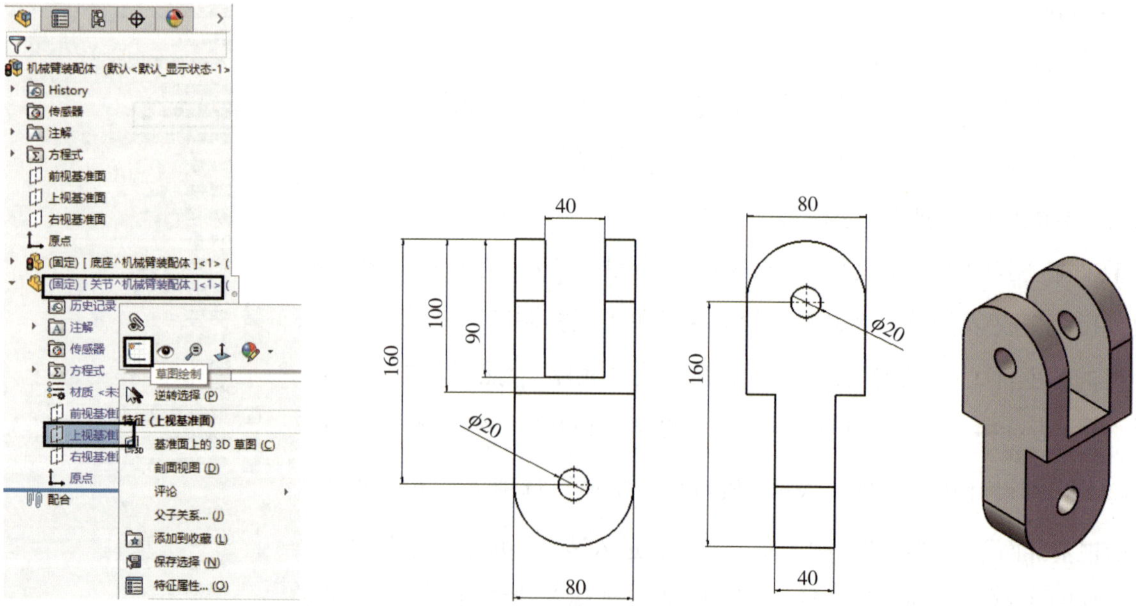

（a）　　（b）

图 4-70　创建关节模型

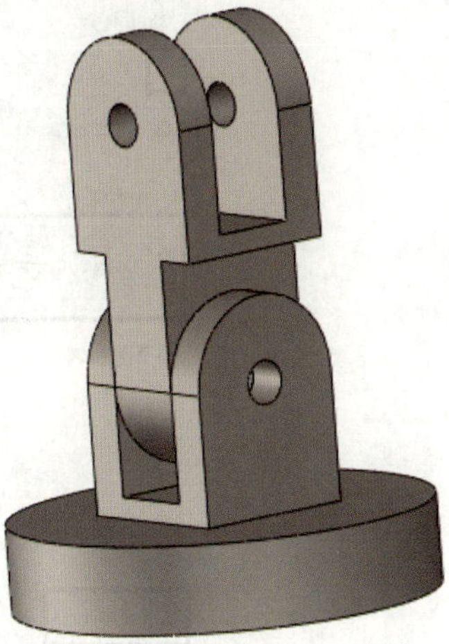

图 4-71　底座与关节效果

③创建关节效果如图 4-71 所示。

（4）装配环境中创建连接杆模型。

①单击“装配体”工具栏中的“插入零部件”按钮，再点击“新零件”按钮，指针变成✓形状，在装配体绘制区域单击鼠标左键。鼠标右键单击设计树的“零件 3^ 机械臂装配体”，将命名为“连接杆”。然后单击“编辑”按钮，设计树“连接杆 ^ 机械臂装配体”变成蓝色状态。

②单击“设计树”中的“连接杆 ^ 机械臂装配体”选项卡，在下拉菜单上单击“上视基准面”→“草图绘制”命令，如图 4-72（a）所示。通过“草图”和“实体”建模命令，创建连接杆模型，如图 4-72（b）所示。

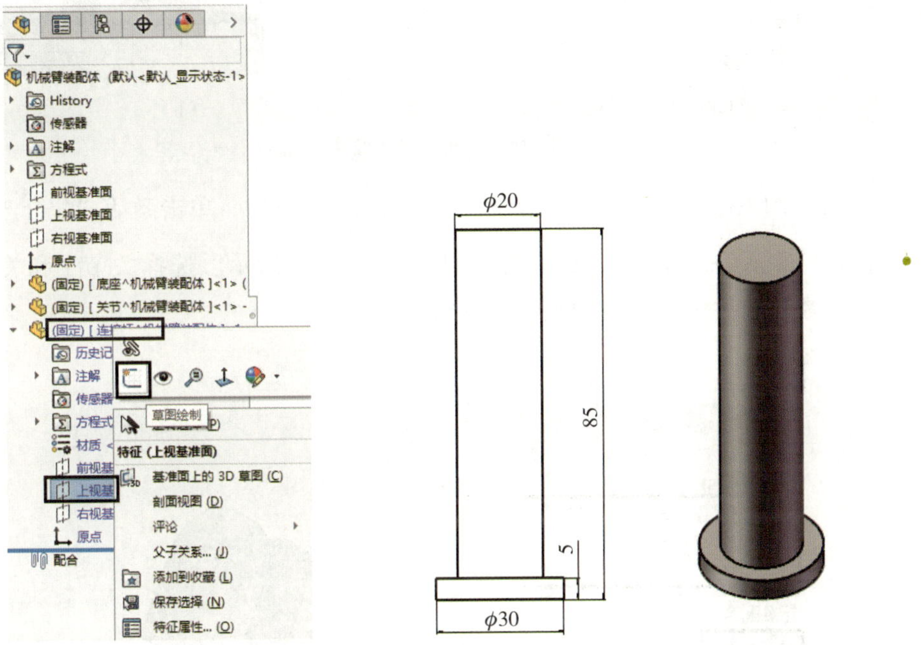

（a）　　（b）

图 4-72　创建连接杆模型

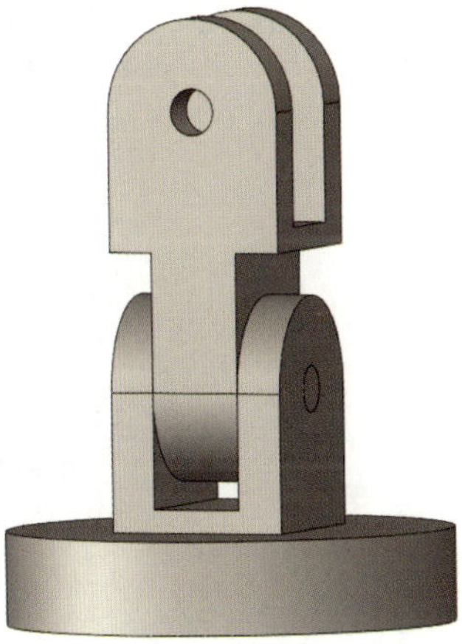

图 4-73　装配图创建连接杆效果

③创建连接杆效果如图 4-73 所示。

（5）装配关节 2 零件。

①在“开始装配体”对话框中单击“浏览”命令，在弹出的“打开”对话框中选择机械臂装配组件“关节.SLDPRT”，单击“打开”按钮。零件会随鼠标移动，在绘图区域中任意位置单击鼠标左键，放置关节。

②添加“同轴心”约束命令。单击“配合”选项卡，在“配合选择”选项组的显示框中，单击激活“配合选择”列表框，在“标准配合”选择约束关系“同轴心”按钮，如图 4-74（a）所示。选择关节 1 圆孔和关节 2 圆孔，单击“确定”按钮✓，如图 4-74（b）所示。

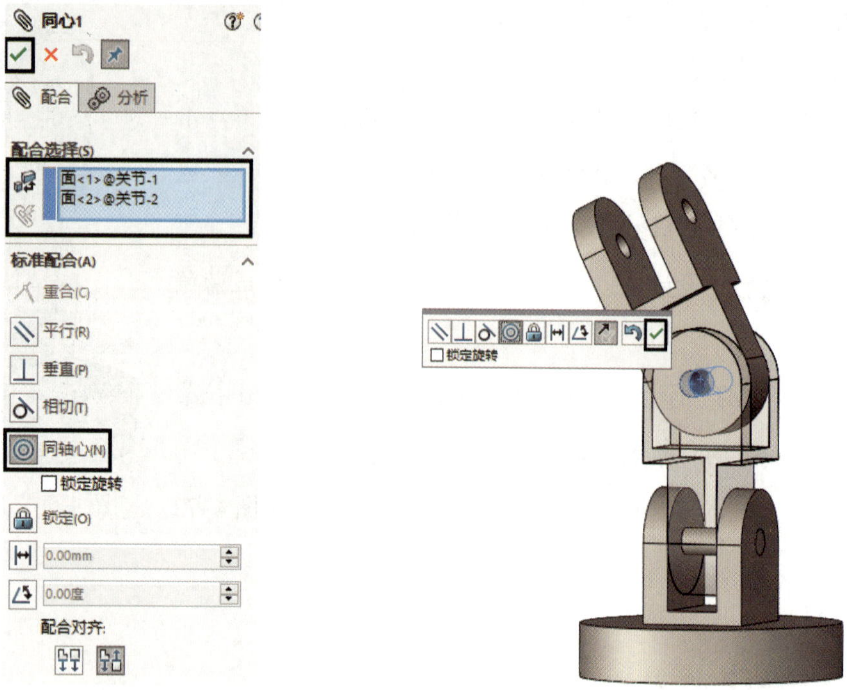

（a）（b）

图 4–74　装配关节 2 零件步骤②

③添加“重合”约束命令。在“配合选择”选项组的显示框中，单击激活“配合选择”列表框，在“标准配合”选择约束关系“重合”按钮，如图 4–75（a）所示。选择关节 1 和关节 2，如图 4–75（b）所示。单击“确定”按钮✓，完成添加重合约束关系。

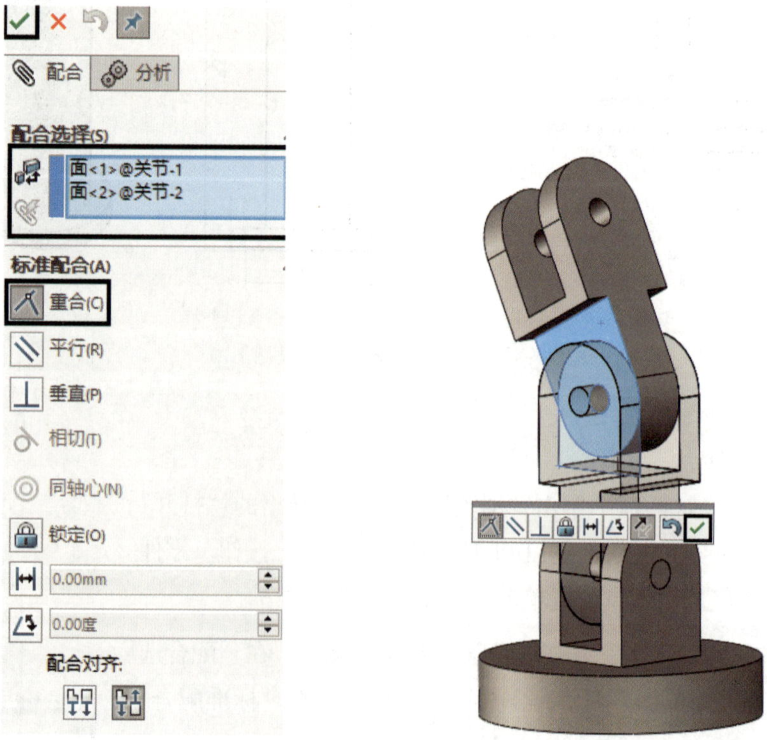

（a）（b）

图 4–75　装配关节 2 零件步骤③

（6）装配连接件 2 零件。

①在“开始装配体”对话框中单击“浏览”命令，在弹出的“打开”对话框中选择机械臂装配组件“连接件.SLDPRT”，单击“打开”按钮。零件会随鼠标移动，在绘图区域中任意位置单击鼠标左键，放置连接件。

②添加“同轴心”约束命令。单击“配合”选项卡 ，在“配合选择”选项组的显示框中，单击激活“配合选择”列表框，在“标准配合”选择约束关系“同轴心”按钮，如图 4–76（a）所示。选择关节 1 圆孔和连接件 2 圆柱表面，单击“确定”按钮，如图 4–76（b）所示。

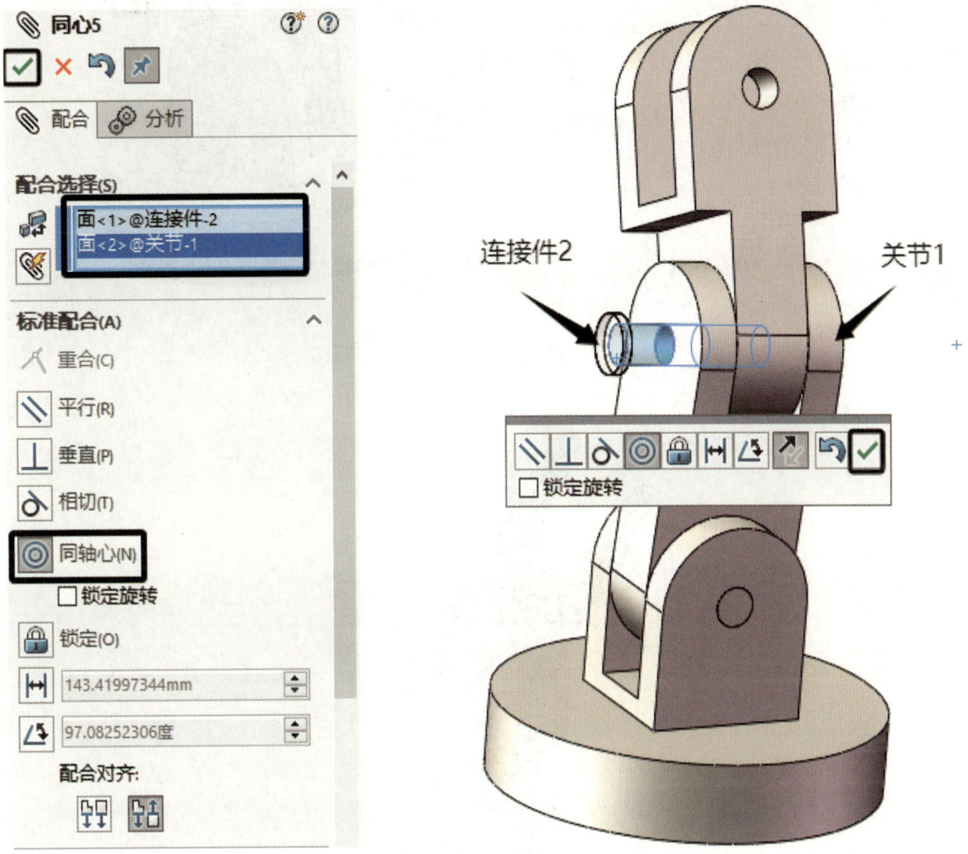

（a）　　　　　　　　　　（b）

图 4–76　装配连接件 2 零件步骤②

③添加“重合”约束命令。在“配合选择”选项组的显示框中，单击激活“配合选择”列表框，在“标准配合”栏中单击“重合”按钮，如图 4–77（a）所示。选择连接件 2 和关节 1，如图 4–77（b）所示。单击“确定”按钮，完成添加重合约束关系。

（7）机械臂装配完成，结果如图 4–77 所示。

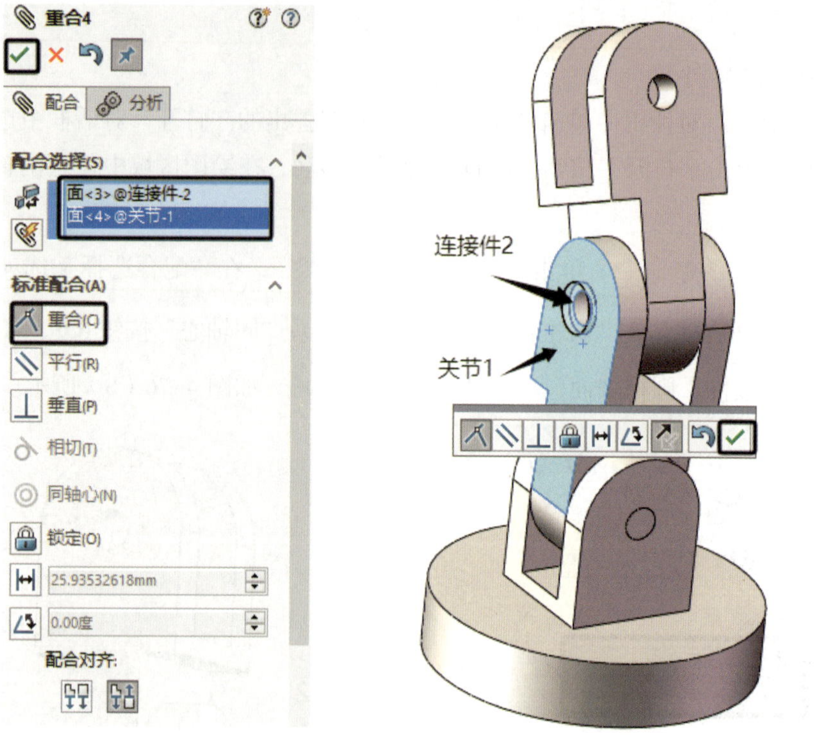

（a）　　　　（b）

图 4-77　装配连接件 2 零件步骤③

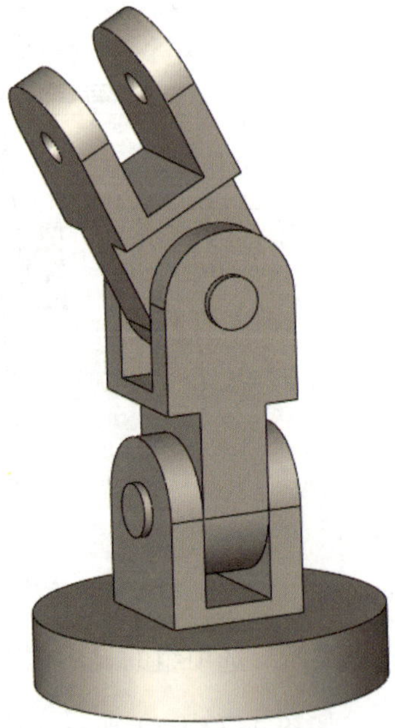

图 4-78　机械臂装配效果

5. 任务总结

自顶向下设计方法通过使用布局草图、装配体特征和全局变量等工具，帮助设计师高效完成复杂产品设计。合理应用这一方法，能显著提升设计效率和质量。

在选择第二参考时，参考点是不可见的，需要展开图形区中的特征管理器设计树，然后再选择参考点。

在创建拉伸实体后，余下的草图曲线被自动隐藏，此时需要显示草图。

6. 任务拓展

在 SolidWorks 中完成如图 4–79 所示的模型（尺寸自定）。

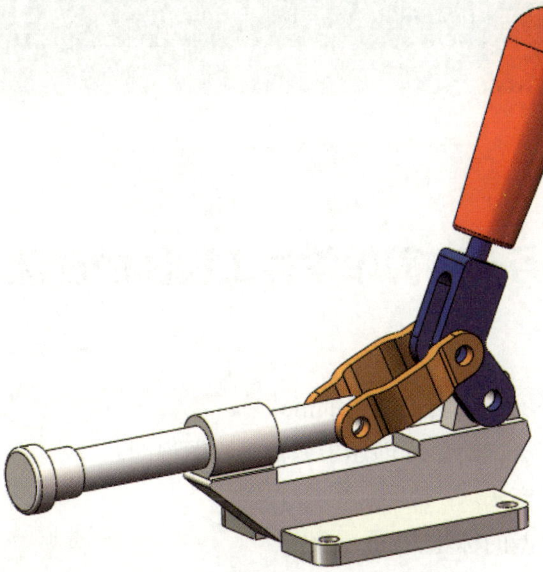

图 4–79 项目四任务四拓展练习

项目五

工程图创建

任务一　简单零件工程图的创建

导学视频

1. 目标知识点

（1）熟练设置工程图绘图环境，正确选用图纸格式。

（2）掌握各种视图的创建方法，能熟练创建于编辑工程图视图。

（3）掌握表面粗糙度的标注方法。

（4）掌握尺寸公差、形位公差的标注方法。

2. 任务介绍

完成图 5–1 所示简单零件工程图。

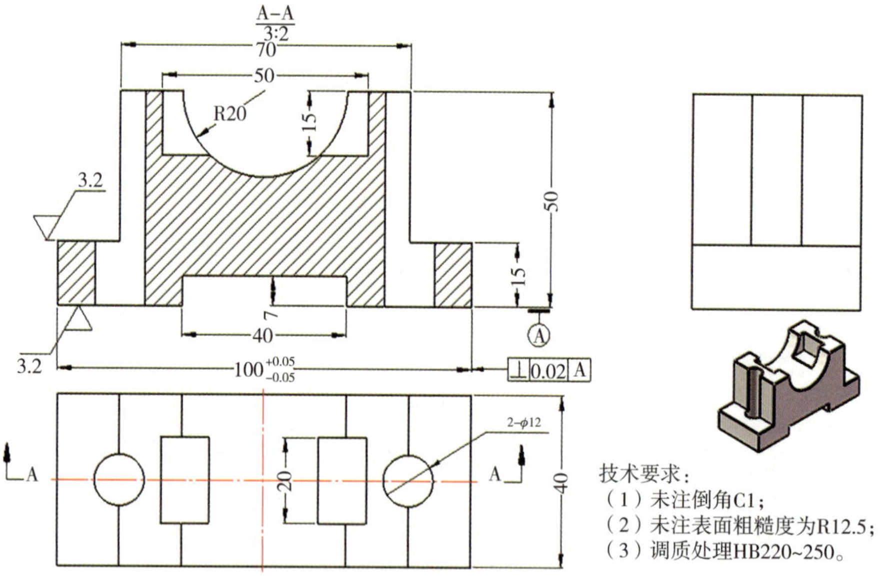

图 5–1　简单零件工程图

3. 任务设计

（1）选择合适的表达方式，创建视图。

（2）创建剖面视图。

（3）标注基准。

（4）标注尺寸。

（5）标注公差。

4. 任务实施

（1）创建视图。

①打开简单零件图，单击工具栏“新建”选项卡中的“从零件 / 装配体制作工程图”按钮，在系统弹出的“新建 SolidWorks 文件”对话框中合理选择图纸“GB-A3”选项，单击“确定”按钮，并进入工程图环境，如图 5-2 所示。

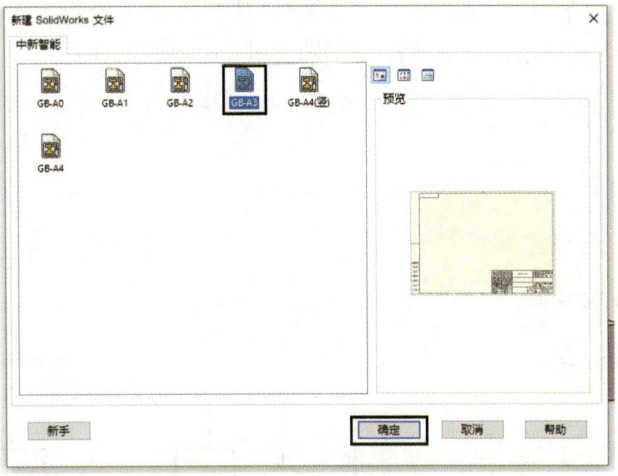

图 5-2　新建工程图

②创建标准视图。单击“工程图”选项卡中的“标准三视图”按钮，绘图区域右侧出现“视图调色板”属性管理器，选择任务栏中“上视”图按住鼠标左键将其拖到工程图图纸内，如图 5-3（a）所示。在弹出的“工程图视图 1”属性管理器中将比例设置为“使用自定义比例（C）”，“用户定义”比例为“3 ： 2”，如图 5-3（b）所示。单击“确定”按钮，完成俯视图的创建，如图 5-3（c）所示。

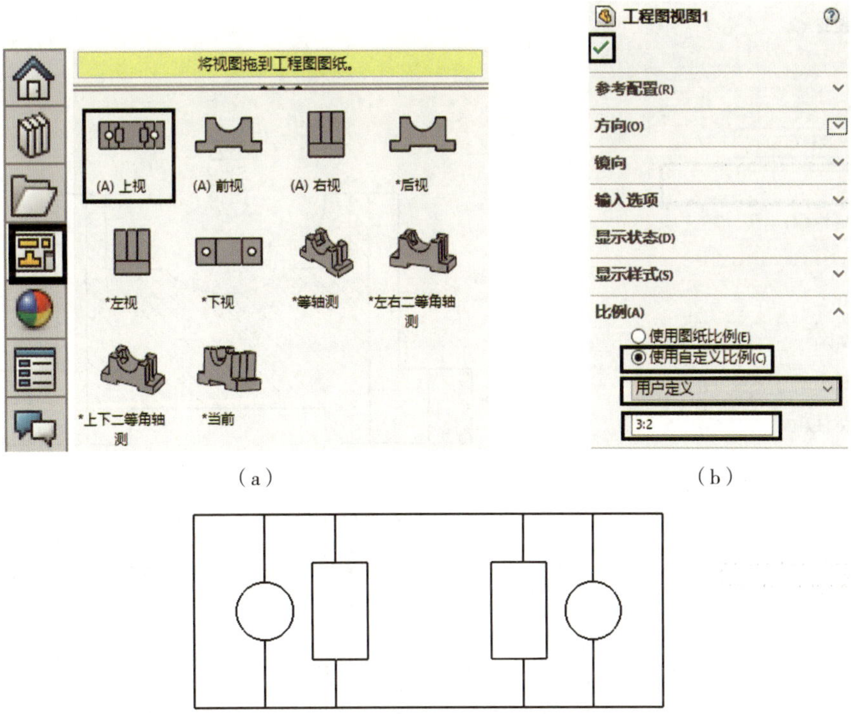

（a）　　（b）

（c）

图 5-3　创建标准视图操作

③创建全剖视图。单击“工程图”选项卡中“视图布局”→“剖面视图”按钮 ，指针变成 形状，系统弹出“剖面视图辅助”属性管理器，选择“切割线”为“水平”线，如图 5-4（a）所示。在绘图区域的视图上绘制一条通过模型中心的横向剖面线，显示视图快捷框，单击“确定”按钮 ，如图 5-4（b）所示。系统弹出“ 剖面视图 A-A”属性管理器，在“切除线（L）”处输入“A”标号，在“比例”选项卡中选择“使用父关系比例（R）”单选按钮，单击“确定”按钮 ，如图 5-4（c）所示。将鼠标向上移到所需位置单击，放置视图，如图 5-4（d）所示。

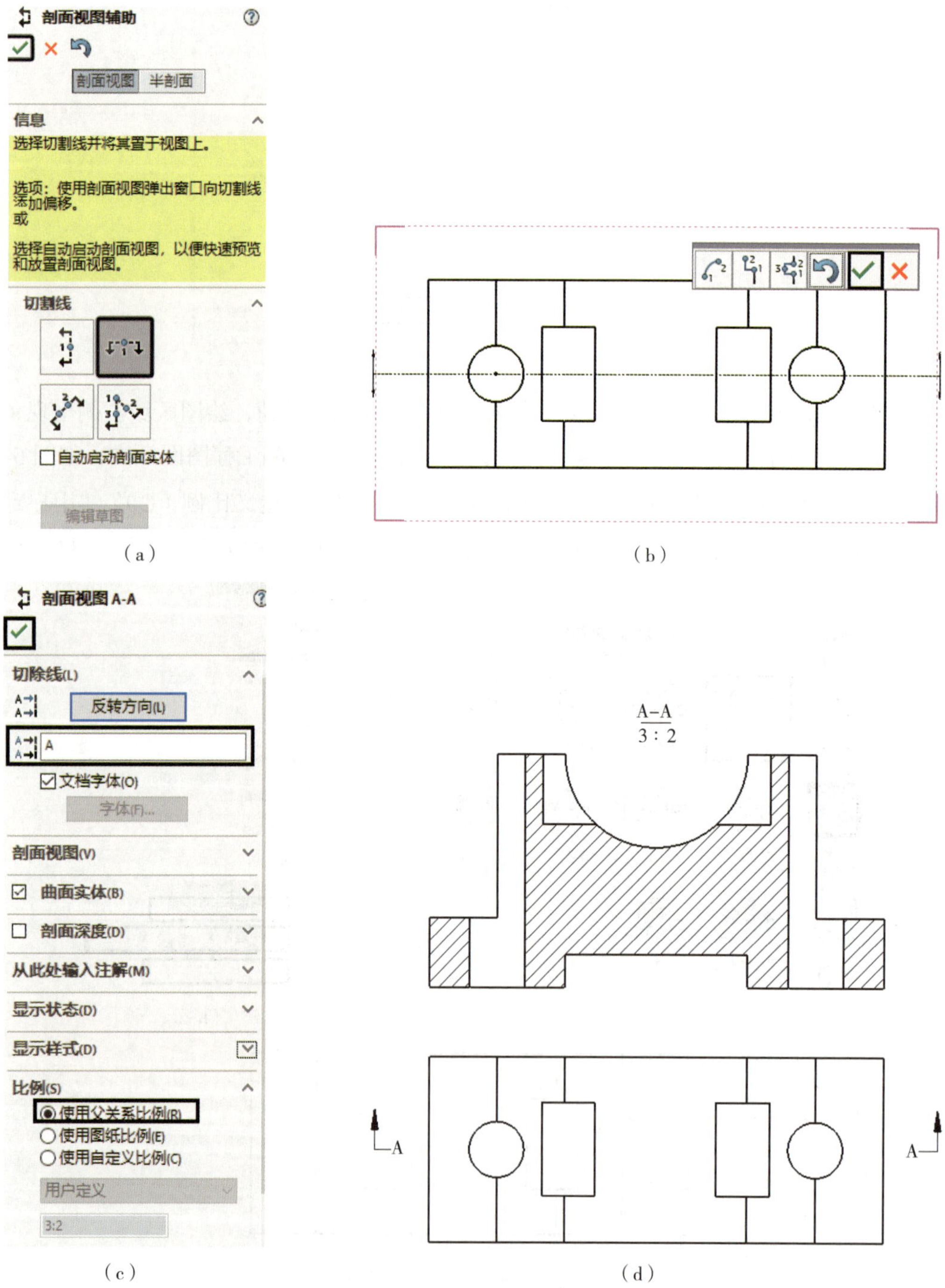

图 5-4　创建全剖视图操作

④创建右视图。单击“工程图”选项卡中的“投影视图”按钮，在绘图区域单击“全剖视图”作为投影所用的工程视图，系统弹出“工程图视图 3”，如图 5-5（a）所示。将鼠标向右拖动到所需位置单击，放置视图，单击“确定”按钮。完成右视图创建，如图 5-5（b）所示。

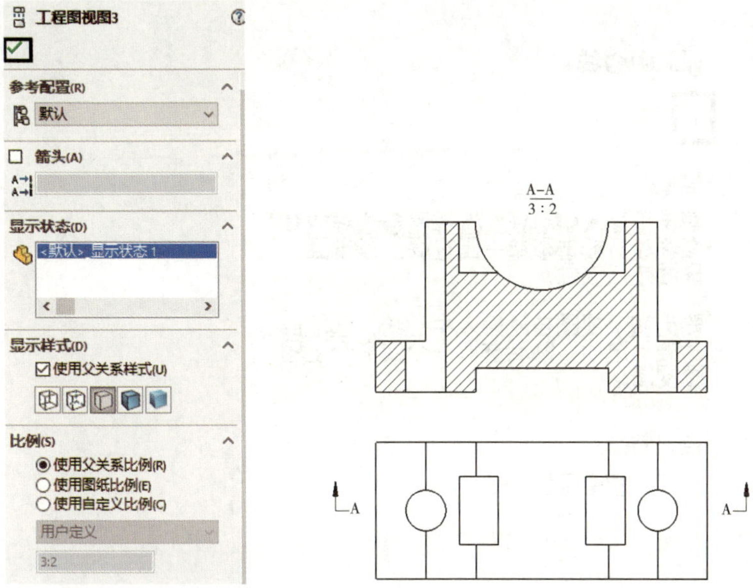

（a）　　　　（b）

图 5-5　创建右视图操作

⑤创建等轴测视图。单击“工程图”选项卡中的“投影视图”，弹出“工程图视图 4”属性管理器，在“显示样式”选项组中单击“带边线上色”按钮，在“比例”选项卡中选择“使用自定义比例（C）”单选按钮，下拉表选择“1 ： 2”，如图 5-6（a）所示。在绘图区域单击“全剖视图”作为投影所用的工程视图，将鼠标拖动到合适的位置单击，放置视图，单击“确定”按钮，完成等轴测视图创建，如图 5-6（b）所示。

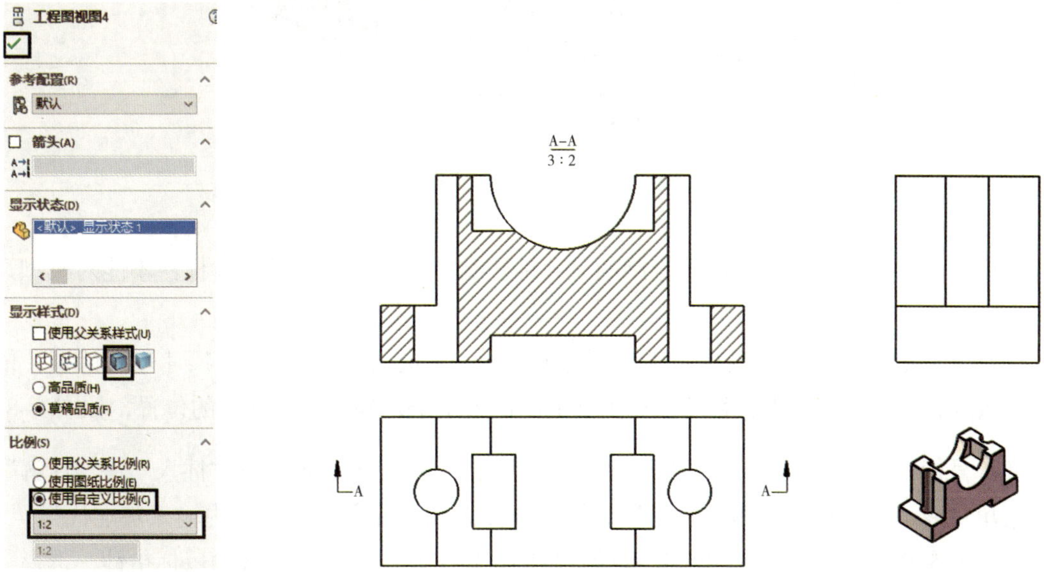

（a）　　　　（b）

图 5-6　创建等轴测视图操作

⑥插入中心线。单击“注解”工具栏上的“中心线”按钮，系统弹出如图 5-7（a）所示的“中心线”属性管理器，然后选择两条边线插入中心线，单击“确定”按钮，完成插入中心线创建，如图 5-7（b）所示。

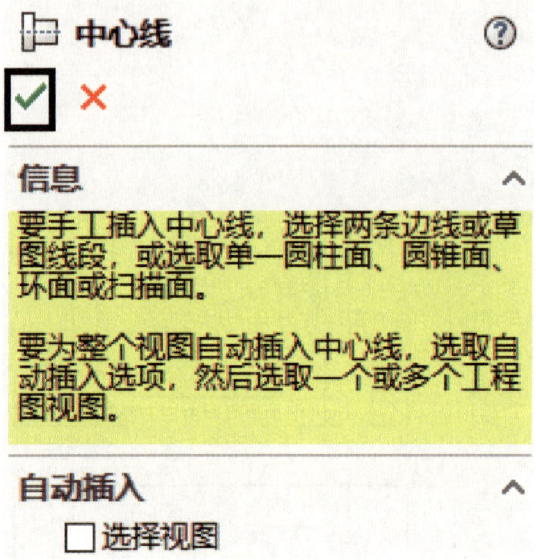

（a）

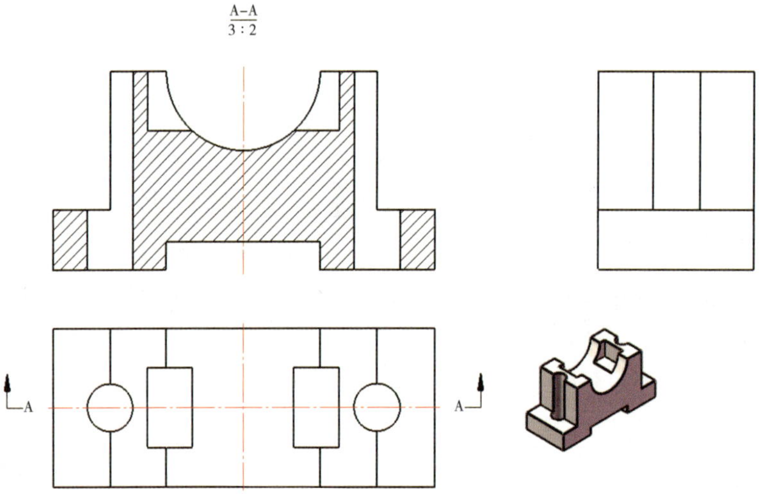

（b）

图 5-7　插入中心线

（2）尺寸标注与注释。

工程图视图的尺寸标注与“草图”绘制的尺寸标注类似，只是工程图尺寸标注不能对模型尺寸进行更改。

①标注尺寸。单击工程图工具栏“注解”选项卡中“智能尺寸”，弹出“尺寸”对话框，依次单击要标注的线条或者线条的两端点，移动鼠标到合适的位置单击，确定尺寸标注的位置，如图 5-8 所示。

②基准符号标注。单击“注解”选项卡中“基准特征”按钮，或者选“插入”→“注解”→“基准特征”菜单命令。系统弹出“基准特征”属性管理器，在“标号设定”框内输入基准代号“A”作为起始标号，如图 5-9（a）所示。标处出现基准符号的预览，在图纸区域中移动鼠标指针，选择需要标注基准的位置处单击，即可完成此处基准特征的绘制，单击“确定”按钮，完成基准符号标注，如图 5-9（b）所示。

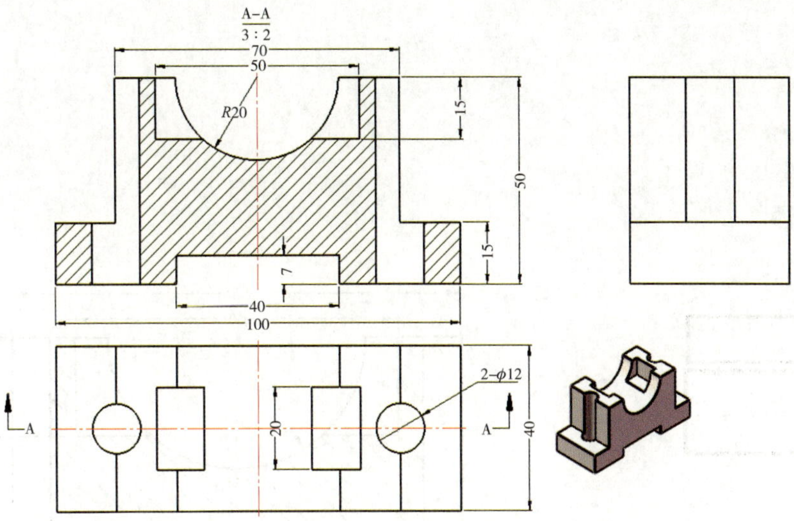

图 5–8　手动标注尺寸

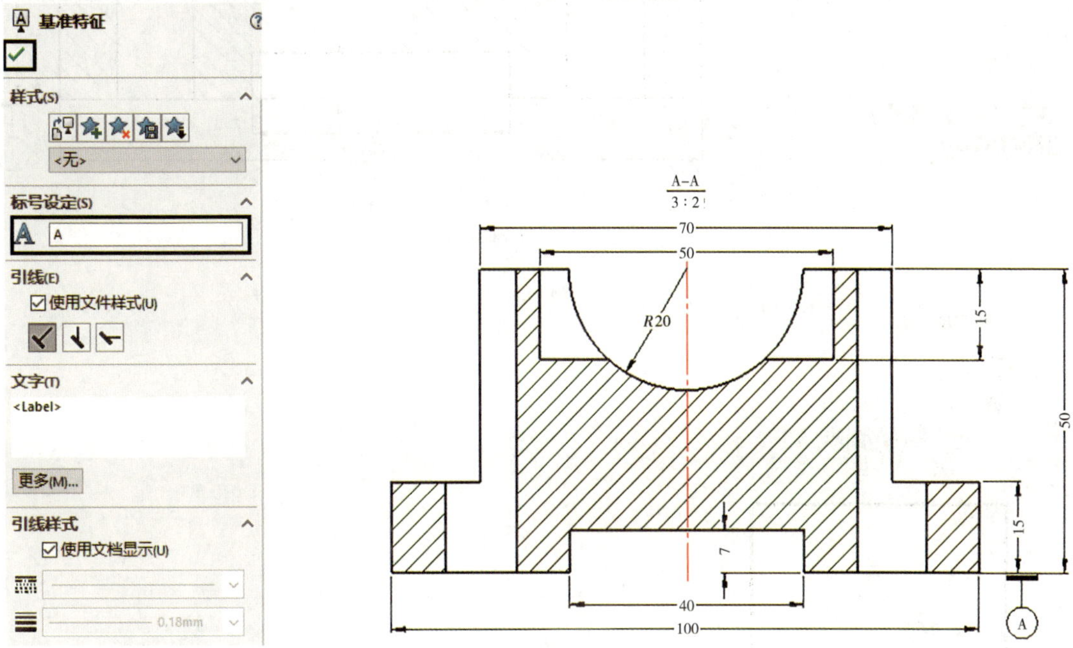

（a）　　　　　　　　　　　　（b）

图 5–9　标注基准

③尺寸公差标注。选择一尺寸标注，系统弹出“尺寸”对话框，如图 5–10（a）所示。在该对话框的“公差 / 精度（P）”选项卡的公差类型下拉列表中选择公差类型“双边”选项，然后“最大变量”+ 设置为“0.05 mm”，“最小变量”– 设置为“–0.05 mm”（即上极限偏差和下极限偏差），单击“确定”按钮，完成尺寸公差标注，如图 5–10（b）所示。

④形位公差标注。单击“注解”工具栏上的“形位公差”按钮，系统弹出如图 5–11（a）所示的“形位公差”属性管理器，同时打开“属性”对话框，如图 5–11（b）所示。在“形位公差”属性管理器的“引线（L）”选项区中选择公差的引导线样式，在“属性”对话框的“符号”下拉列表中选择“垂直”符号，在“公差 1”文本框中输入公差“0.02”，在“主要”文本框中输入“A”（表示与底部的基准 A 垂直）。在图视右侧尺寸线处单击鼠标，再拖动鼠标设置形位公差的放置位置，完成形位公差标注，如图 5–11（c）所示。

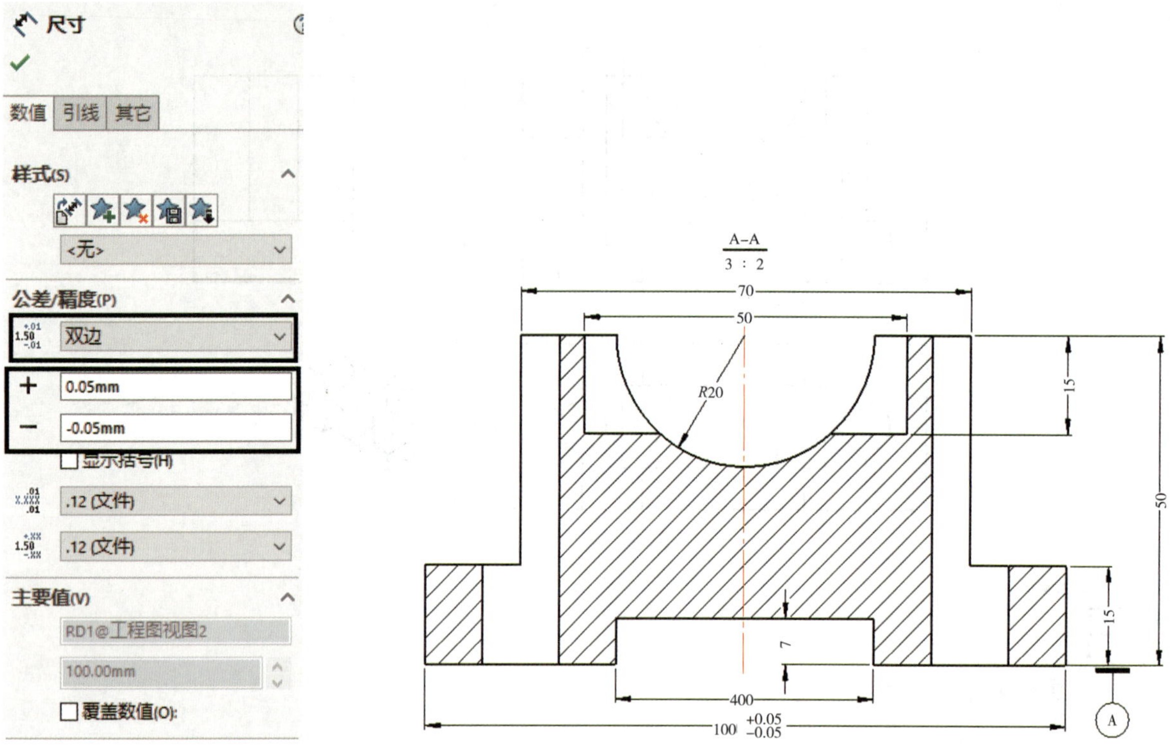

（a）　　　　　　　　　　（b）

图 5-10　标注尺寸公差

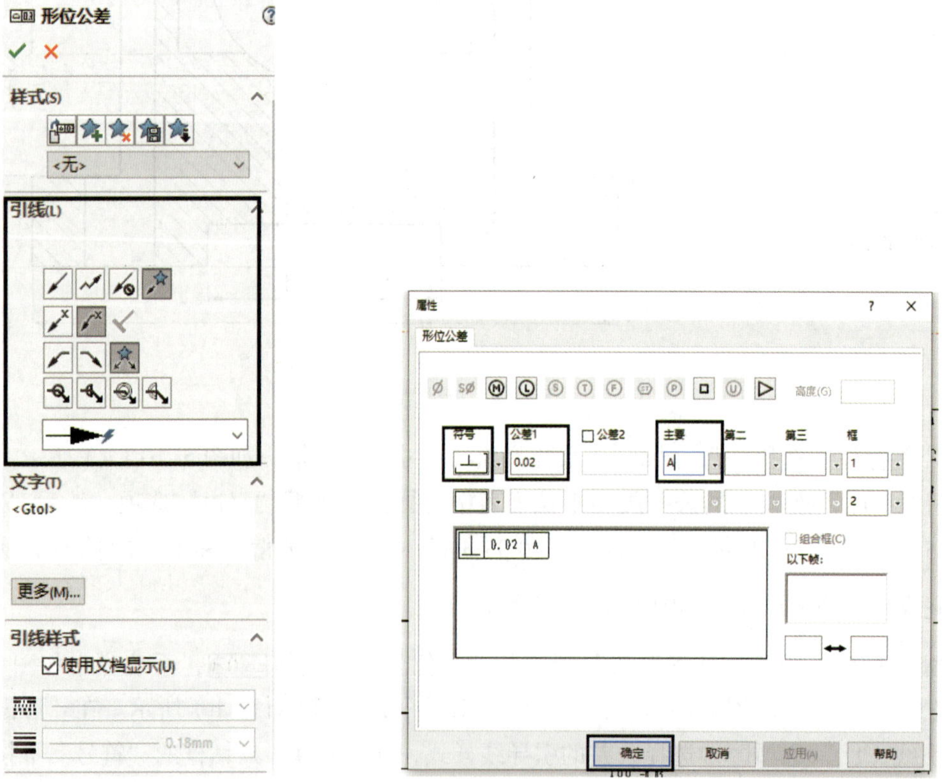

（a）　　　　　　　　　　（b）

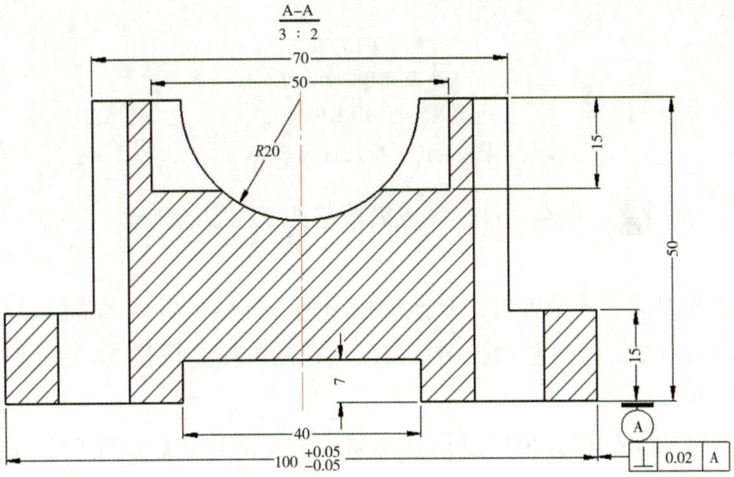

（c）

图 5-11　标注形位公差

⑤表面粗糙度标注。单击“注解”工具栏上的“表面粗糙度”按钮 √，系统弹出如图所示的“表面粗糙度”属性管理器，在“符号”选项中选择“要求切削加工”按钮，在“符号布局”对话框中输入表面粗糙度值“3.2”，如图 5-12（a）所示。然后在要标注的表面单击鼠标，单击“确定”按钮，完成表面粗糙度标注，如图 5-12（b）所示。

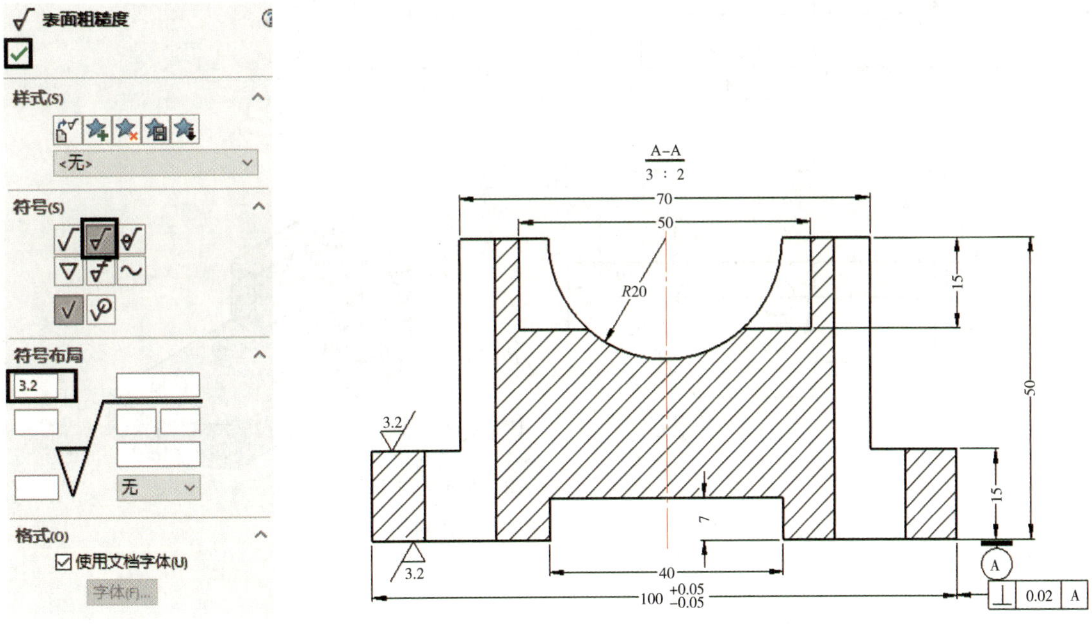

（a）　　　　　　　　　　　　（b）

图 5-12　标注表面粗糙度

⑥注释文字标注。单击“工程图”选项卡中的“注释”按钮，指针变为形状，系统弹出“注解”对话框，移动鼠标到合适的位置单击，确定注释文字的位置，输入一行注释文字后按 Enter 键，在现有的注释下加入新的一行，单击“确定”按钮，完成技术要求的注释，如图 5-13 所示。

技术要求：
（1）未注倒角 $C1$。
（2）未注表面粗糙度为 $R12.5$。
（3）调质处理 HB 220~250。

图 5-13 标注注释文字

（3）单击“保存”按钮，保存文件，完成简单零件工程图的创建。

5. 任务总结

（1）在标注尺寸或者调整视图位置时，要拖动视图到合理的位置，通常的做法是找到视图的边缘，待鼠标的箭头出现移动的命令，方可移动视图。简便快速的方法是按住 Alt 键，鼠标单击视图中的任意一点，即可随意拖动视图。

（2）在新建的零件里的文件属性里可以任意添加自定义信息，添加完后，在最后栏中单击即可使光标移动至下一行。如果是初次建立模板，开始我们新建的是 PRT 文件，所以保存时需要选择另存为 .prtdot，如果是自己前期已经有的 .prtdot 文件，改好后直接单击保存即可。注意：.prtdot 文件里的属性的自定义信息是什么不重要，重要的是后期的工程图模板 .drwdot 的属性链接跟其保持一致即可。

6. 任务拓展

在 SolidWorks 软件中完成图 5-14 所示工程图的创建。

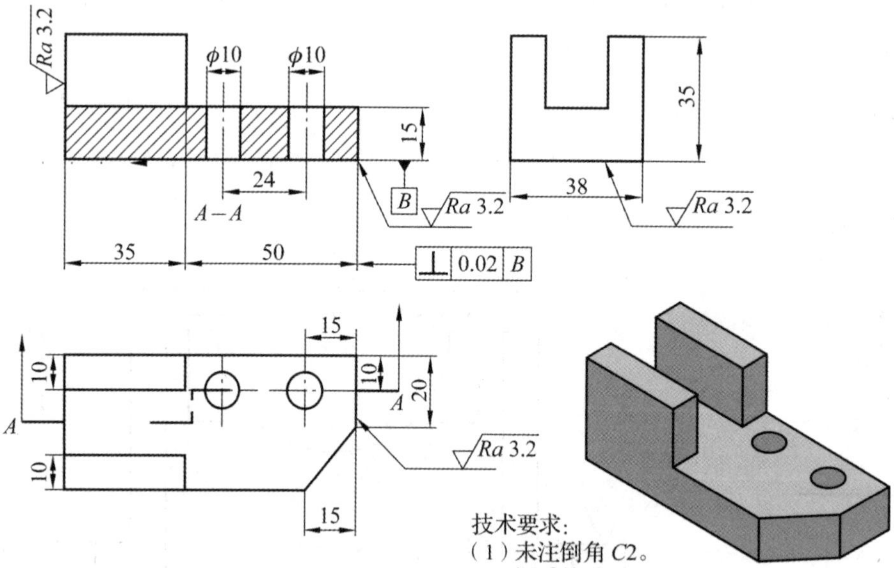

图 5-14 项目五任务一拓展练习

任务二 连接块工程图的创建

导学视频

1. 目标知识点

（1）掌握局部视图创建的基本方法。

（2）掌握断开的剖视图创建的基本方法。

2. 任务介绍

完成图 5-15 所示连接块工程图。

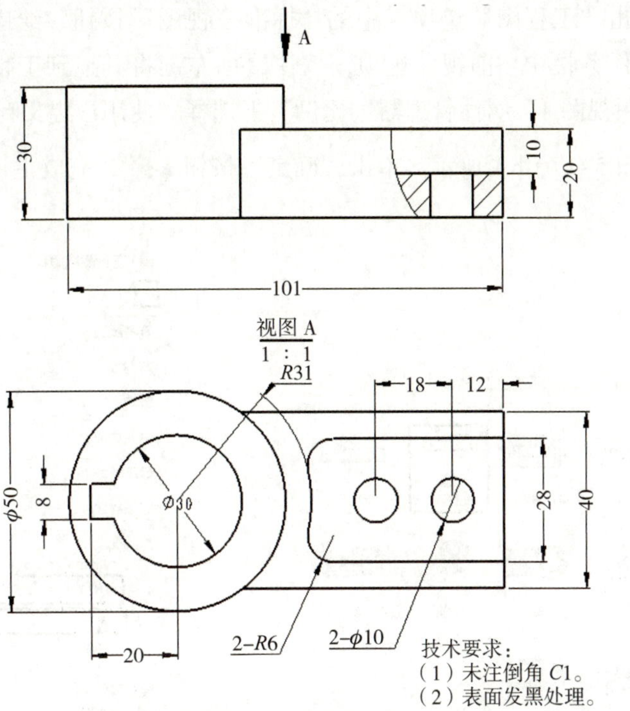

图 5-15　连接块工程图

3. 任务设计

（1）创建辅助视图。

（2）创建断开的剖视图。

（3）标注尺寸。

（4）标注技术要求。

4. 任务实施

（1）创建视图。

①打开简单零件图。单击“新建”选项卡，选择“从零件 / 装配体制作工程图”，在弹出的如图 5-16 所示的对话框中选择图纸“GB-A4”，单击“确定”按钮，并进入工程图环境。

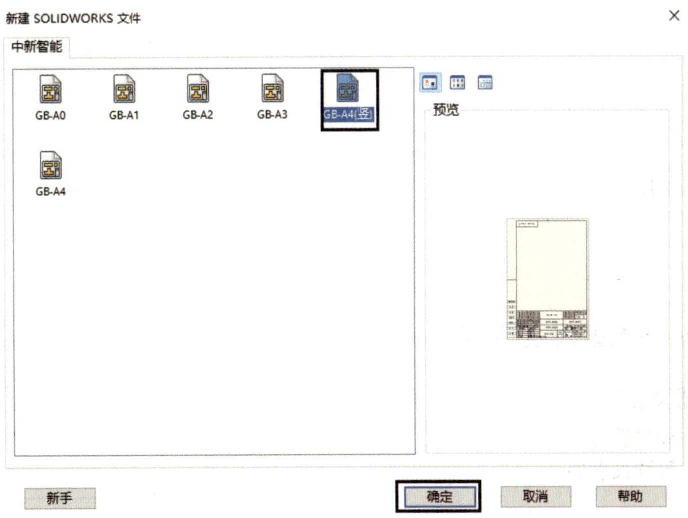

图 5-16　新建工程图

②创建主视图。单击“工程图”选项卡中的“标准三视图”按钮，绘图区域右侧出现“视图调色板”属性管理器，选择任务栏中“前视”选项，按住鼠标左键将其拖到工程图图纸内，如图 5-15（a）所示。在弹出的“工程图视图 1”属性管理器“比例”下选择“使用户定义比例”，并在下拉列表中将比例设置为“1 ∶ 1”，如图 5-17（b）所示。单击“确定”按钮，完成主视图的创建，如图 5-17（c）所示。

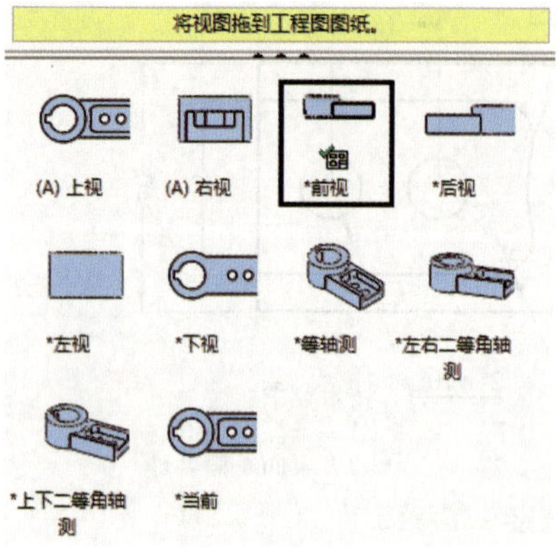

（a）

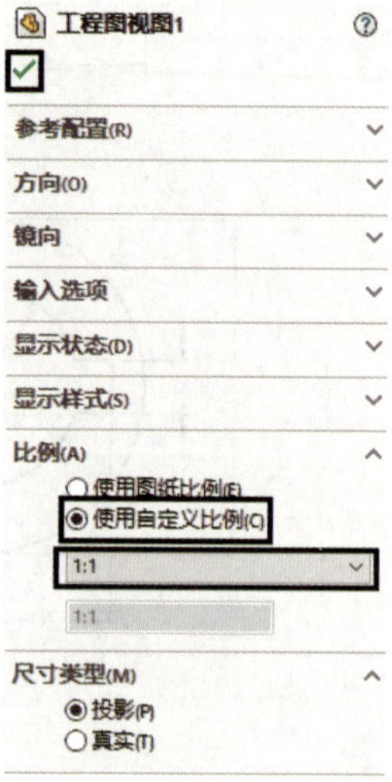

（b）

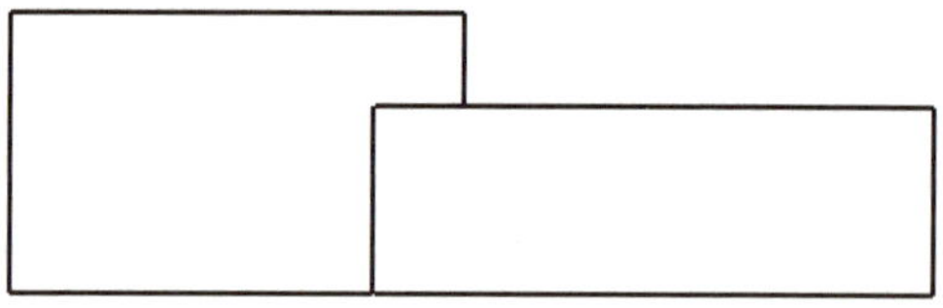
（c）

图 5-17　创建主视图操作

③创建俯视图。单击“工程图”选项卡中的“辅助视图”按钮，弹出“辅助视图”属性管理器，如图 5-18（a）所示。在主视图的单击一条参考边线，将鼠标向下拖动到所需位置单击，放置视图，单击按钮。完成俯视图创建，如图 5-18（b）所示。

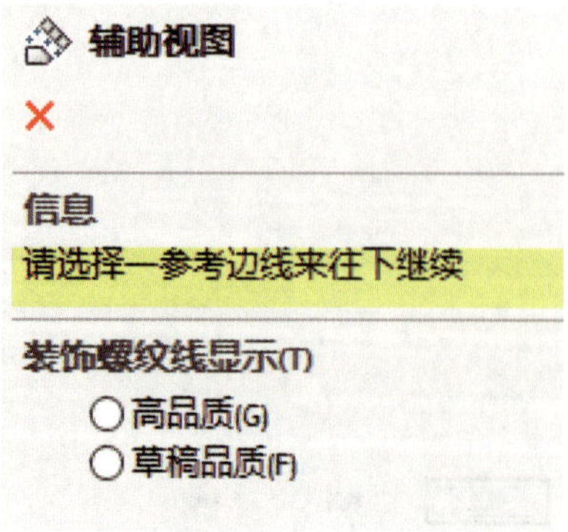

（a）

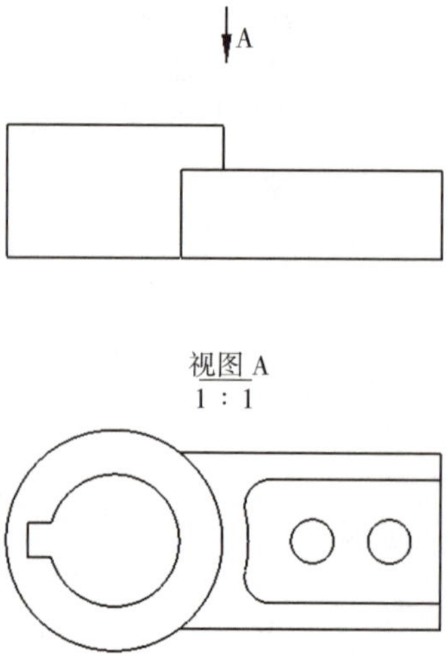

（b）

图 5-18　创建俯视图操作

④创建断开的剖视图。单击“工程图”工具栏中的“断开的剖视图”按钮，在主视图的右端上绘制如图 5-19（a）所示的一条封闭的样条曲线作为剖切线，然后弹出的“断开的剖视图”对话框，设置剖切深度为 25 mm，如图 5-19（b）所示。单击“确定”按钮，主视图的断开的剖视图创建结果如图 5-19（c）所示。

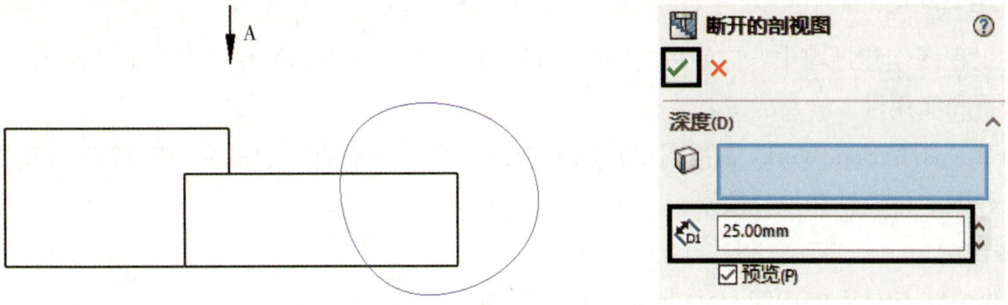

（a）　（b）

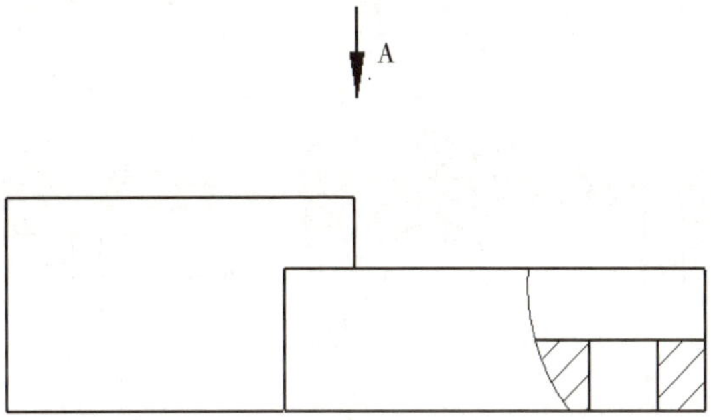

（c）

图 5-19　创建断开的剖视图操作

（2）尺寸标注与注释。

①标注尺寸。单击工程图工具栏“注解”选项卡中的“智能尺寸”，弹出“尺寸”对话框。依次单击要标注的线条或者线条的两端点，移动鼠标到合适的位置单击，确定尺寸标注的位置（标注方法可以参考前面草图模块的尺寸标注），标注效果如图 5-20 所示。

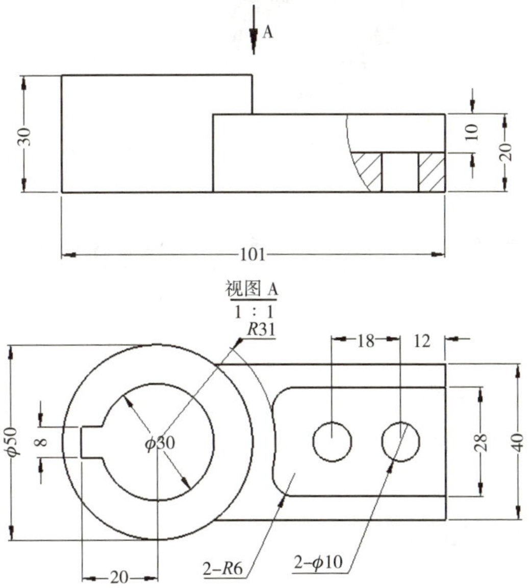

图 5-20　标注尺寸

②注释文字标注。单击“工程图”选项卡中的“注释”按钮，指针变为形状，系统弹出“注解”对话框，移动鼠标到合适的位置单击，确定注释文字的位置，输入一行注释文字后按 Enter 键，在现有的注释下加入新的一行，单击“确定”按钮，完成技术要求的注释，如图 5-21 所示。

技术要求：
（1）未注倒角 *C*1。
（2）表面发黑处理。

图 5-21　标注注释文字

5. 任务总结

（1）在工程图创建过程中，应注意视图的合理布局、尺寸的准确标注以及注解的清晰表达，以确保工程图的质量和实用性。

（2）局部视图是 SolidWorks 工程图中常用的视图类型，能够有效展示复杂零件的细节和内部结构，显著提高工程图的可读性和设计效率。

6. 任务拓展

在 SolidWorks 软件中完成图 5-22 所示工程图的创建。

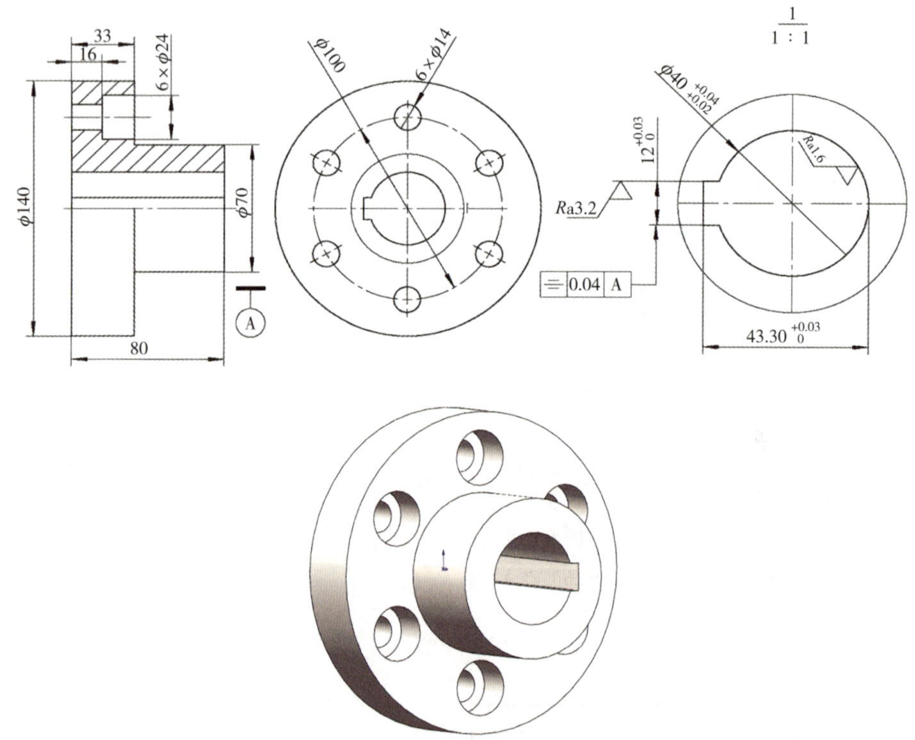

图 5-22　项目五任务二拓展练习

任务三　轴零件工程图的创建

导学视频

1. 目标知识点

（1）掌握局部视图创建的基本方法。

（2）掌握断开的剖视图创建的基本方法。

2. 任务介绍

完成完成图 5-23 所示轴零件工程图。

3. 任务设计

该工程图除创建基本视图外，还需要补充局部视图、断开的剖视图来表达清楚。创建工程图的步骤如下：

（1）创建轴零件的基本视图。

（2）创建断裂视图。

（3）创建剖面视图。

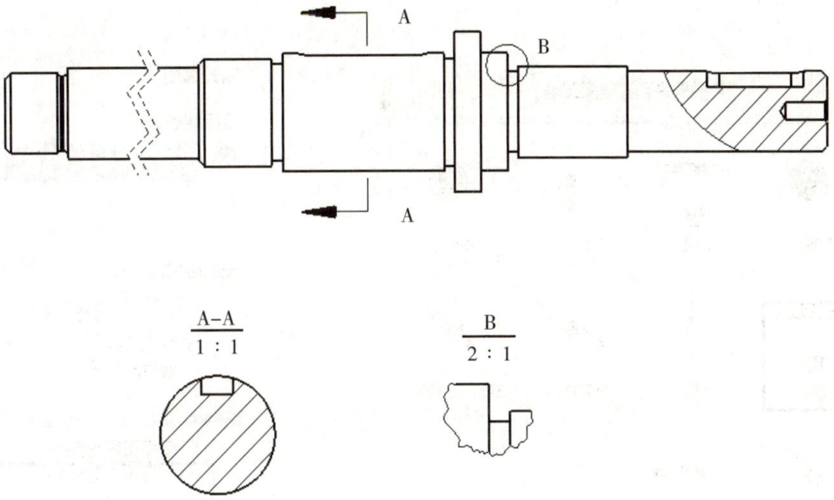

图 5–23　轴零件工程图

（4）创建断开的剖视图。

（5）创建局部剖视图。

4. 任务实施

（1）打开轴零件图。单击“文件”→“新建”选项卡，选择“从零件 / 装配体制作工程图”，在弹出的如图 5–20 所示的对话框中选择图纸“GB–A4”，单击“确定”按钮。

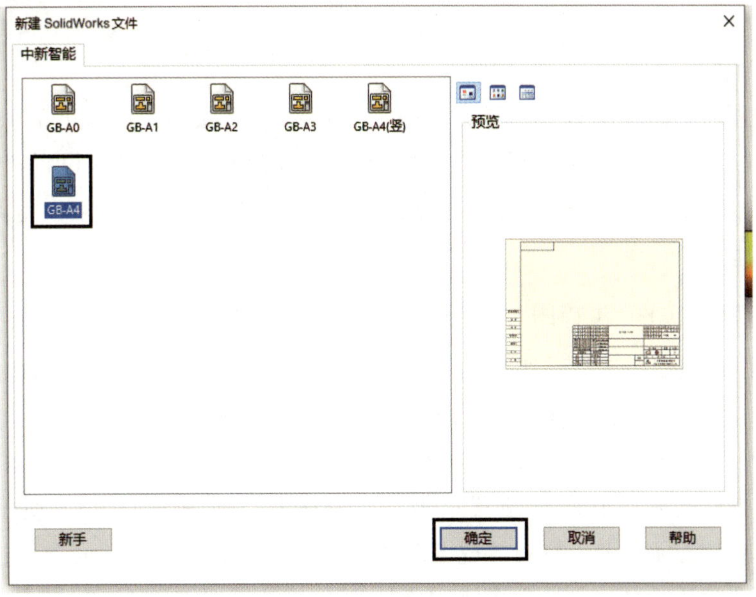

图 5–24　设置图纸格式 / 大小

（2）创建主视图。单击“工程图”选项卡中的“标准三视图”按钮，绘图区域右侧出现“视图调色板”属性管理器，如图 5-25（a）所示。选择任务栏中“左视”，按住鼠标左键将“左视”拖到工程图图纸内。弹出“工程图视图 2”对话框，单击“使用自定义比例（C）”，选择“1 ∶ 1”，如图 5-25（b）所示。单击“确定”按钮，完成主视图的创建，如图 5-25（c）所示。

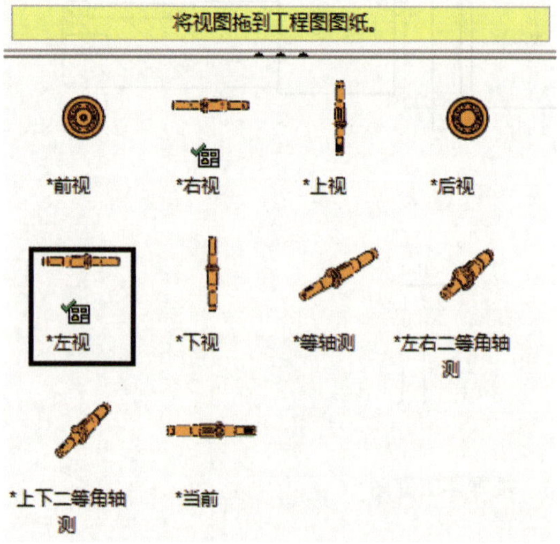

（a）

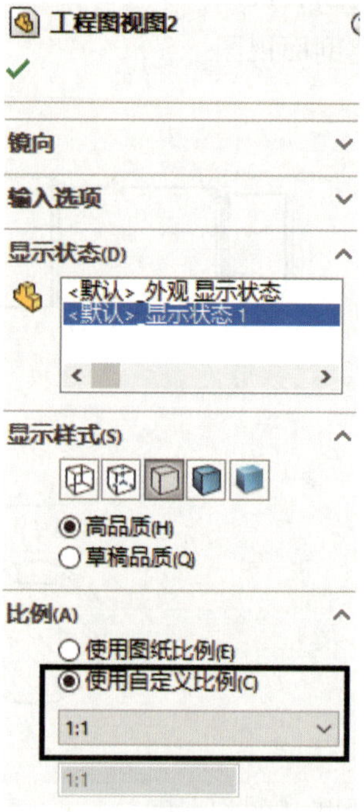

（b）

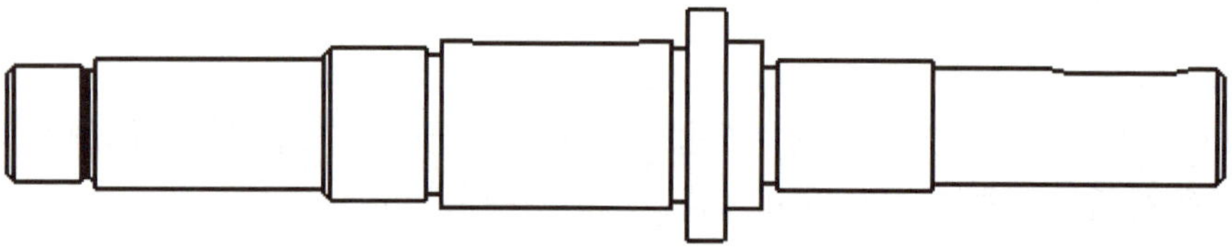

（c）

图 5-25　创建主视图操作

（3）创建断裂视图。单击“工程图”选项卡中的“断裂视图”按钮，在欲建立断裂视图的位置左端面单击两次，会弹出“断裂视图”属性管理器，在“断裂视图设置（B）”选项卡设置“缝隙大小”为 2 mm，选择“折断线样式”为“锯齿线切断”，如图 5-26（a）所示。单击“确定”按钮，完成断裂视图创建，如图 5-26（b）所示。

（4）创建剖面视图。单击“工程图”选项卡中的“剖面视图”按钮，指针变成形状，在弹出“剖面视图辅助”属性管理器中选择“切割线”，如图 5-27（a）所示。在视图绘图区域的位置单击，显示视图快捷框，单击“确定”按钮，如图 5-27（c）所示。弹出“剖面视图 A-A”对话框。在“切除线（L）”栏中输入“A”标号，在“比例”选项卡中选择“使用父关系比例（R）”单选按钮，如图 5-27（b）所示。将鼠标向左移到所需位置单击，放置视图，如图 5-27（d）所示。单击“剖面视图 A-A/1 ∶ 1”视图，单击鼠标右键，执行“视图对齐”→“解除对齐关系”命令，这样剖面视图就与主视图解除了对齐关系，然后选择“剖面视图 A-A/1 ∶ 1”，按住鼠标左键不放，将其拖到合适的位置。完成剖面视图创建，如图 5-27（e）所示。

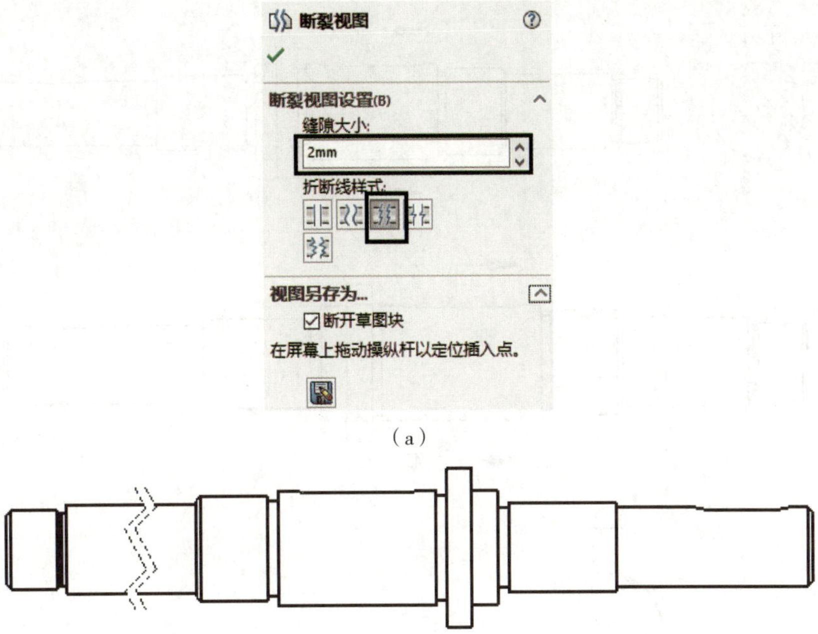

（a）

（b）

图 5–26　创建断裂视图操作

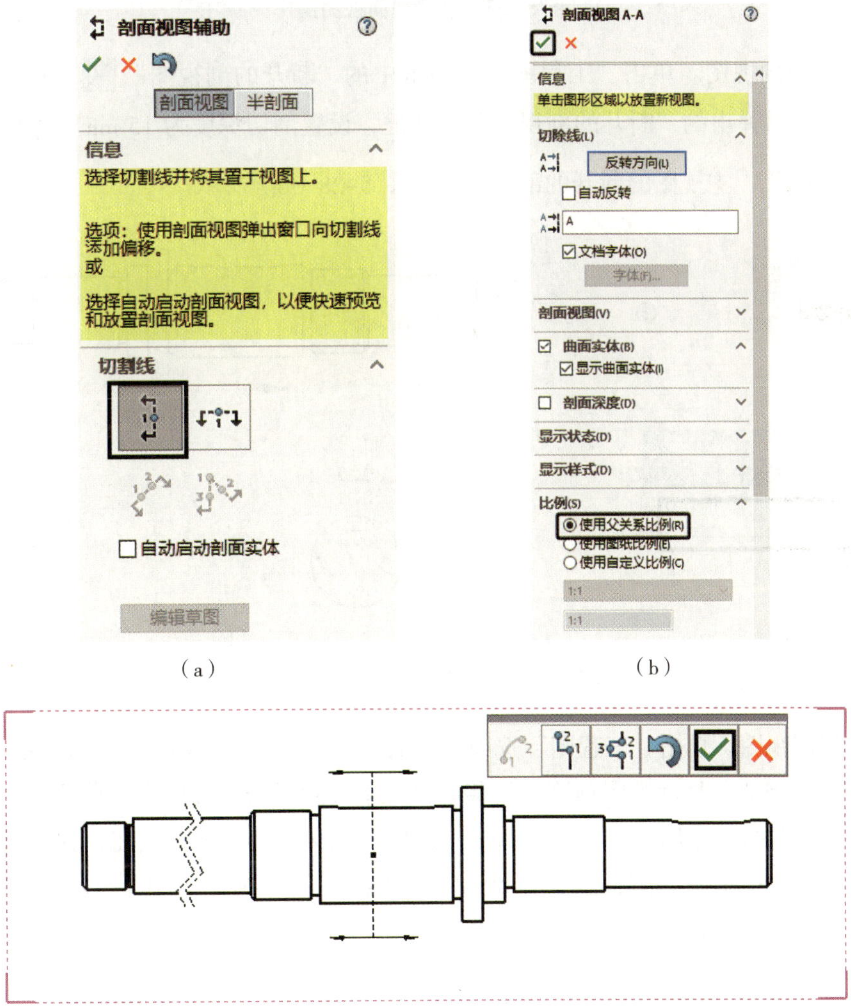

（a）　　　　　　　　　　（b）

（c）

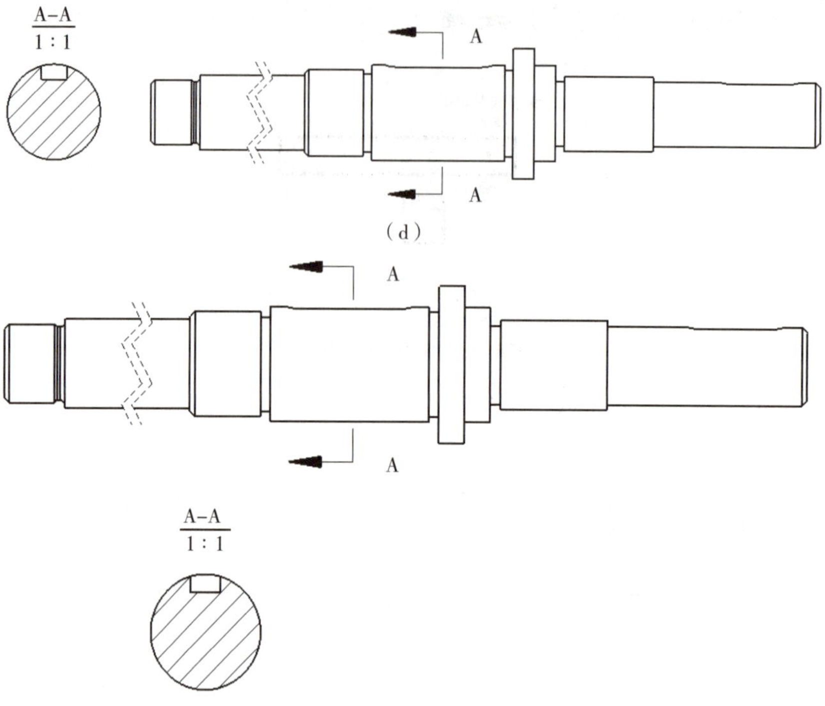

(e)

图 5-27　创建剖面视图操作

（5）创建断开的剖视图。单击“工程图”选项卡中的“断开的剖视图”按钮，在主视图的右端上绘制样条曲线，然后弹出的“断开的剖视图”对话框，设置剖切深度为 15 mm，如图 5-28（a）所示。单击“确定”按钮，主视图的断开的剖视图，如图 5-28（b）所示。

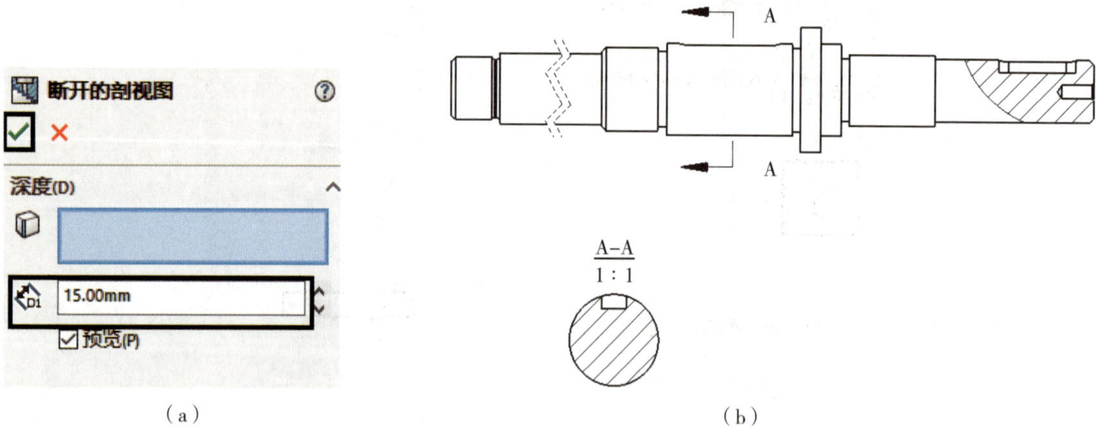

(b)

图 5-28　创建断开的剖视图操作

（6）创建局部剖视图。单击“工程图”选项卡中的“局部视图”按钮，指针变成形状，在欲建立局部视图位置绘制圆，显示视图预览框，移动鼠标指针到所需位置单击，放置视图，在出现的“局部视图 B”属性管理器的“比例”选项组中选中“使用自定义比例”单选按钮，在下面的文本框中输入“2 ： 1”，在“局部视图图标”中样式输入“B”，如图 5-29（a）所示。单击“确定”按钮，生成局部视图，如图 5-29（b）所示。

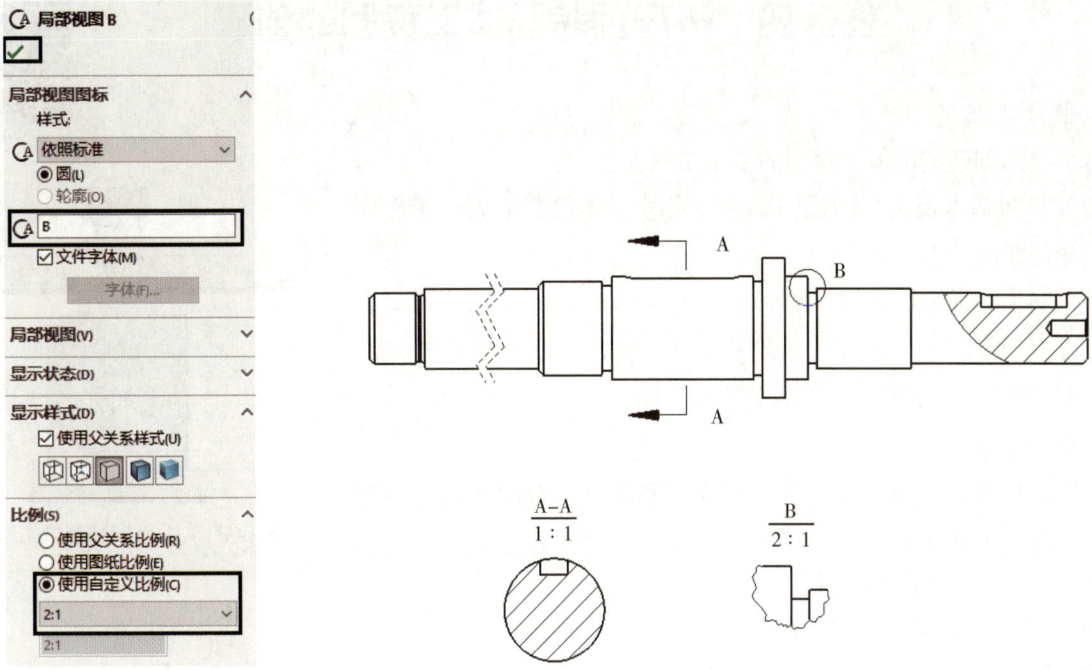

（a）　　　　　　　　　　　　（b）

图 5-29　创建局部剖视图操作

（7）单击“保存”按钮，保存文件，完成轴零件工程图。

5. 任务总结

（1）选择合适的视图表达方式是绘制高质量图纸的关键。

（2）在断裂视图实际操作中，应注意断裂线的选择、关键特征的完整性、断裂区域的设置以及视图的一致性。

（3）局部视图轮廓不宜过大或过小。过大会导致局部视图包含过多无关细节，过小则可能无法完整显示需要放大的区域。

6. 任务拓展

在 SolidWorks 软件中完成图 5-30 所示工程图的创建。

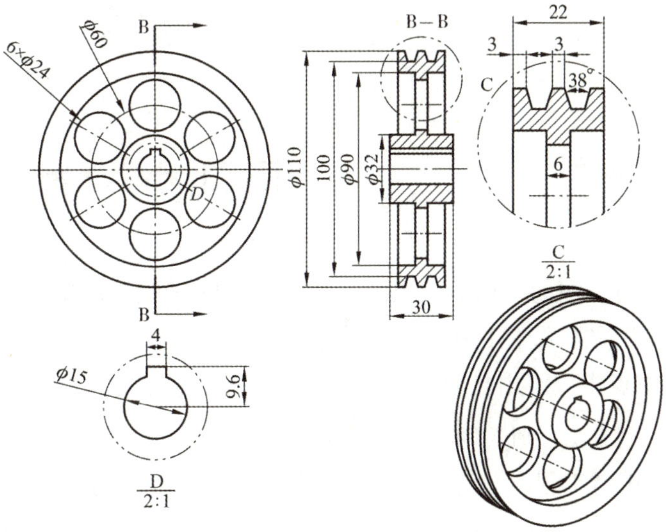

图 5-30　项目五任务三拓展练习

任务四　千斤顶装配体工程图的创建

导学视频

1. 目标知识点

（1）熟悉创建装配体工程图的基本步骤。

（2）掌握基本视图、剖视图、标注尺寸、零件明细表、零件序号标注等创建的基本方法。

（3）熟悉选择合理的技术要求。

2. 任务介绍

完成图 5-31 所示的千斤顶装配体工程图。

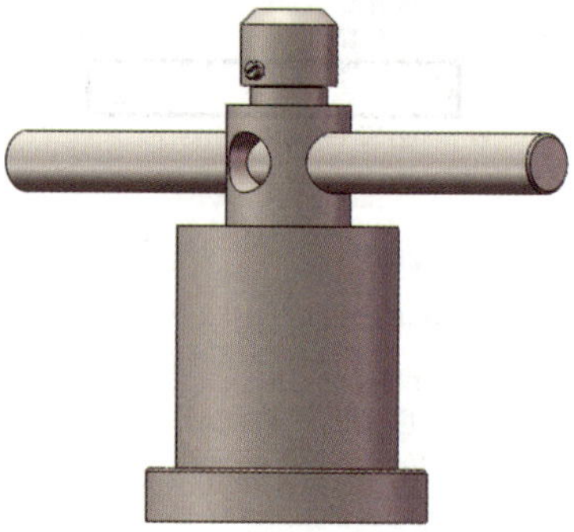

图 5-31　千斤顶装配体工程图

3. 任务分析

该装配图除创建基本视图外，还需要利用剖面视图来表达装配体内部结构。步骤如下：

（1）创建千斤顶的基本视图。

（2）创建部分零部件剖面视图。

（3）插入零件序号和明细表等信息。

4. 任务实施

（1）创建基本视图。

①打开装配体模型，单击“文件”→“新建”选项卡，选择“从零件 / 装配体制作工程图”按钮，在弹出的如图 5-32 所示的对话框中合理选择图纸“GB-A3”选项，单击“确定”按钮。

图 5-32　新建工程图

②单击“工程图”选项卡中的“标准三视图”按钮，绘图区域右侧出现“视图调色板”属性管理器。选择任务栏中“前视”图，按住鼠标左键将其拖到工程图图纸内，如图 5-33（b）所示。在弹出“工程图视图 1”对话框中点击“使用自定义比例（C）”，将比例设置为“1∶5”，如图 5-33（a）所示。单击“确定”按钮，完成主视图的创建，如图 5-33（c）所示。

③创建剖面视图。单击“工程图”选项卡中的“剖面视图”按钮，指针变成形状，在视图绘图区域的位置单击，出现“剖面视图辅助”属性管理器，单击“确定”按钮，显示视图预览框，如

图 5-34（a）所示。弹出“剖面范围”属性管理器，在“不包含零部件 / 筋特征（E）”对话框中，将紧定螺母 1、螺杆、绞杆、紧定螺母 2 四个部件排除在本次剖切范围内，单击“确定”按钮，如图 5-34（b）所示。鼠标往上移动至合适的位置，单击鼠标左键，完成剖面视图创建，如图 5-34（c）所示。

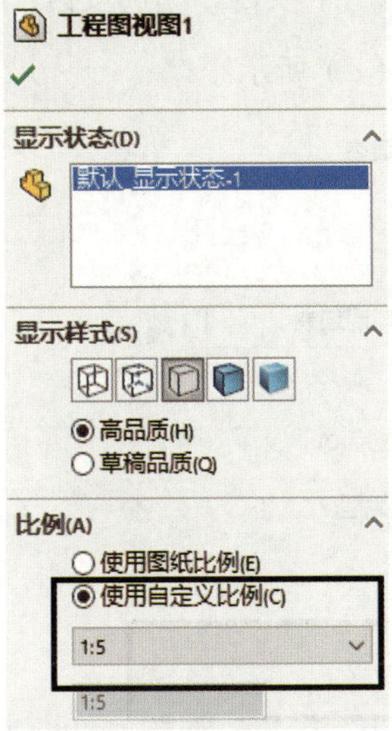

（a）

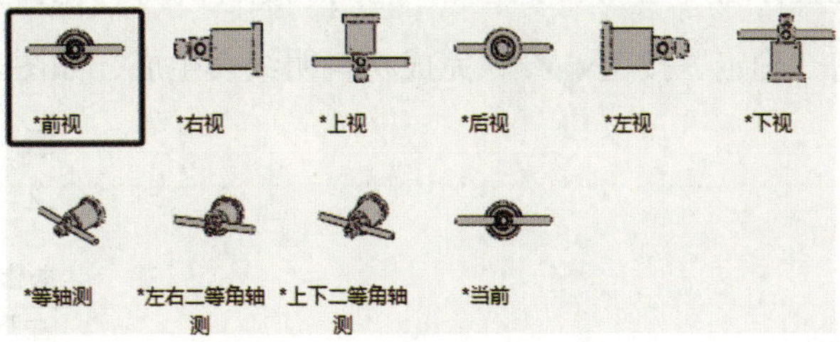

（b）

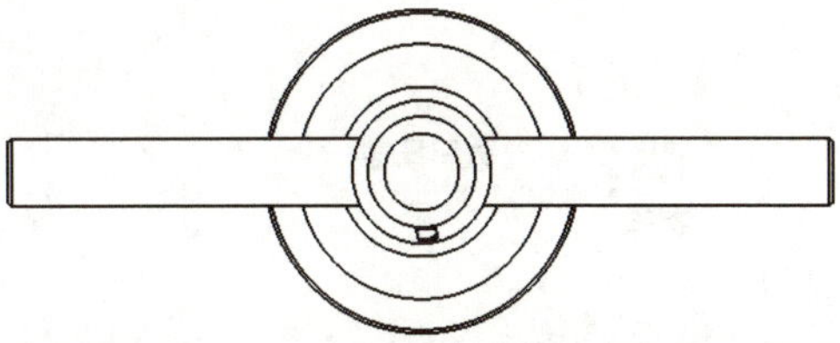

（c）

图 5-33　创建俯视图操作

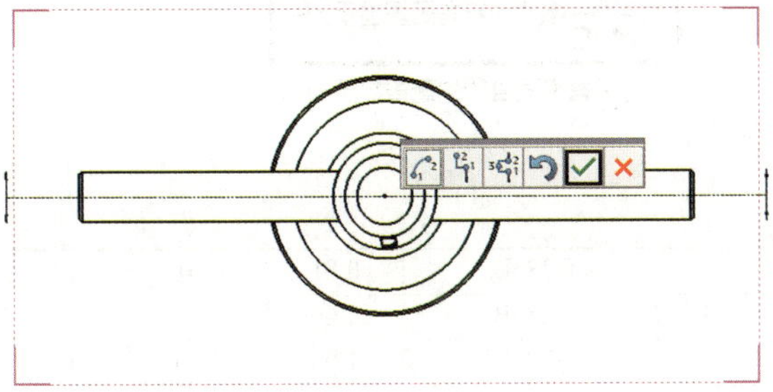

（a）

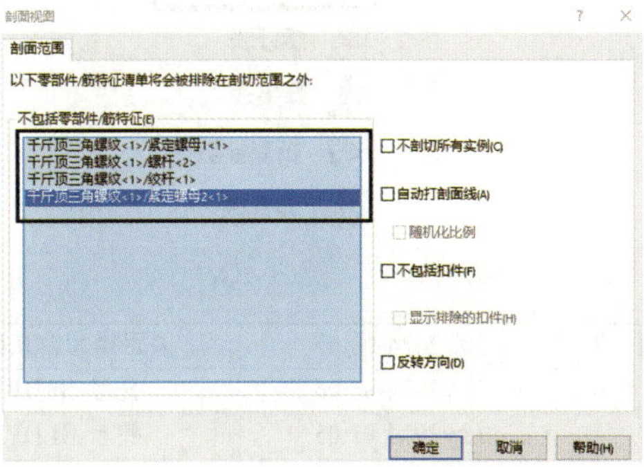

（b）

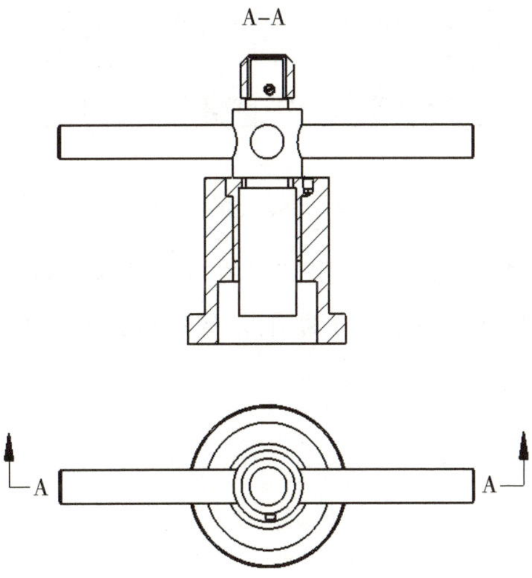

（c）

图 5-34　创建剖面视图操作

（2）插入材料明细表和零件序号。

①单击“注解”→“表格”→“材料明细表”按钮，如图 5-35（a）所示。弹出“材料明细表”对话框，其中：在“材料明细表类型”选项卡中选择“缩进”选项，在下拉列表中选择“详细编号”；在“零件配置分组”选项卡中选择“将同一零件的所有配置显示为一个项目”单选按钮，如图 5-35（b）所示。单击“确定”按钮，完成材料明细表生成，如图 5-35（c）所示。

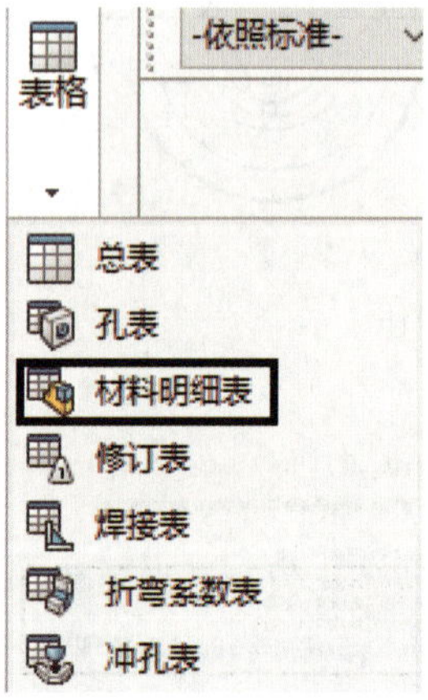

（a）

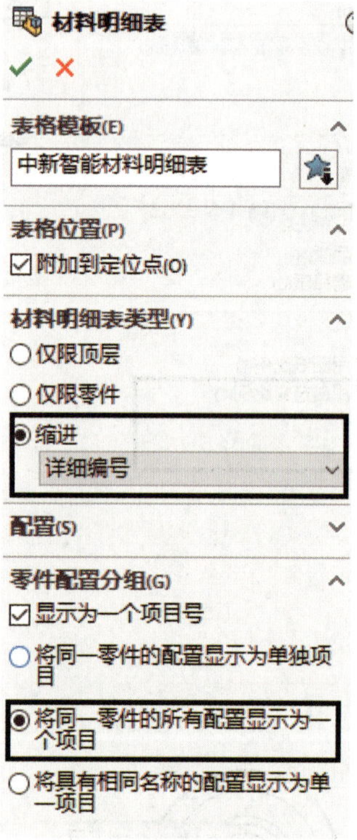

（b）

7	Lzy2024-01.07	紧定螺母2.SLDPRT	1	Q235B	0.01	0.01	
6	Lzy2024-01.06	压盖.SLDPRT	1	Q235B	0.60	0.60	
5	Lzy2024-01.05	绞杆.SLDPRT	1	Q235B	4.96	4.96	
4	Lzy2024-01.04	螺杆.SLDPRT	1	Q235B	7.64	7.64	
3	Lzy2024-01.03	紧定螺母1.SLDPRT	1	Q235B	0.01	0.01	
2	Lzy2024-01.02	螺套.SLDPRT	1	Q235B	2.16	2.16	
1	Lzy2024-01.01	底座.SLDPRT	1	Q235B	18.10	18.10	
序号	图样代号	图样名称	数量	材质	重量	总重	备注

（c）

图 5-35　插入材料明细表

②单击“注解”→“零件序号”按钮，弹出“零件序号”对话框，在“设定”选项区域下拉列表中选择“圆形”和“2 个字符”，如图 5-36（a）所示。然后单击视图中不同的零件进行编号，单击“确定”按钮，如图 5-36（b）所示。

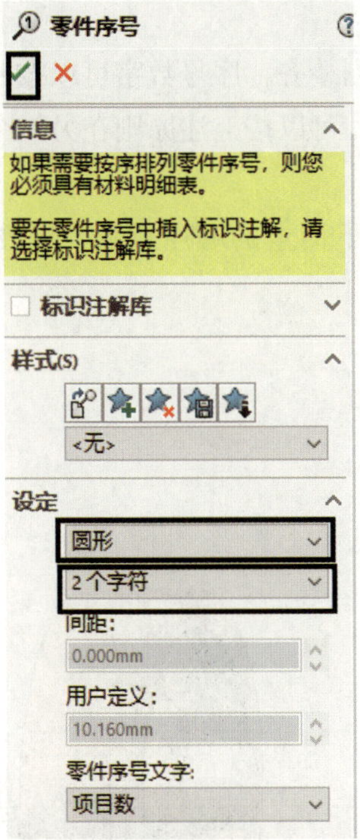

（a）

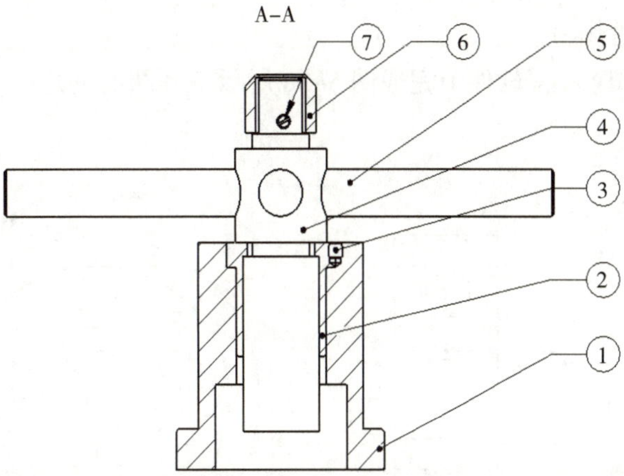

（b）

图 5-36 插入零件序号

完成的千斤顶装配体工程图如图 5-37 所示。

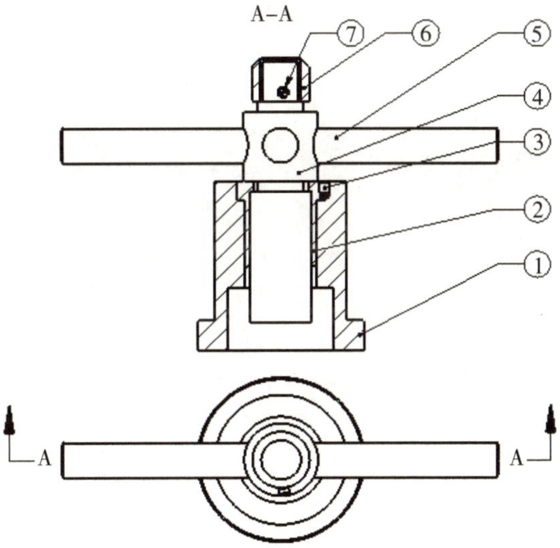

（a）

7	Lzy2024-01.07	紧定螺母2.SLDPRT	1	Q235B	0.01	0.01
6	Lzy2024-01.06	压盖.SLDPRT	1	Q235B	0.60	0.60
5	Lzy2024-01.05	绞杆.SLDPRT	1	Q235B	4.96	4.96
4	Lzy2024-01.04	螺杆.SLDPRT	1	Q235B	7.64	7.64
3	Lzy2024-01.03	紧定螺母1.SLDPRT	1	Q235B	0.01	0.01
2	Lzy2024-01.02	螺套.SLDPRT	1	Q235B	2.16	2.16
1	Lzy2024-01.01	底座.SLDPRT	1	Q235B	18.10	18.10
序号	图样代号	图样名称	数量	材质	重量	总重

（b）

图 5-37 最终效果

5. 任务总结

（1）序号编排方法：序号在装配图周围按照水平或竖直方向排列整齐，序号数字可以按照顺时针或逆时针依次递增，以便查找。当一个视图无法连续编排所有序号时，可以按上述原则在另一个视图继续编排。

（2）明细栏直接绘制在装配图中时，明细栏中的序号应按自下而上的顺序排列，以便发现漏编零件。

6. 任务拓展

在 SolidWorks 软件中完成图 5-38 所示工程图的创建。

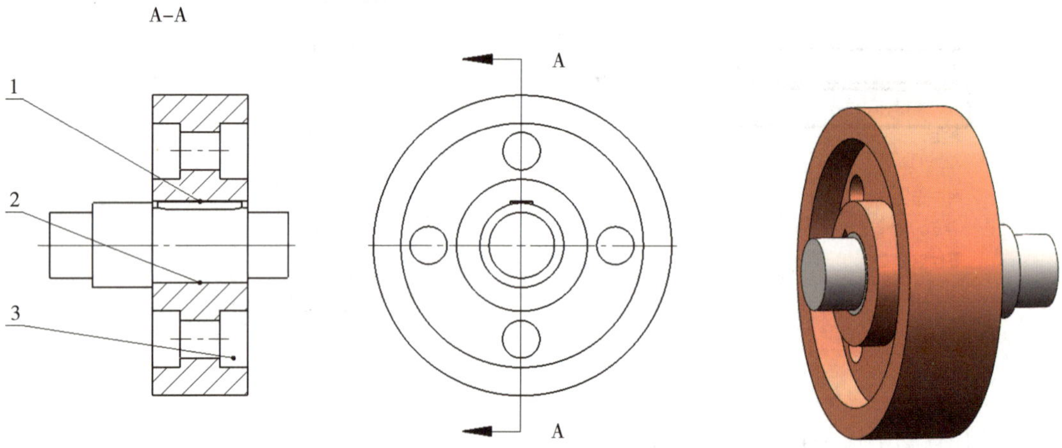

图 5-38　项目五任务四拓展练习

项目六

钣金建模

任务一　钣金支架的创建

导学视频

1. 目标知识点

（1）掌握基体法兰和边线法兰等钣金工具使用方法。

（2）掌握拉伸切除等特征工具的使用方法。

（3）掌握展开工具的使用方法。

2. 任务介绍

完成图 6–1 所示简单钣金支架。

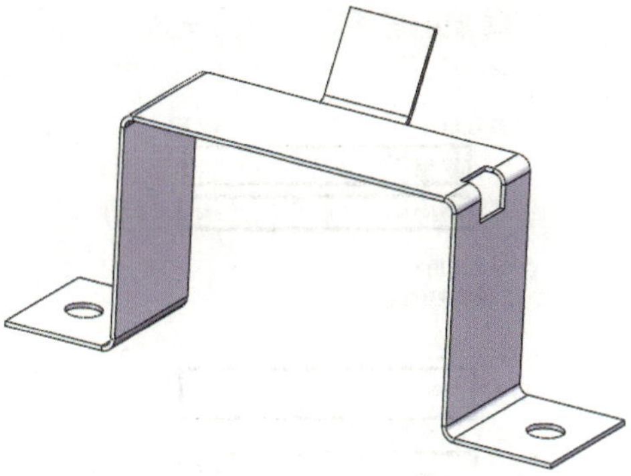

图 6–1　简单钣金支架

3. 任务设计

（1）选择前视基准面绘制草图，创建基体法兰。

（2）创建顶部边线法兰。

（3）拉伸切除生成 2 个圆孔。

（4）创建方孔。

（5）展开。

4. 任务实施

（1）创建基体法兰。

①单击“新建”按钮，弹出“新建 SolidWorks 文件”对话框，双击“零件”按钮，进入创建零件环境。

②绘制草图，在设计树中选择前视基准面作为绘制基准面，使用直线工具绘制零件的完整轮廓，如图 6–2 所示。

③在菜单栏中单击“插入”→“钣金”→“基本法兰”命令，选择刚绘制的草图轮廓，弹出“基体法兰”属性管理器，将“方向 1”设为“两侧对称”，“深度”设为 30 mm，在“钣金参数”对话栏中将“厚度”设为 1 mm，“折弯半径”设为 2 mm，在“折弯系数”中选择“K 因子”为 0.5，如图 6–3 所示。

④单击“确定”按钮，创建基体法兰，如图 6–4 所示。

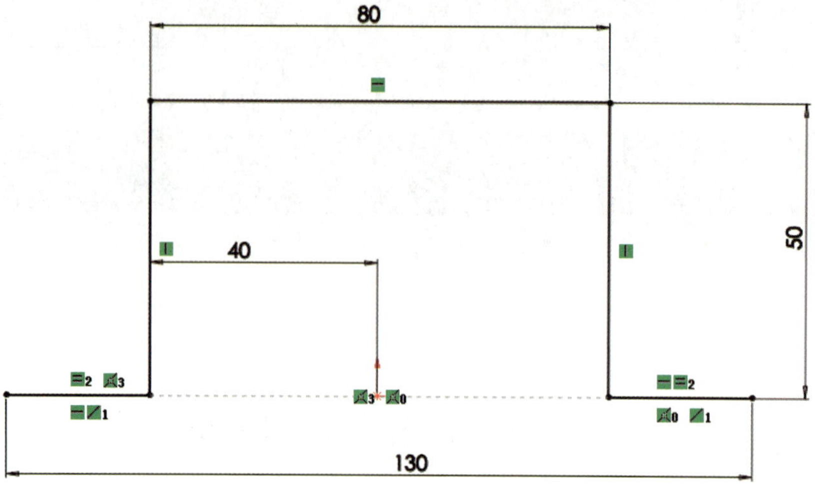

图 6-2　绘制法兰草图

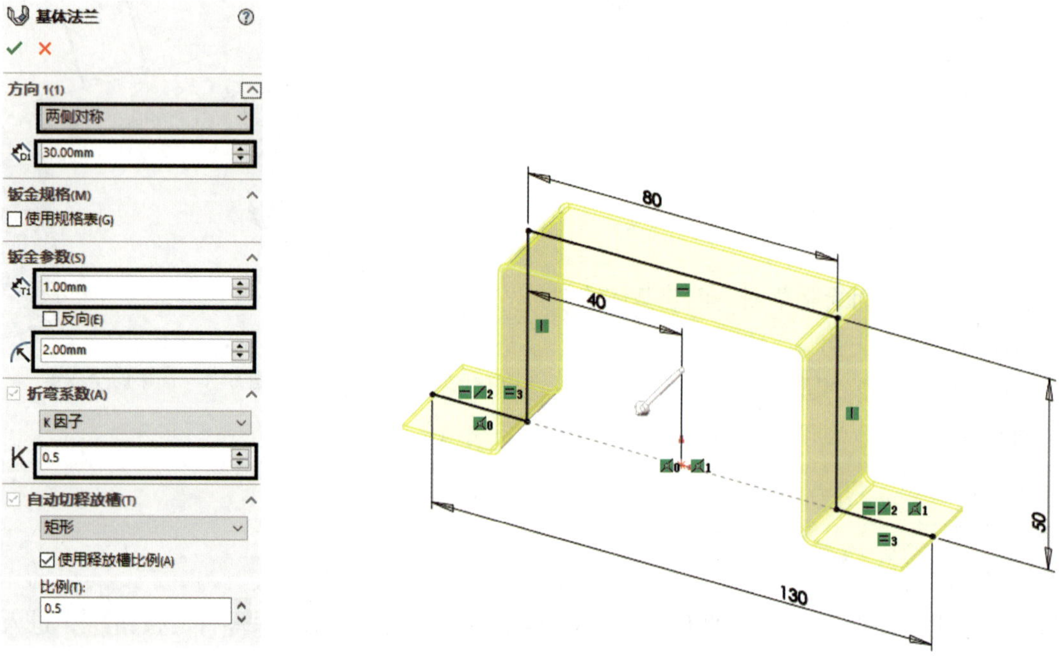

（a）　　　　　　　　　　（b）

图 6-3　“基体法兰”属性管理器

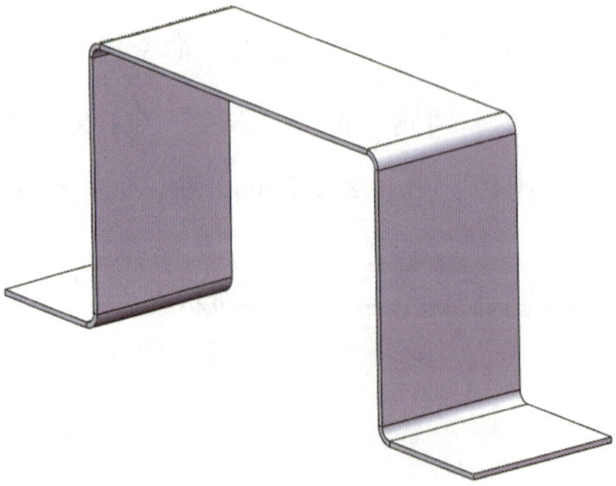

图 6-4　基体法兰实体效果

（2）创建边线法兰。

①在菜单栏中单击“插入”→“钣金”→“边线法兰”命令，弹出“边线 - 法兰 1”属性管理器。

②选取图 6–5（a）所示的边线，如图 6–5（a）所示。在“角度”对话框中将角度设定为 60 度，在“法兰长度”对话框中将“长度”设为 20 mm，单击“外部虚拟交点”按钮，在“法兰位置”对话框中单击“折弯在外”按钮，如图 6–5（b）所示。在“法兰参数”对话框中单击“编辑法兰轮廓”，拖动两侧草图边线，标注如图 6–5（c）所示，单击弹出对话框中的“完成”命令，完成边线法兰的创建。

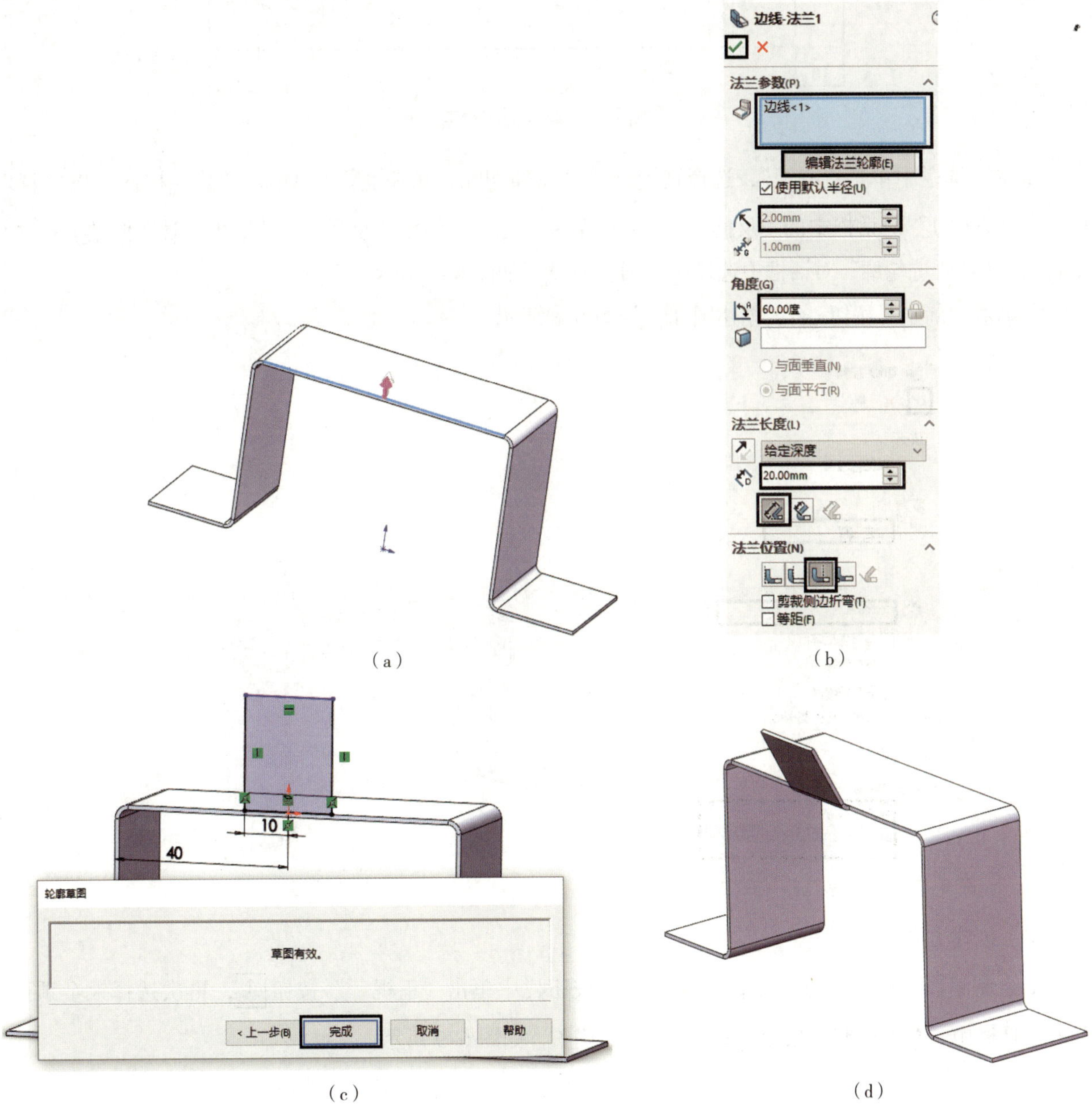

图 6–5　边线法兰绘制操作与实体效果

③单击“确定”按钮，创建边线法兰，如图 6–5（d）所示。

（3）创建圆孔。

①绘制草图。选择设计树中的上视基准面，在弹出快捷按钮栏中单击“正视于”按钮，再次选择上视基准面，单击工具栏中“草图绘制”按钮，绘制两个圆孔草图，如图 6-6 所示。

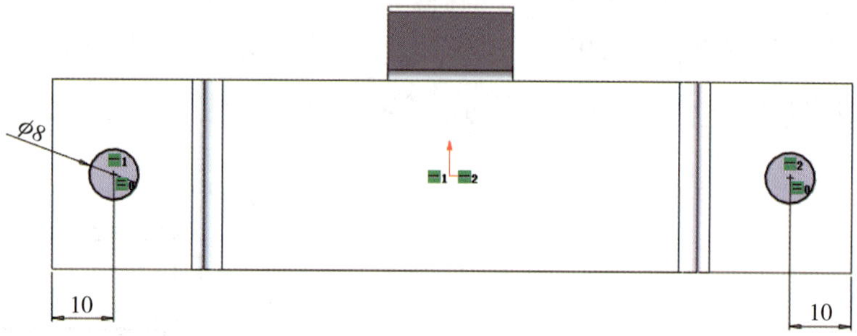

图 6-6　绘制圆孔草图

②在工具栏中单击“特征”，选择选项卡中“拉伸切除”按钮，弹出“切除－拉伸”属性管理器，在“方向 1”对话框中的“反向”下拉菜单中选择“给定深度”，在“深度”对话框中输入 10 mm，在“所选轮廓”对话框中选择两个圆孔草图，如图 6-7 所示。

③单击“确定”按钮，创建圆孔，如图 6-8 所示。

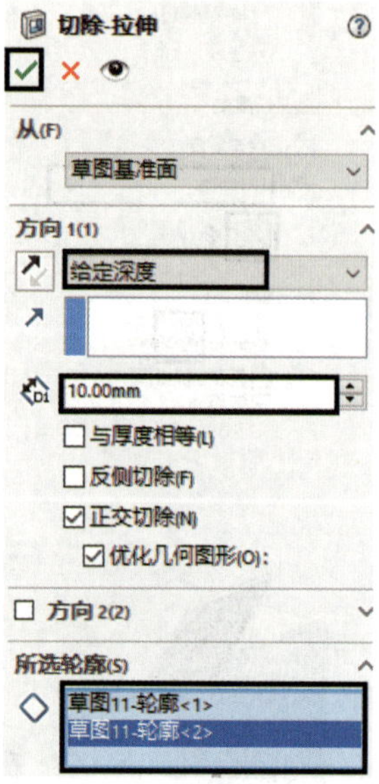

图 6-7　“切除－拉伸”属性管理器

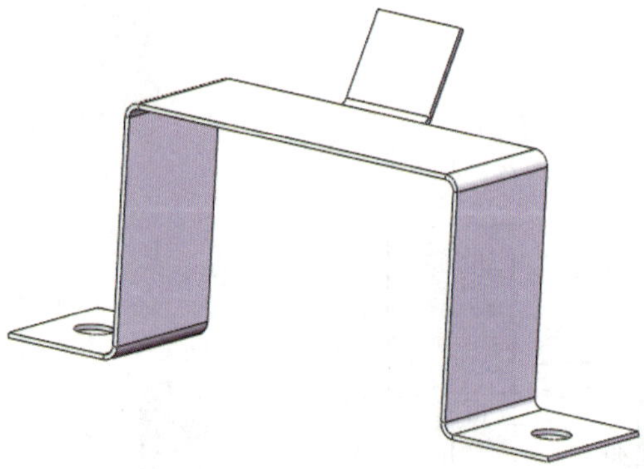

图 6-8　创建两个圆孔

（4）创建方孔。

①绘制草图。选择钣金顶面，在弹出快捷按钮栏中单击“正视于”按钮，再次选择钣金顶面，单击工具栏中“草图绘制”按钮，绘制方孔草图，如图 6-9 所示。

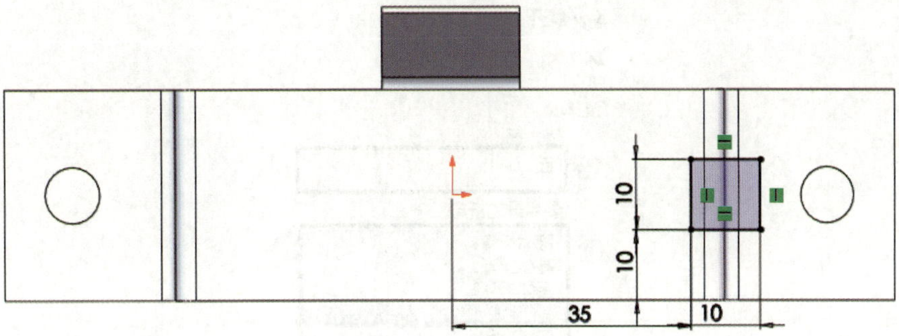

图 6–9　绘制方孔草图

②在工具栏中单击“特征”，选择选项卡中“拉伸切除”按钮，弹出“切除 – 拉伸”属性管理器，在“方向 1”对话框中的“反向”下拉菜单中选择“给定深度”，在“深度”对话框中输入 8 mm，在“所选轮廓”对话框中选择方孔草图，如图 6–10 所示。

③单击“确定”按钮，创建方孔，如图 6–11 所示。

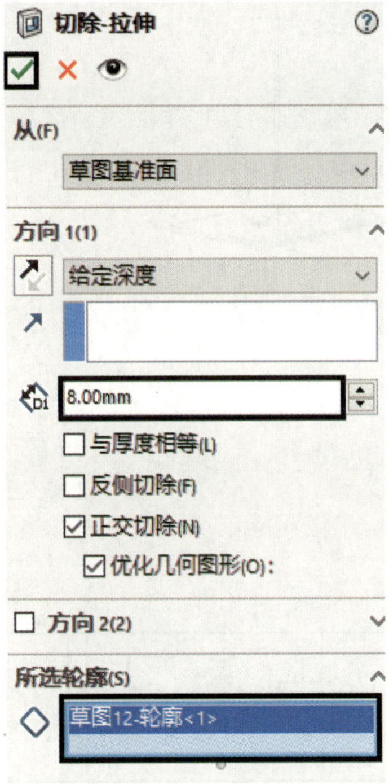

图 6–10　“切除 – 拉伸”属性管理器

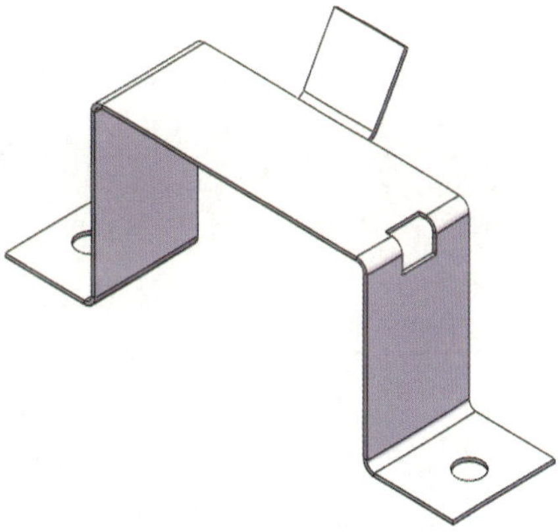

图 6–11　创建方孔效果

（5）展开。

单击“展开”按钮，选择基体法兰的顶面作为固定面，再选择五个斜接折弯作为要展开的折弯，如图 6–12（a）所示。单击“确定”按钮，完成展开操作，如图 6–12（b）所示。

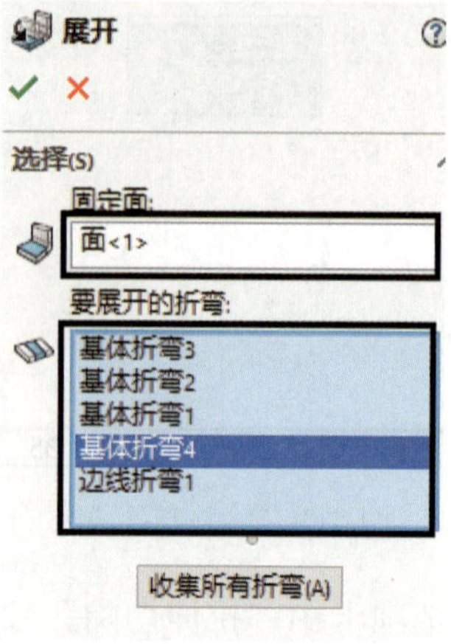

（a）

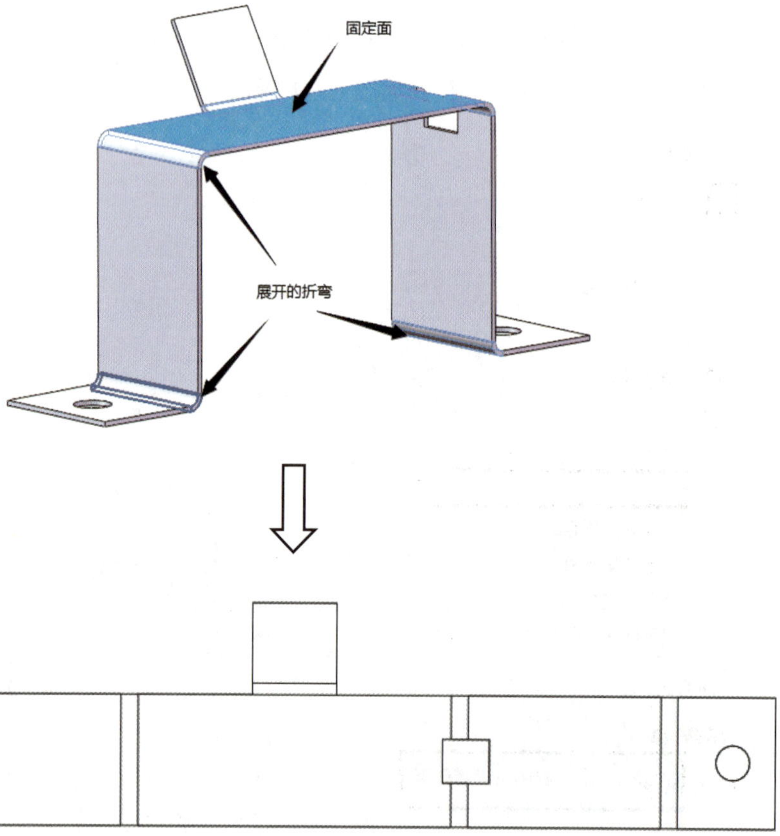

（b）

图 6-12　展开操作

5. 任务总结

钣金零件特点的作用：判断一个零件是否是一个钣金零件，只有同时符合两个特点的零件才是一个钣金零件，我们才可以通过钣金的方式来具体实现，否则不可以。

钣金零件的特点如下。

（1）同一零件的厚度一致。

（2）在钣金壁与钣金壁的连接处是通过折弯连接的。

6. 任务拓展

在 SolidWorks 中绘制如图 6–13、图 6–14 所示的钣金件（尺寸自定）。

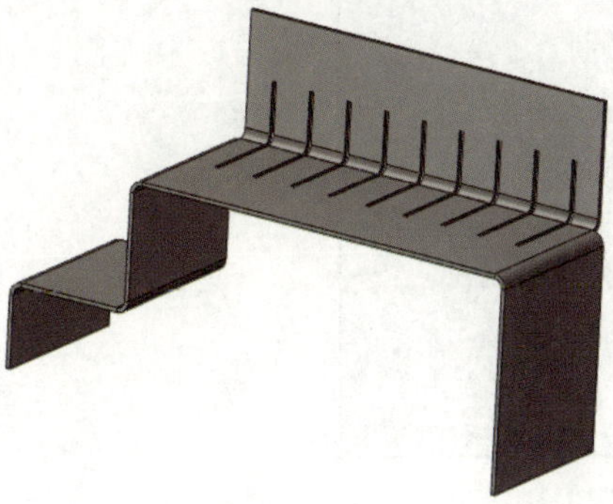

图 6–13　钣金件 1

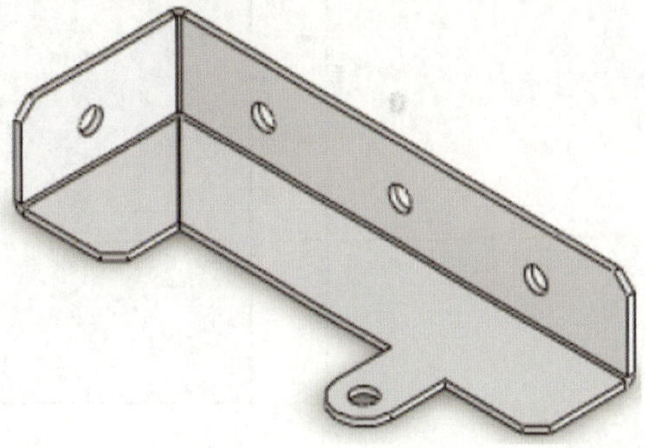

图 6–14　钣金件 2

任务二　电气柜主体的创建

导学视频

1. 目标知识点

（1）掌握基体法兰和斜接法兰等钣金工具使用方法。

（2）掌握褶边工具的使用方法。

（3）掌握拉伸切除和异型孔向导等特征工具的使用方法。

2. 任务介绍

完成图 6–15 所示的电气柜主体三维模型。

图 6–15　电气柜主体

3. 任务设计

（1）选择前视基准面绘制草图，创建机箱风扇支架基体法兰。

（2）顶面边线创建边线法兰。

（3）使用拉伸切除命令生成 4 个安装孔。

（4）新建零件，绘制成形工具。

（5）添加成形工具，并阵列、镜像。

（6）绘制草图，利用通风口命令形成通风口。

4. 任务实施

（1）创建基体法兰。

①单击“新建”按钮，弹出“新建 SolidWorks 文件”对话框，双击“零件”按钮，进入创建零件环境。

②绘制草图，在设计树中选择“前视基准面”作为绘制基准面，在弹出快捷按钮栏中单击“正视于”按钮，选择工具栏中的“草图绘制”按钮，单击“中心矩形”按钮，以坐标原点为中心，绘制矩形并标注尺寸，如图 6–16 所示。

③在菜单栏中单击“插入”→“钣金”→“基本法兰”命令，选择刚绘制的草图，弹出“基体法兰”属性管理器，在“钣金参数”对话栏中的“方向 1 厚度”设为 2 mm，注意厚度方向向下，否则需勾选“反向”，在“折弯系数”中选择“K 因子”为 0.5，其余参数默认，如图 6–17 所示。

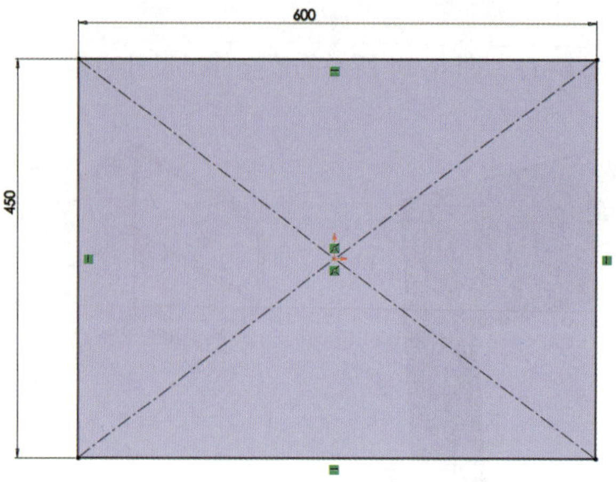

图 6–16　矩形草图

④单击“确定”按钮，创建基体法兰，如图 6–18 所示。

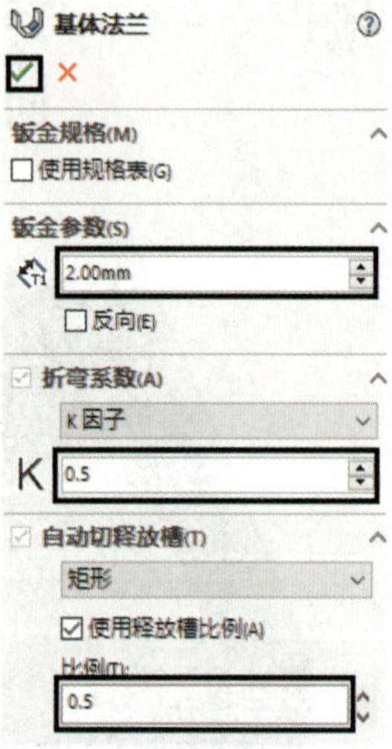

图 6–17　“基体法兰”属性管理器

图 6–18　基体法兰效果

（2）创建斜接法兰。

①选择如图 6–19（a）所示端面 A，在弹出快捷按钮栏中单击“正视于”按钮，选择工具栏中的“草图绘制”按钮，绘制草图，如图 6–19（b）所示。

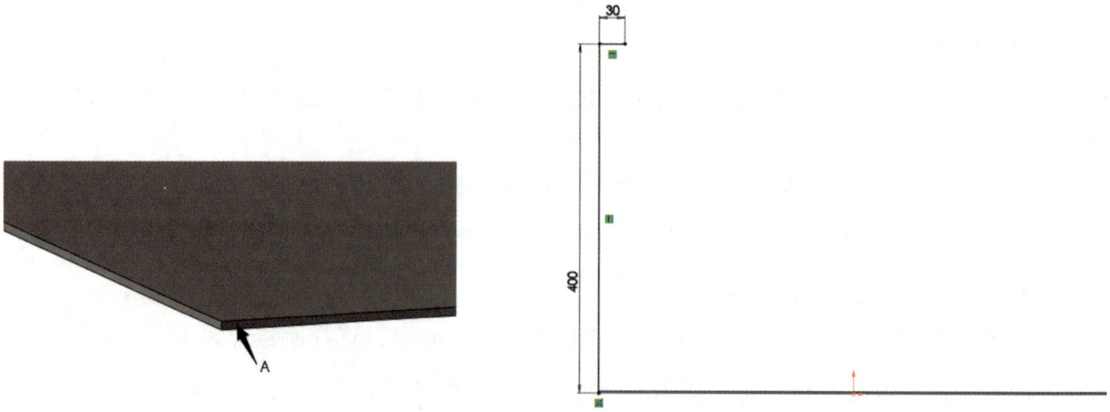

（a）　　　　（b）

图 6–19　绘制斜接法兰草图

②在菜单栏中单击“插入”→“钣金”→“斜接法兰”命令，弹出“斜接法兰”属性管理器，如图 6–20（a）所示。系统自动选择于所绘草图相连的边线作为斜接法兰的第一条边，同时显示斜接法兰的预览图形，如图 6–20（b）所示。然后按照顺时针顺序选择另外三条边，在“法兰位置”栏选择“材料在内”按钮，其余参数默认。

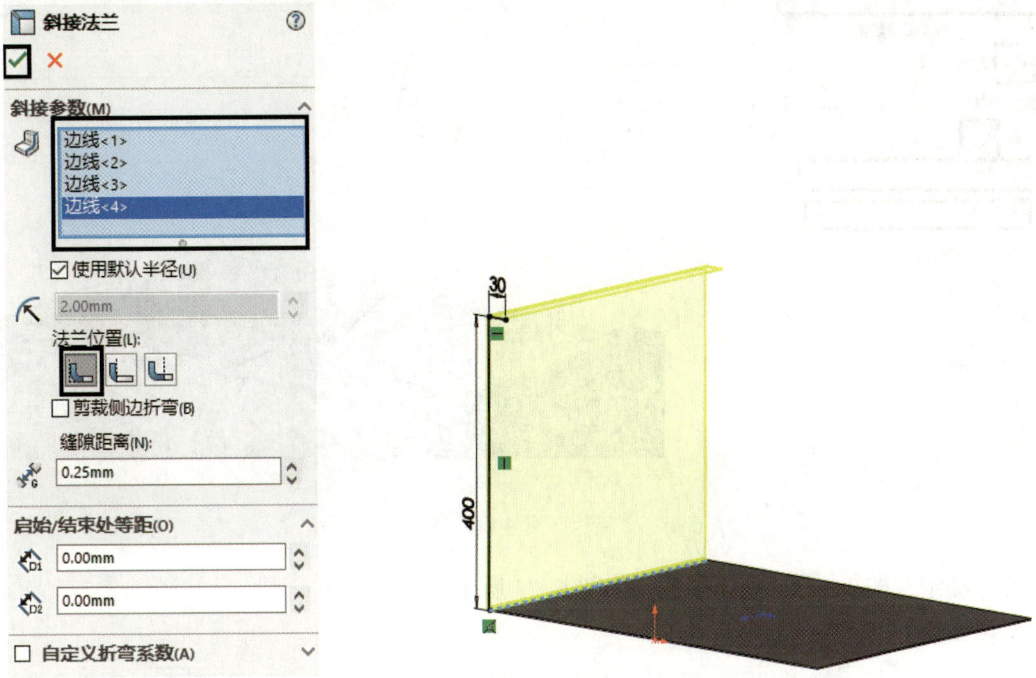

（a）　　（b）

图 6–20　“斜接法兰”属性管理器与操作过程

③单击“确定”按钮，创建斜接法兰，如图 6–21 所示。

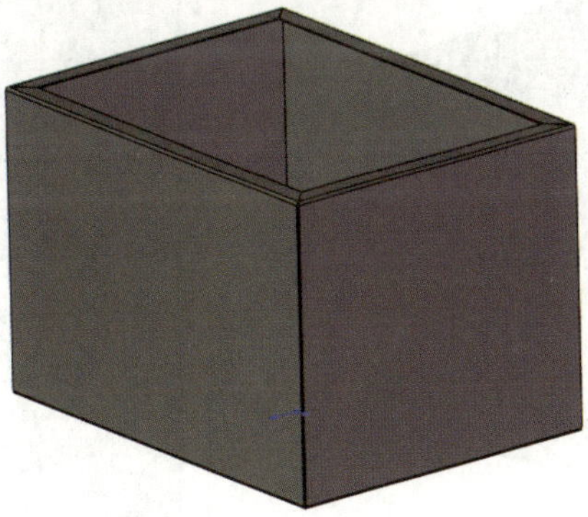

图 6–21　斜接法兰效果

（3）创建褶边特征。

①在菜单栏中单击“插入”→“钣金”→“褶边”命令，弹出“褶边”属性管理器，如图 6–22（a）所示，选择顶部四条边，如图 6–22（b）所示，在“边线”设置“褶边位置”为“材料在内”，在“类型和大小”设置“褶边类型”为“打开”，将长度设为 10 mm、缝隙距离设为 3 mm，其余参数默认。

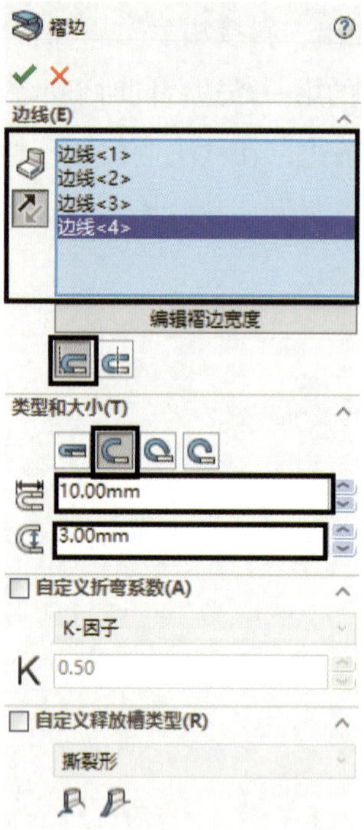

（a）

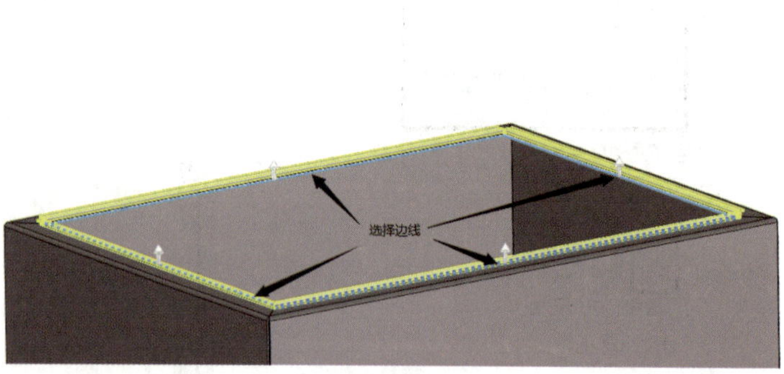

（b）

图 6-22 “褶边”属性管理器与操作过程

②单击“确定”按钮✔，创建褶边，如图 6-23 所示。

（3）创建通孔。

①绘制草图。选择右视基准面，在弹出快捷按钮栏中单击“正视于”按钮，再次选择右视基准面，单击工具栏中“草图绘制”按钮，绘制通孔草图，如图 6-24 所示。

图 6-23 创建褶边效果

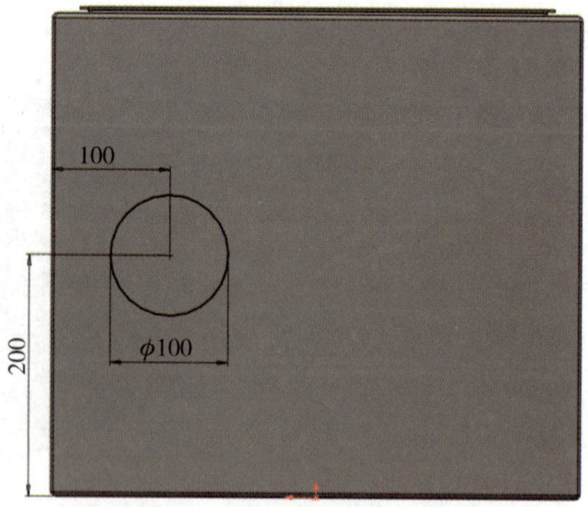

图 6-24 绘制通孔草图

②在工具栏中单击“特征”，选择选项卡中“拉伸切除”按钮，弹出“切除 – 拉伸 1”属性管理器，在“方向 1”对话框中的“反向”下拉菜单中选择“完全贯穿”，如图 6-25 所示。

③单击“确定”按钮✔，创建通孔，如图 6-26 所示。

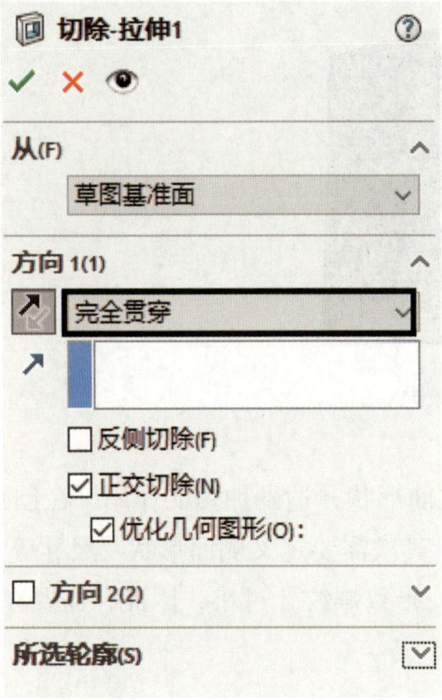

图 6-25　“切除 – 拉伸 1”属性管理器

图 6-26　创建通孔效果

（4）创建直螺纹孔。

①单击工具栏中“特征”→“异型孔向导”按钮，弹出“孔规格”属性管理器，在通孔所在平面“孔类型”中单击“直螺纹孔”按钮，标准为“GB”，类型为“螺纹孔”，大小为“M3”，将终止条件设定为 15 mm，其余参数默认。如图 6–27（a）所示。在“孔规格”属性管理器“位置”中单击如图 6–27（b）所示的草图，并标注尺寸。

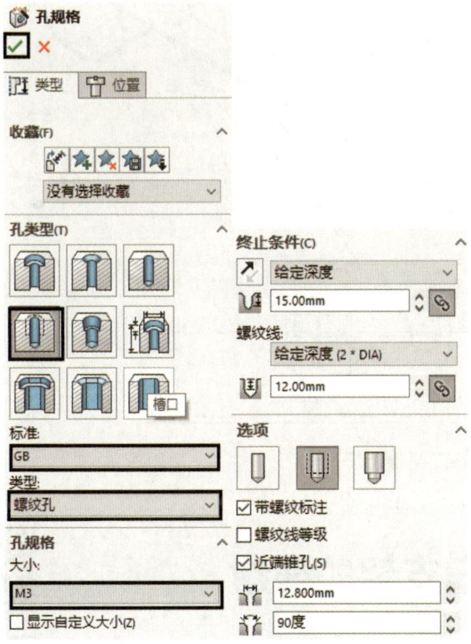

（a）

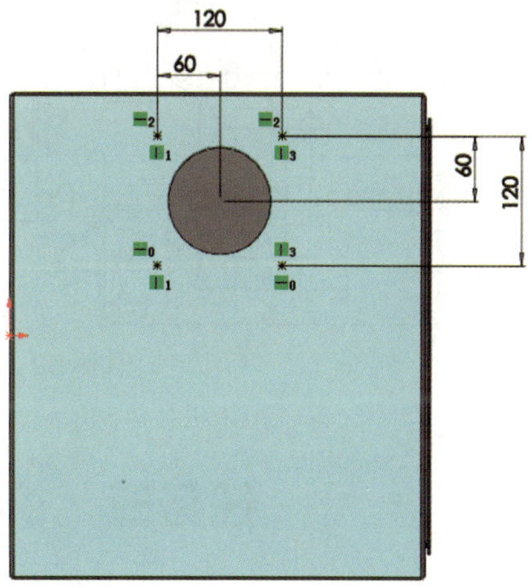

（b）

图 6–27　“孔规格”属性管理器与设置过程

②单击“确定”按钮，创建直螺纹孔，如图 6–28 所示。

图 6-28　创建直螺纹孔效果

5. 任务总结

（1）“褶边”特征可以在钣金模型的边线上添加不同的卷曲形状，达到加强的作用。在创建褶边时，须现在现有钣金壁上选取一条或多条边线作为褶边的附着边，其次需要定义侧面形状及尺寸等参数。

（2）在实际生产过程中，钣金螺纹孔钣金件一般比较薄，导致螺纹牙过小，因此，需要在钣金螺纹孔背面焊接相匹配螺母，有效增加螺纹孔的强度和可靠性。

6. 任务拓展

在 SolidWorks 中完成如图 6-29 所示的钣金建模。

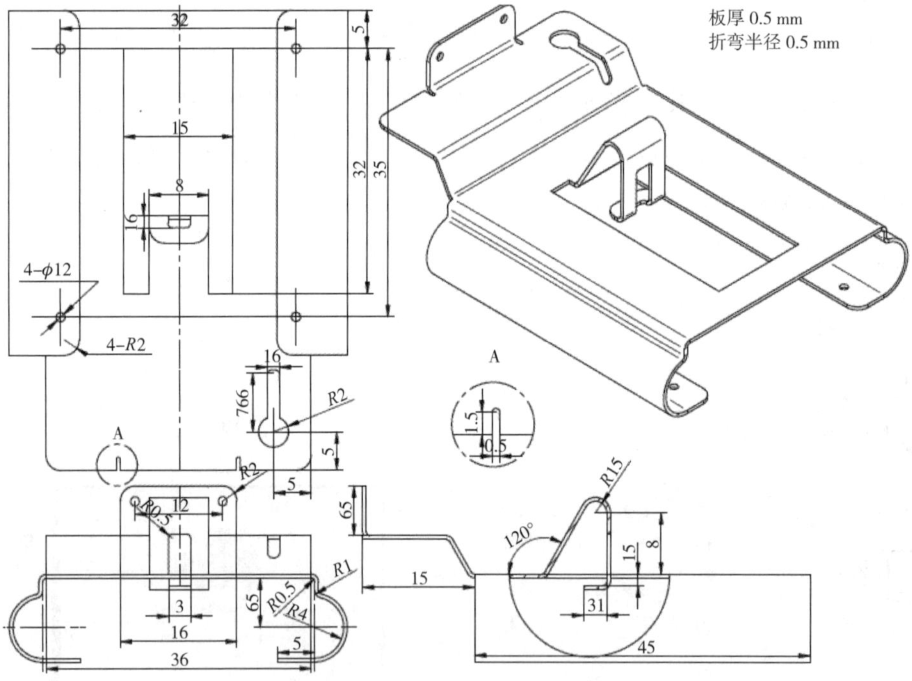

图 6-29　项目六任务二拓展练习

任务三　机箱风扇支架的创建

导学视频

1. 目标知识点

（1）掌握基体法兰和边线法兰等钣金工具使用方法。

（2）掌握自定义成形工具以及通风口等特征工具的使用方法。

（3）掌握解除压缩、压缩的使用方法。

2. 任务介绍

完成图 6–30 所示的机箱风扇支架三维模型。

3. 任务设计

（1）选择前视基准面绘制草图，创建机箱风扇支架基体法兰。

（2）顶面边线创建边线法兰。

（3）使用拉伸切除命令生成 4 个安装孔。

（4）新建零件，绘制成形工具。

（5）添加成形工具，并阵列、镜像。

（6）绘制草图，利用通风口命令形成通风口。

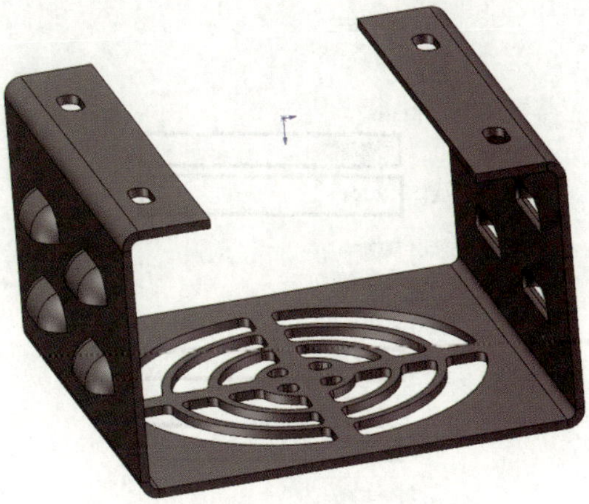

图 6–30　机箱风扇支架

4. 任务实施

（1）创建基体法兰。

①单击“新建”按钮，弹出“新建 SolidWorks 文件”对话框，双击“零件”按钮，进入创建零件环境。

②绘制草图，在设计树中选择前视基准面作为绘制基准面，在弹出快捷按钮栏中单击“正视于”按钮，单击工具栏中的“草图绘制”按钮，使用直线工具绘制零件的轮廓，如图 6–31 所示。

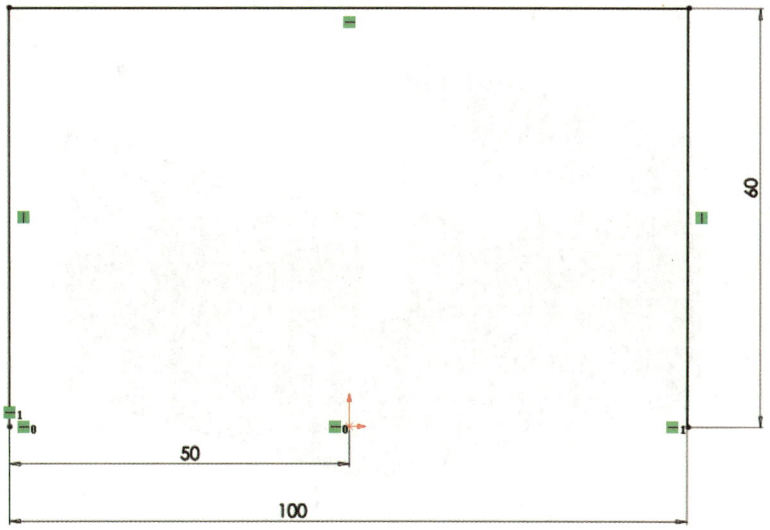

图 6–31　绘制基本法兰草图

③在菜单栏中单击“插入”→“钣金”→“基本法兰”命令，选择刚绘制的草图轮廓，弹出“基体法兰”属性管理器，在“方向 1”栏选择“两侧对称”，将“深度”设为 100 mm，在“钣金参数”对话栏中将“厚度”设为 2 mm，将“折弯半径”设为 2 mm，在“折弯系数”中选择“K 因子”为 0.5，如图 6–32 所示。

④单击“确定”按钮，创建基体法兰，如图 6–33 所示。

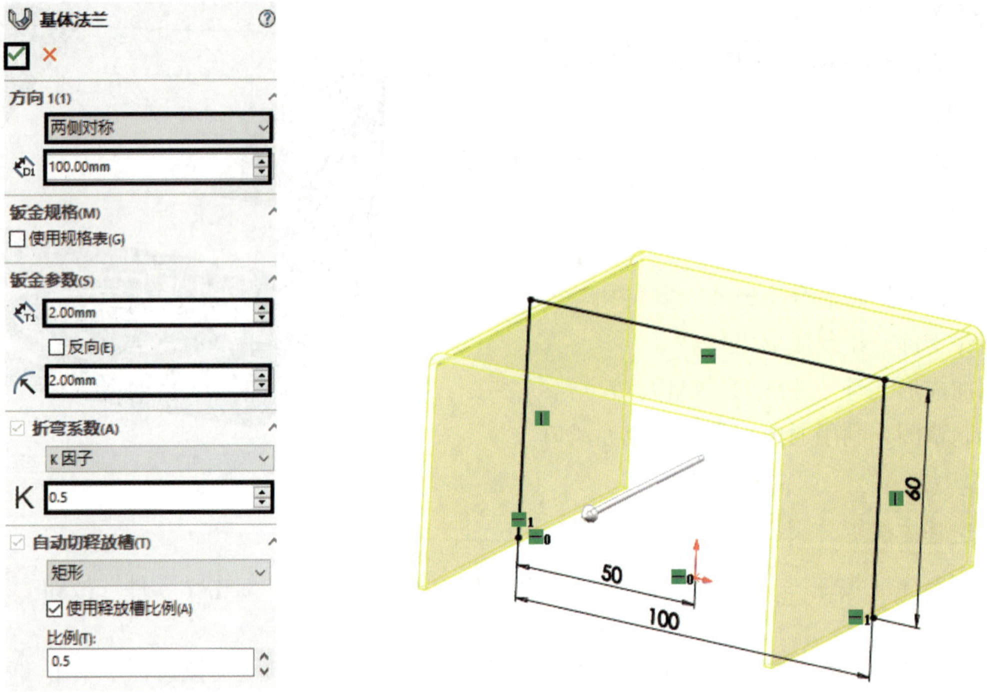

（a）　　　　　　　　　　　　（b）

图 6–32 “基体法兰”属性管理器与操作过程

图 6–33 创建基体法兰效果

（2）创建边线法兰。

①在菜单栏中单击“插入”→“钣金”→“边线法兰”命令，弹出“边线 – 法兰 1”属性管理器，如图 6–34（a）所示。

②选取图 6–34（b）所示的边线，在“角度”对话框中将角度设定为 90 度，在“法兰长度”对话框中将长度设为 20 mm，单击“外部虚拟交点”按钮，在“法兰位置”对话框中单击“材料在内”按钮，如图 6–34（a）所示。

（a）　　　　　　　　　　（b）

图 6-34　“边线 – 法兰 1”属性管理器与操作过程

③单击“确定”按钮，创建边线法兰，如图 6-35 所示。

图 6-35　创建边线法兰效果

（3）创建腰型孔。

①绘制草图。选择钣金顶面（边线法兰），在弹出快捷按钮栏中单击“正视于”按钮，再次选择钣金顶面，单击工具栏中“草图绘制”按钮，绘制草图，如图 6-36 所示。

②在工具栏中单击“特征”，选择选项卡中“拉伸切除”按钮，弹出“切除 – 拉伸”属性管理器，在“方向 1”对话框中的“反向”下拉菜单中将“给定深度”设定为 10 mm，如图 6-37 所示。

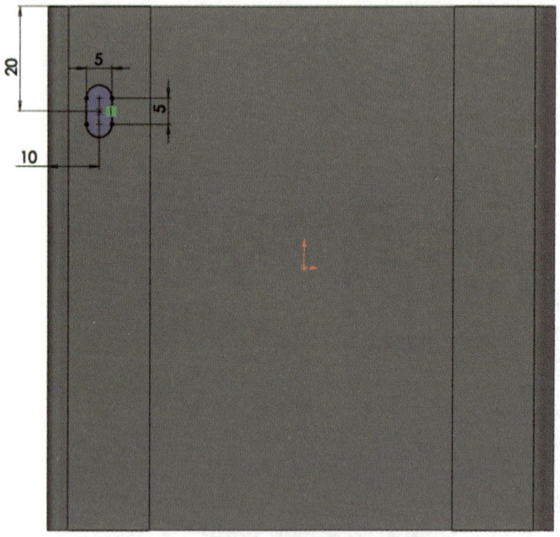

图 6–36　绘制草图

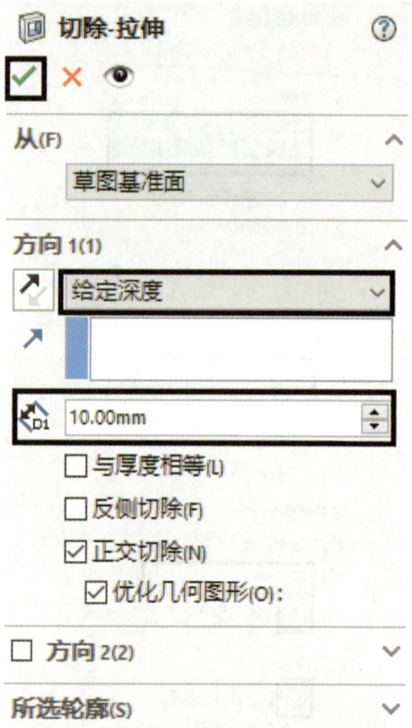

图 6–37　“切除 – 拉伸”属性管理器

③单击“确定”按钮，创建腰型孔，如图 6–38 所示。

图 6–38　创建腰型孔效果

④创建线性阵列，单击“特征”工具栏中的“线性阵列”按钮，弹出“线性阵列”属性管理器，在“特征和面”列表框中的“要阵列的特征”中选择“切除 – 拉伸 1”，再激活“方向 1”选项区中的“阵列方向”选择框，选择线性法兰边线，将间距设为 60 mm，设置“阵列数”为“2”。用类似方法设置“方向 2”相关选项，其余参数默认，如图 6–39 所示。

⑤单击“确定”按钮，阵列腰型孔，如图 6–40 所示。

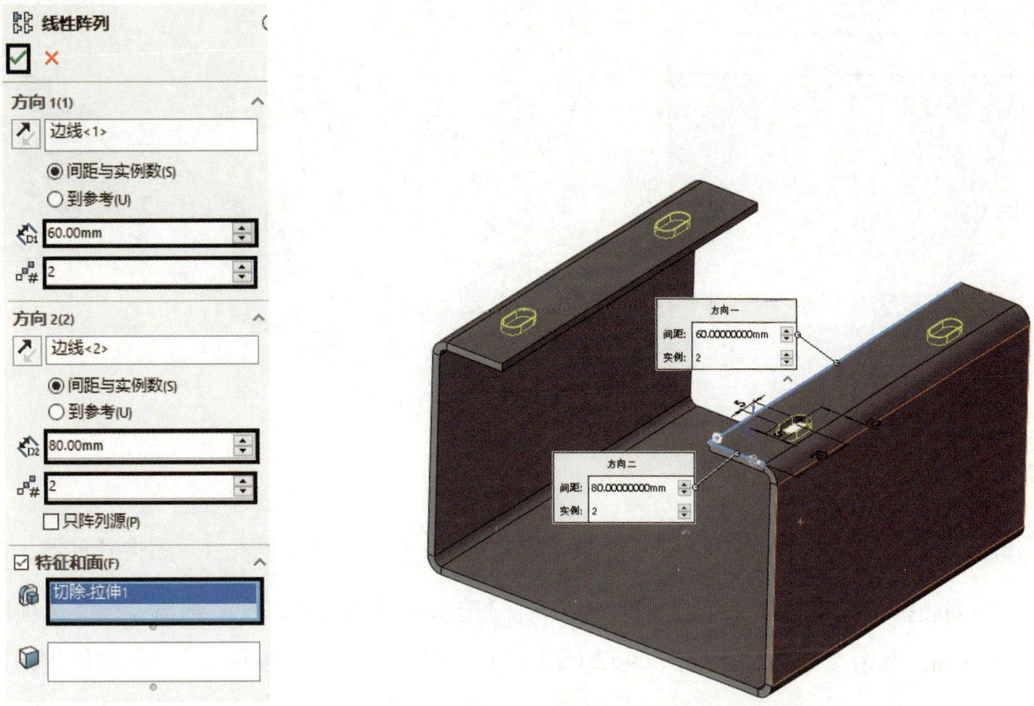

（a）　　　　　　　　　　（b）

图 6-39　“线性阵列”属性管理器与操作过程

图 6-40　阵列腰型孔效果

（4）自定义成形工具。

本项目创建百叶窗成形工具的具体步骤如下：

①建立新的文件。单击“文件”→“新建”→“零件”按钮，然后单击“确定”，创建一个新零件文件。

②拉伸凸台。选择前视基准面作为草图绘制平面，在弹出快捷按钮栏中单击“正视于”按钮，再次选择前视基准面，单击工具栏中“草图绘制”按钮，绘制草图，如图 6-41（a）所示。单击工具栏中的“特征”→“拉伸凸台 / 基体”按钮，在“方向 1”的距离文本框中输入 10 mm，单击“确定”按钮，如图 6-41（b）所示。

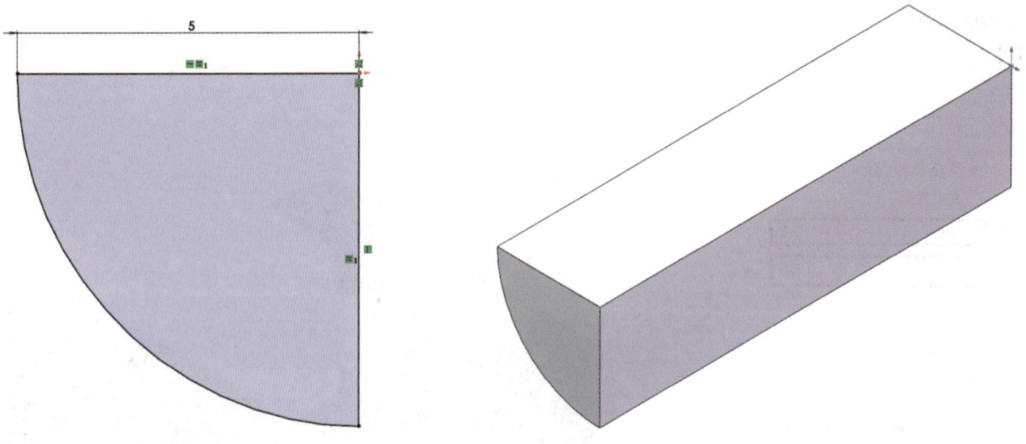

（a）　　　　（b）

图 6-41　拉伸凸台

③创建圆角。单击工具栏中的“特征”→“圆角”按钮，弹出“圆角 1”属性管理器，在“要圆角化的项目”列表框中的“边线、面、特征与环”选择两条圆弧边，在“圆角参数”选项区中设置圆角半径为 5 mm，其余参数默认，如图 6-42（a）所示。单击“确定”按钮，完成创建圆角，如图 6-42（b）所示。

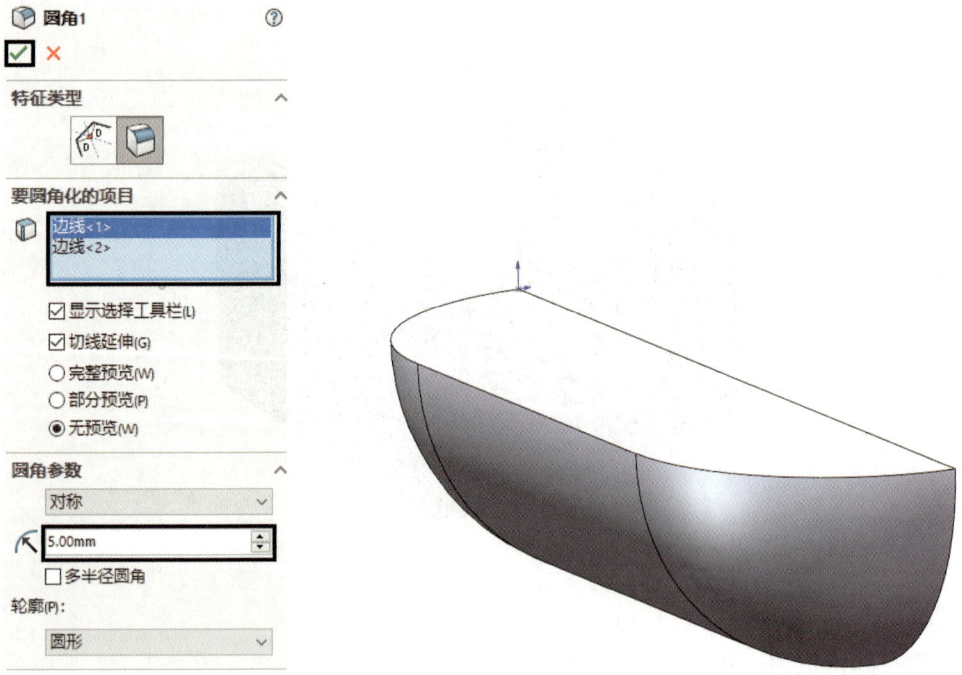

（a）　　　　（b）

图 6-42　创建圆角

④拉伸另一凸台。单击图 6-42（b）所示的拉伸实体一个平面作为草图绘制平面。在弹出快捷按钮栏中单击“正视于”按钮，再次选择平面，单击工具栏中“草图绘制”按钮，绘制草图，如图 6-43（a）所示。单击工具栏中的“特征”→“拉伸凸台 / 基体”按钮，在“方向 1”的距离文本框中输入 3 mm，单击“确定”按钮，如图 6-43（b）所示。

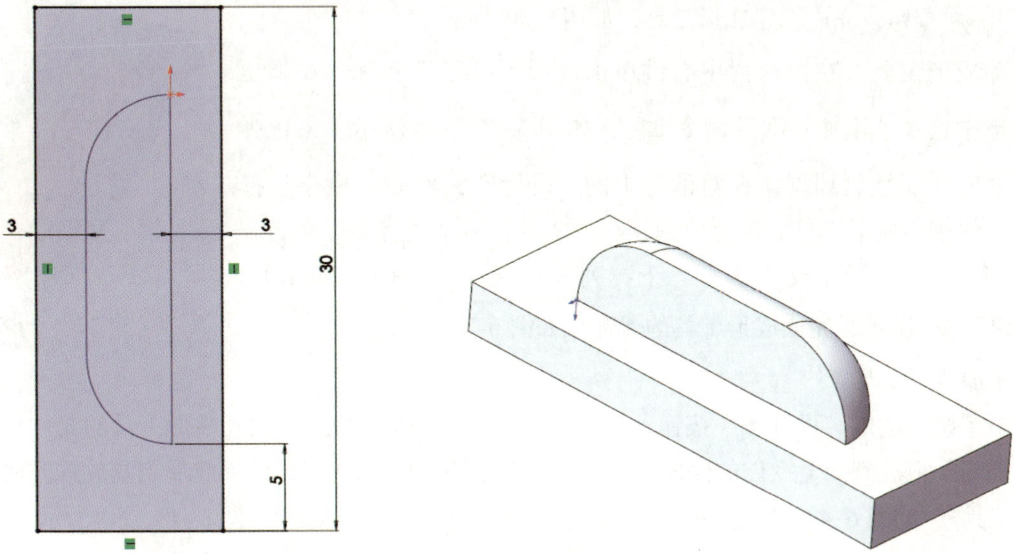

（a）　　　　（b）

图 6–43　拉伸凸台

⑤创建另一圆角。单击工具栏中的“特征”→“圆角”按钮，弹出“圆角 2”属性管理器，在“要圆角化的项目”列表框中的“边线、面、特征与环”中选择两个凸台连接处边线，在“圆角参数”选项区中输入 1 mm，其余参数默认，单击“确定”按钮，完成创建圆角，如图 6–44 所示。

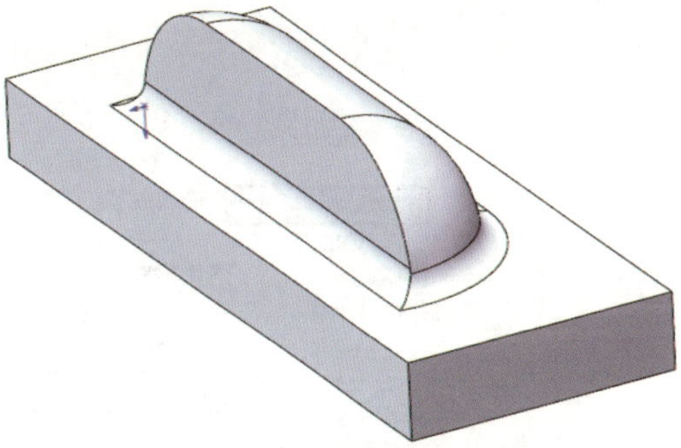

图 6–44　创建圆角

⑥设置成形工具属性管理器。在菜单栏中单击“插入”→“钣金”→“成形工具”命令，弹出“成形工具”属性管理器。在“停止面”对话框中选择矩形顶面（显示绿色），在“要移除的面”对话框中两个凸台连接处圆弧和第一个凸台的平面（显示粉色），如图 6–45 所示。

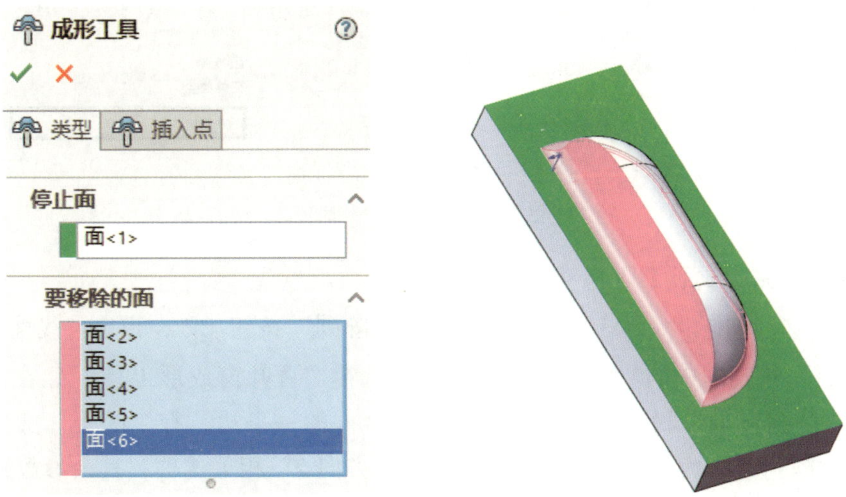

（a）　　　　（b）

图 6–45　“成形工具”属性管理器

⑦单击 按钮，完成创建成形工具，如图 6–46 所示。

⑧保存成形工具。在设计树中右键单击成形工具零件名称，在弹出的快捷菜单中选择“添加到库”命令 ，如图 6–47（a）所示。系统弹出“添加到库”属性管理器，在对话框中的“设计库文件夹”栏中选择“larices”文件作为成形工具的保存位置，在“文件名称”栏将文件命名为“百叶窗成形工具”，在“文件类型”下拉列表中选择“Part（*.sidprt）”，单击“确定”按钮 ，完成成形工具的保存，如图 6–47（b）所示。

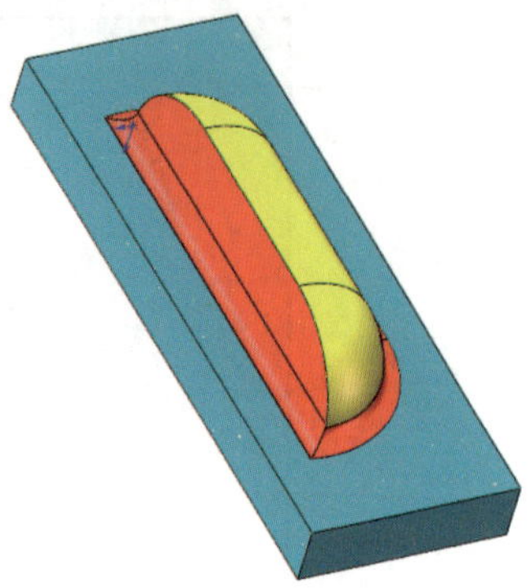

图 6–46　创建成形工具效果

（5）添加成形工具。

①单击系统右边的“设计库”按钮，根据图 6–48（a）所示的路径找到成形工具的文件夹，将“百叶窗成形工具”拖放到钣金零件的侧面上，将旋转角度设置为 270 度，如果成形工具放置方向不对，单击“反转工具”，如图 6–48（b）所示。再单击“位置”选项，标注尺寸如图 6–48（c）所示。

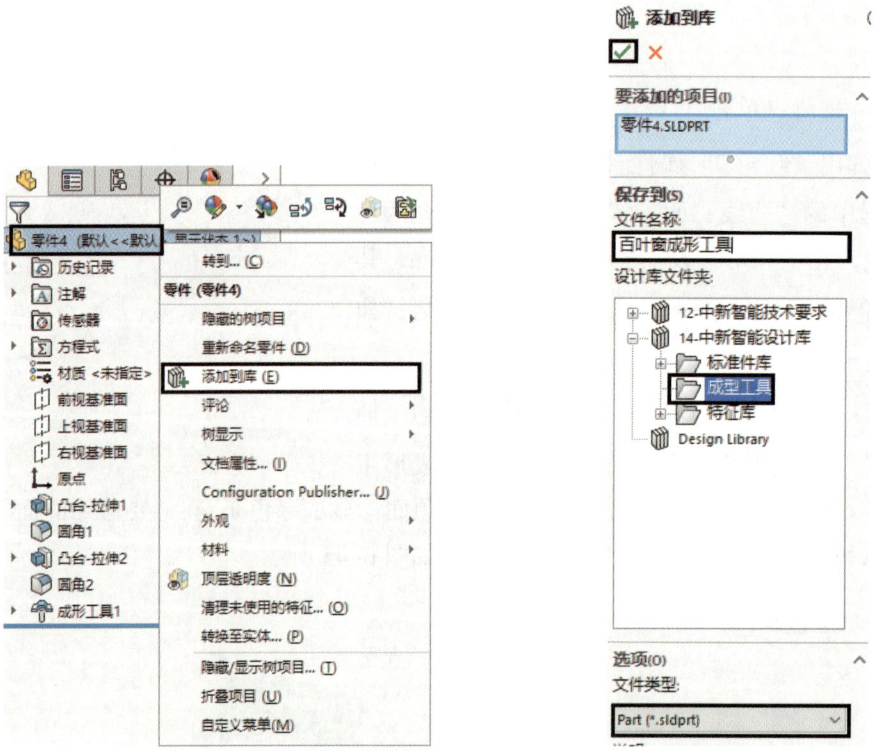

（a）　　　　　　（b）

图 6–47　保存成形工具

②单击 按钮，完成成形工具 1，如图 6–49 所示。

③阵列成形工具。单击“特征”工具栏中的“线性阵列”按钮 ，弹出“线性阵列”属性管理器，在“特征和面”列表框中的“要阵列的特征”中选择“百叶窗成形工具 1”，在对话框中的“方向 1”选项区的“阵列方向”栏中单击鼠标，选择钣金件的一条边，在“间距”文本框中将间距设为 40 mm，设置“阵列数”为“2”。用类似方法设置“方向 2”相关选项，其余参数默认，如图 6–50 所示。

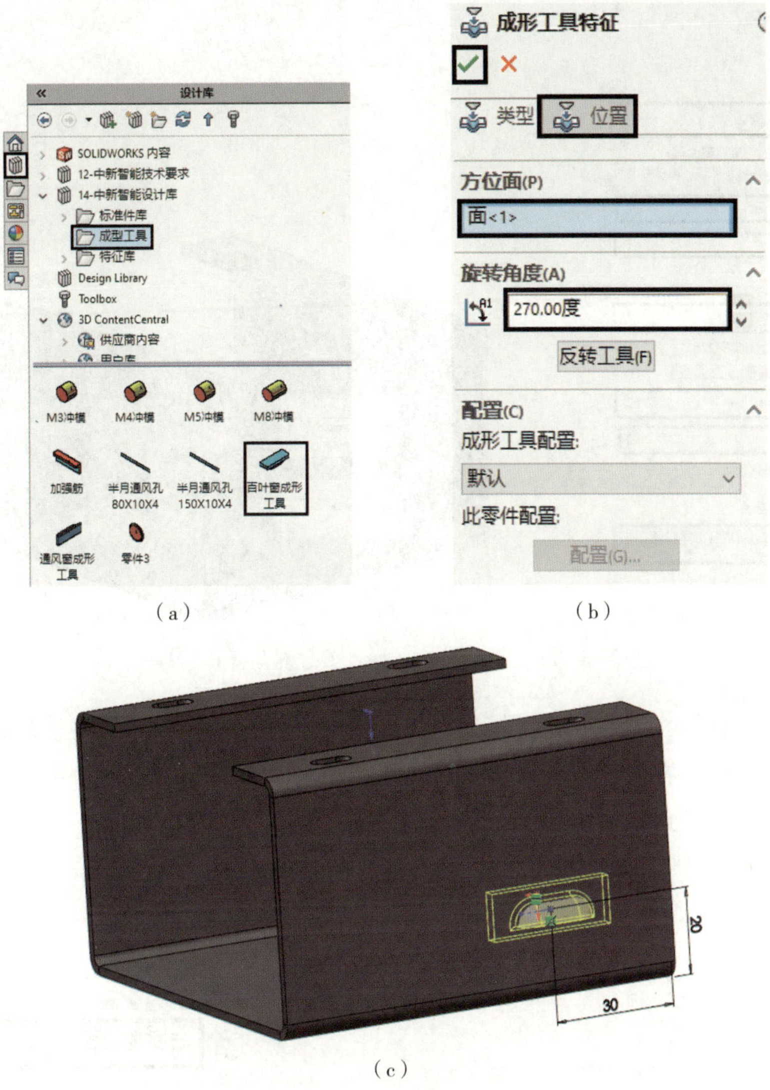

图 6-48　添加成形工具

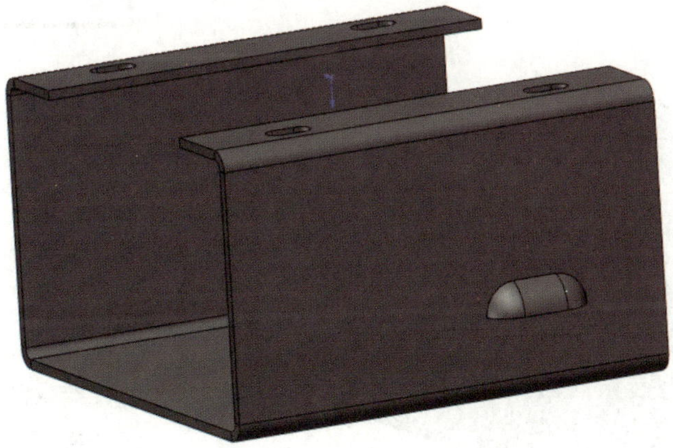

图 6-49　成形工具效果

④单击“确定”按钮✔，完成成形工具 1 阵列，如图 6-51 所示。

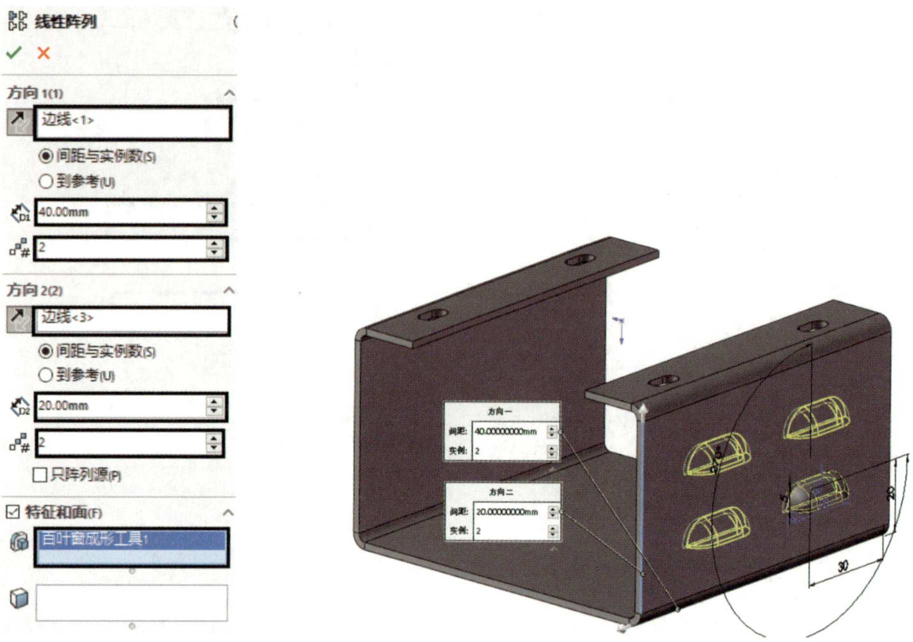

图 6–50 “线性阵列”属性管理器与操作过程

⑤镜向。单击“特征”工具栏中的“镜向”按钮，弹出“镜向”属性管理器，在“镜向面 / 基准面”对话栏中单击鼠标，在设计树中单击“右视基准面”作为镜向面，在“要镜向的特征”对话栏中选择“阵列（线性）2”作为要镜向的特征，其余参数默认，如图 6–52 所示。

图 6–51 成形工具阵列效果

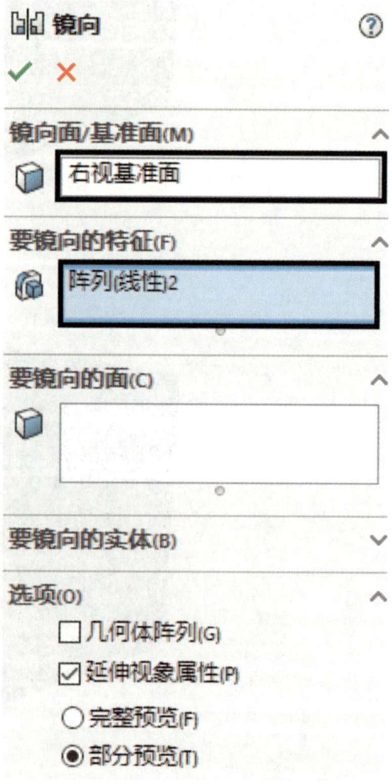

图 6–52 “镜向”属性管理器

⑥单击“确定”按钮，完成镜向，如图 6–53 所示。

（6）创建通风口。

①绘制草图。选择钣金底面，在弹出快捷按钮栏中单击“正视于”按钮，再次选择钣金底面，单击工具栏中“草图绘制”按钮，绘制通风口草图，如图 6–54 所示。

图 6–53　镜向阵列成形工具

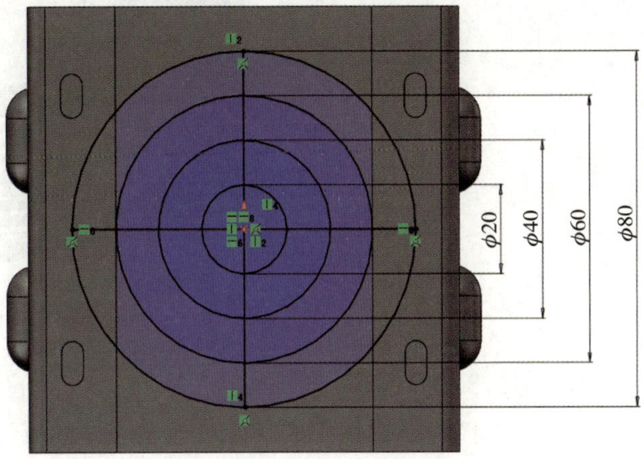

图 6–54　通风口草图

②单击“插入”→“扣合特征”→“通风口”命令，弹出“通风口”属性管理器。在“边界”对话框中选择通风口草图 ϕ80 mm 圆作为通风口边界，将圆角半径设为 2 mm；在“筋”对话框中选择两条相互垂直的直线作为通风口筋，将筋的宽度设为 5 mm；在“翼梁”对话框中选择通风口草图中直径为 20 mm、40 mm、60 mm 的圆作为通风口翼梁，将翼梁的宽度设为 2 mm，如图 6–55 所示。

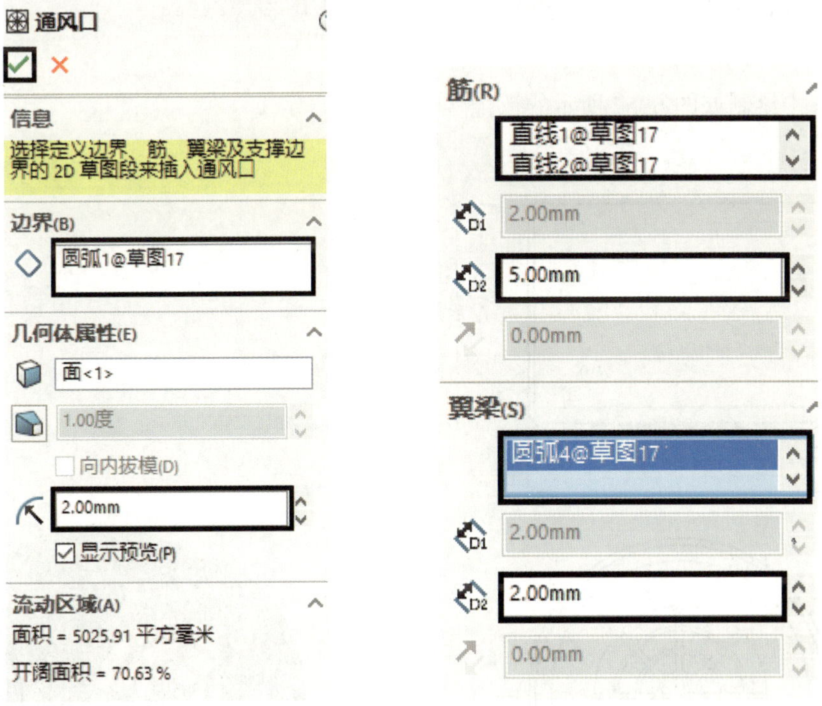

（a）　（b）

图 6–55　“通风口”“筋”属性管理器

③单击“确定”按钮，完成通风口创建，如图 6–56 所示。

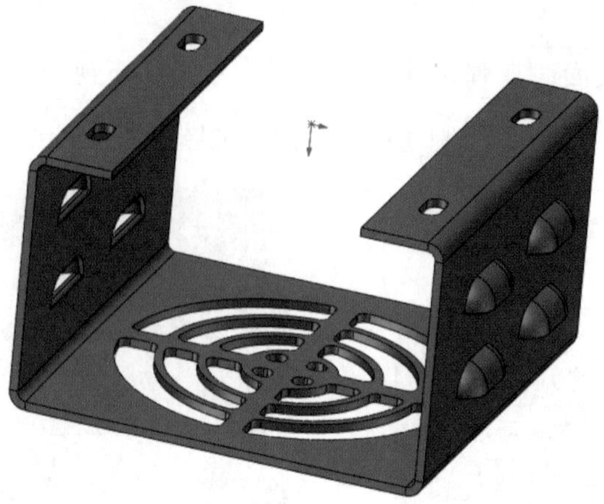

图 6–56　创建通风口效果

5. 任务总结

（1）SolidWorks 提供了两种生成钣金零件的方法：一种是先创建一个实体零件模型，然后将其转换成钣金；另一种是使用钣金特定的特征来生成钣金零件，此方法从最初设计阶段开始就生成钣金零件，减少了操作步骤。

（2）通过自定义成形工具，用户可以将常用的钣金特征（如凸台、凹陷、百叶窗等）保存为库特征，方便在后续设计中重复使用。

（3）通风口特征主要应用于变压器、散热箱、工具箱和计算机箱等箱类钣金建模。必须首先生成定义通风口的边界、筋、翼梁、支撑边界的草图，然后才能使用该命令。

6. 任务拓展

在 SolidWorks 中绘制如图 6–57 所示的钣金零件（尺寸自定）。

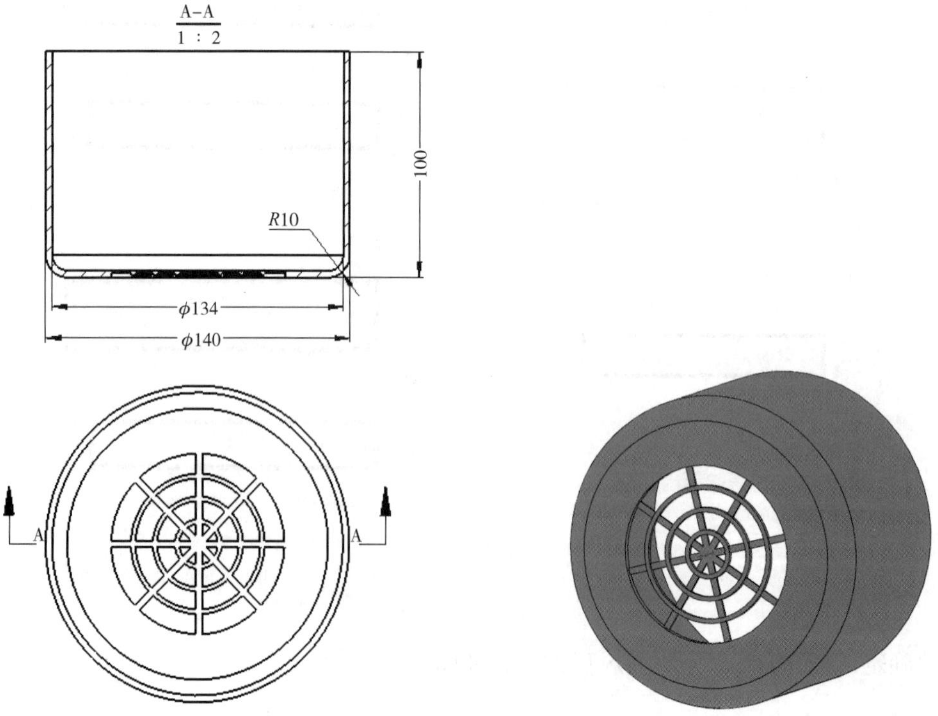

图 6–57　项目六任务三拓展练习

任务四 底座焊件的创建

导学视频

1. 目标知识点

（1）掌握创建 3D 草图的步骤。

（2）掌握焊接结构构件工具的使用方法。

（3）掌握添加焊缝的使用方法。

2. 任务介绍

完成图 6–58 所示的底座焊件三维模型。

图 6–58 底座焊件

3. 任务设计

焊件是由多个结构构件或钣金件焊接在一起的零件组成的，因此焊件其实是一个装配体。本项目模型建模步骤如下：

（1）3D 草图创建焊接的主体骨架线。

（2）创建各类结构构件。

（3）拉伸凸台和镜向创建脚垫。

（4）选择相交线逐步添加焊缝，并设置焊缝的属性。

4. 任务实施

（1）创建焊件的主体骨架。

①单击“新建”按钮，弹出“新建 SolidWorks 文件”对话框，双击“零件”按钮，进入创建零件环境。

②单击草图工具栏的“3D 草图”按钮 3D 草图，进入 3D 草图环境。单击“直线”按钮和“中心矩形”按钮，绘制如图 6–59 所示的空间草图，注意约束相邻的 2 条直线分别垂直。退出草图绘制环境，为创建焊件做准备。

注意：在绘制直线和中心矩形过程中，可以按“Tab”键切换所在的平面。

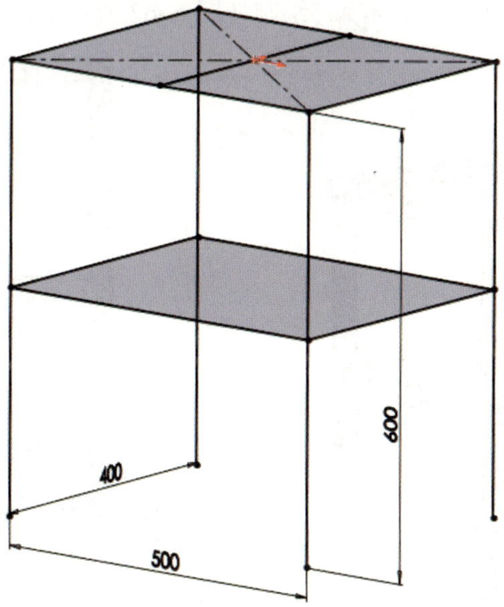

图 6–59 骨架 3D 草图

③单击“插入”→“焊件”→“结构构件”按钮，系统弹出“结构构件”属性管理器。在“标准”下拉列表中选择“GB 型材库”，在“Type”下拉列表中选择“冷弯空心方管 GB/T 6728—2002”，在“大小”下拉列表中选择“30 × 30 × 2”，在单击“组”下的选项框，激活该框，选取草图边线作为构建路线，注意将构建路线分四组，每组草图边线具有相同属性，在“应用边角处理”选择“终端斜接”按钮，如图 6-60 所示。

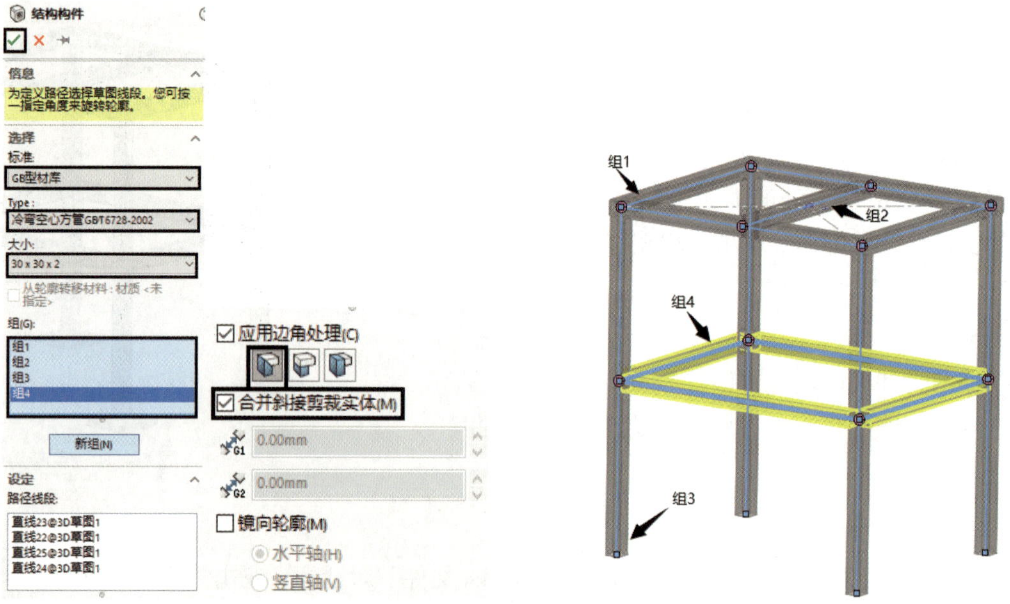

（a）　　　　（b）

图 6-60　“结构构件”属性管理器与操作过程

④单击“确定”按钮，完成结构构件创建，如图 6-61 所示。

（2）创建脚垫和镜向。

①绘制草图。选择直立支架下端面，在弹出快捷按钮栏中单击“正视于”按钮，再次直立支架下端面，单击工具栏中“草图绘制”按钮，绘制如图 6-62 所示的矩形并标注尺寸。

图 6-61　创建结构构件效果

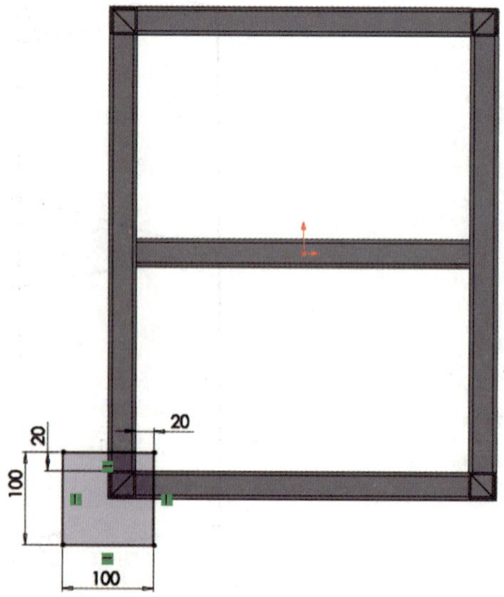

图 6-62　绘制脚垫草图

②单击“插入”→“特征”→“拉伸凸台 / 基体”按钮，弹出“凸台 – 拉伸”属性管理器，在“给定深度”下设置深度值为 10 mm，单击“确定”按钮，得到脚垫 1，如图 6–63 所示。

图 6–63　脚垫 1 效果

③单击“插入”→“特征”→“镜向”按钮，弹出“镜向”属性管理器，在“镜向面 / 基准面”选项框中选取“上视基准面”作为镜向基准面，在“要镜向的实体”选项框中选择“凸台 – 拉伸 1”，注意分清楚“要镜向的特征”和“要镜向的实体”，如图 6–64 所示 。

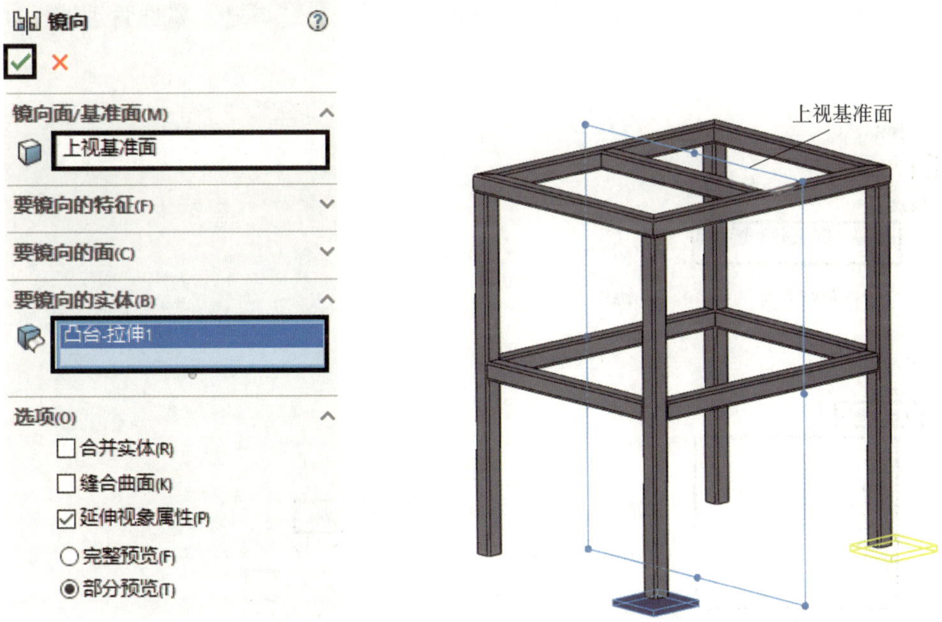

（a）　　　　（b）

图 6–64　“镜向”属性管理器与操作过程

④单击按钮，得到镜向 1，如图 6–65 所示。重复上述镜向操作，选取“右视基准面”作为镜向基准面，再选取“凸台 – 拉伸 1”和“镜向 1”作为要镜向的实体，如图 6–66 所示，单击“确定”按钮，完成镜向 2 创建。

图 6-65　创建镜向 1 效果

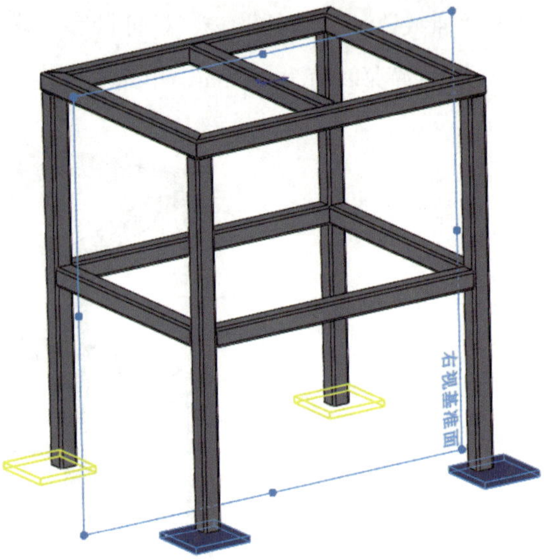

图 6-66　创建镜向 2 效果

（3）添加焊缝。

①4 mm 填角焊接（4）。单击“插入”→“焊件”→“焊缝”按钮，弹出“焊缝”属性管理器，在“设定”对话框单击“焊接路径”按钮，选取其中一个脚垫与竖直杆相交线，注意所选择的边线必须是两个面的相交线，否则选取不成功，在“焊缝大小”对话框将焊缝宽设定为 4 mm，如图 6-77（a）所示。单击“定义焊接符号”，弹出“ISO 焊接符号”对话框，选择“焊接符号”下拉列表中的“填角焊接”按钮，单击“确定”，完成焊接路径 1 设置，不要退出“焊缝”属性管理器。如图 6-67（b）所示。

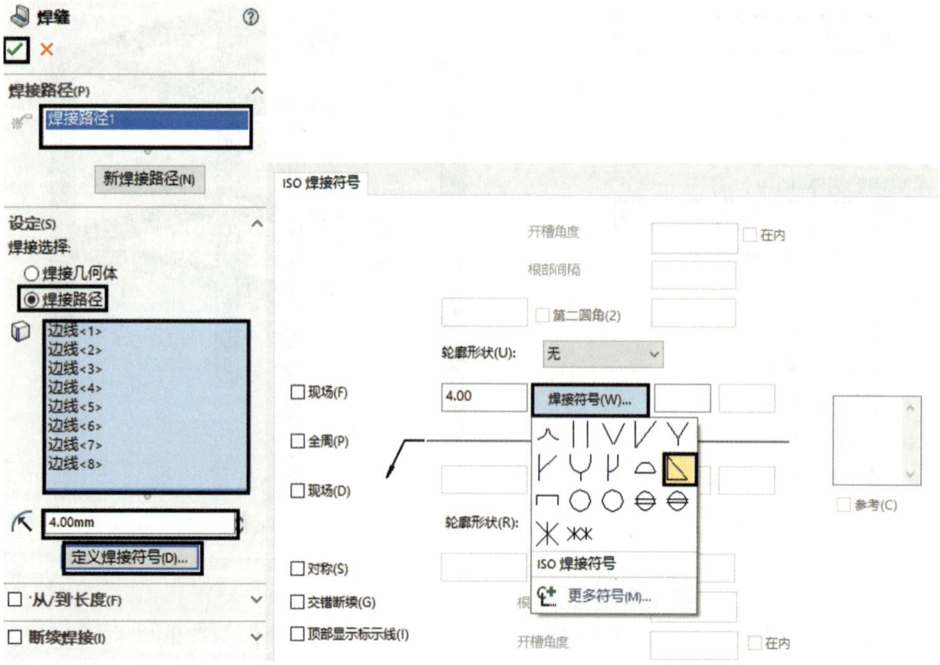

（a）　　（b）

图 6-67　焊接路径 1 操作

“焊缝”属性管理器，单击“焊接路径”对话框中的“新焊接路径”按钮，继续选取对称位置的线段，循环新建新焊接路径，直至完成如图 6-68 所示的 4 段焊接路径。此时单击“确定”按钮✔，完成 4 mm 填角焊接（4）的创建，其中括号内的数字 4 指的是有 4 段焊缝。

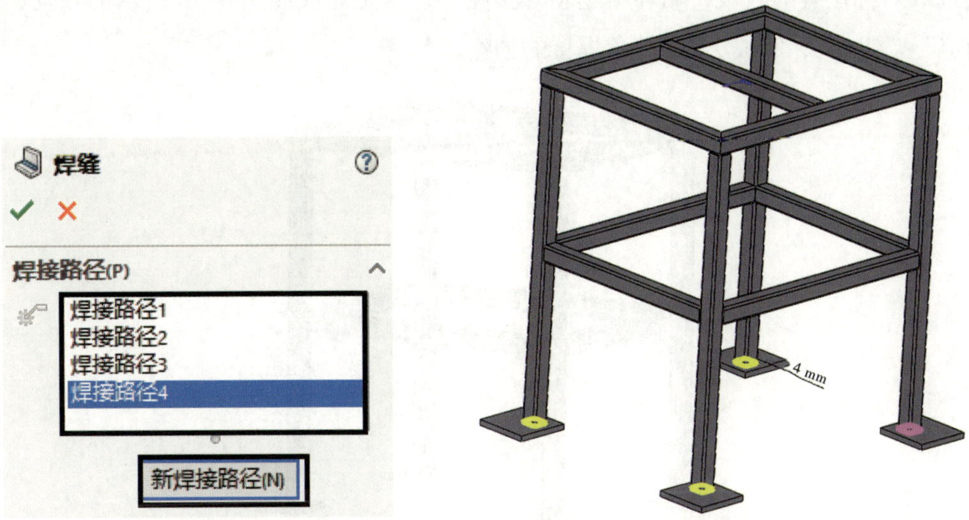

（a）　　　　　　（b）

图 6-68　4 mm 填角焊接（4）

② 2 mm 填角焊接（8）。单击“插入”→“焊件”→“焊缝”按钮，弹出“焊缝”属性管理器在“设定”对话框单击“焊接路径”按钮，选取其中一条中间杆与竖直杆相交线，注意所选择的边线必须是两个面的相交线，否则选取不成功，在“焊缝大小”对话框设定为 2 mm。单击“定义焊接符号”，弹出“ISO 焊接符号”对话框，选择“焊接符号”下拉列表中的“填角焊接”按钮，单击“确定”，完成焊接路径设置，不要退出“焊缝”属性管理器。单击“焊接路径”对话框中的“新焊接路径”按钮，继续选取对称位置的线段，循环新建新焊接路径，直至完成如图 6-69 所示的 8 段焊接路径。此时单击“确定”按钮✔，完成 2 mm 填角焊接（8）的创建，其中，数字 8 指的是有 8 段焊缝。

图 6-69　2 mm 填角焊接（8）

③ 2 mm 填角焊接（6）。单击“插入”→“焊件”→“焊缝”按钮，弹出“焊缝”属性管理器在“设定”对话框单击“焊接路径”按钮，选取其中一条中间杆与竖直杆相交线，注意所选择的边线必

须是两个面的相交线，否则选取不成功，在“焊缝大小”对话框设定为 2 mm。单击“定义焊接符号”，弹出“ISO 焊接符号”对话框，选择“焊接符号”下拉列表中的“填角焊接”按钮，单击“确定”，完成焊接路径设置，不要退出“焊缝”属性管理器。单击“焊接路径”对话框中的“新焊接路径”按钮，继续选取对称位置的线段，循环新建新焊接路径，直至完成如图 6-70 所示的 6 段焊接路径。此时单击“确定”按钮，完成 2 mm 填角焊接的创建。

图 6-70　2 mm 填角焊接（6）

5. 任务总结

本任务主要讲述了焊接类零件的建模方法，在 SolidWorks 中为焊接类零件提供了专用模块工具，熟练运用专用模块工具可以方便、快速地完成焊接件设计。

6. 任务拓展

在 SolidWorks 中完成如图 6-71 所示的焊接件模型。

图 6-71　项目六任务四拓展练习

参考文献

[1] 鲍仲辅，吴仁和 .SolidWorks 项目教程［M］. 北京：机械工业出版社，2023.

[2] 詹建新，魏向京 .SolidWorks 2021 产品设计标准教程［M］. 北京：清华大学出版社，2022.

[3] 姜海军 .SolidWorks 2020 项目教程［M］. 北京：电子工业出版社，2021.

[4] 江洪，于文浩，蒋侃 .SolidWorks 2015 基础教程［M］. 北京：机械工业出版社，2015.

[5] 王艳，朱奇 .SolidWorks 2020 案例实战教程［M］. 北京：北京邮电大学出版社，2021.

[6] 张忠林，李立全 .SolidWorks 2022 三维建模基础与实例教程［M］. 北京：机械工业出版社，2023.

[7] 商跃进，曹茹 .SolidWorks 2018 三维设计及应用教程［M］. 北京：机械工业出版社，2018.

[8] 唐家麟 .SolidWorks 2000 中文版高级范例［M］. 北京：北京大学出版社，2001.